长江流域水库群科学调度丛书

溪洛渡、向家坝、三峡水库泥沙冲淤规律与减淤调度

卢金友　黄爱国　王　敏　元　媛　高玉磊 等　著

科 学 出 版 社
北　京

内 容 简 介

本书阐述长江上游的产输沙规律，建立梯级水库泥沙实时预报体系，提出泥沙冲淤观测关键技术与控制指标，并基于水沙数学模型对新水沙条件下长江上游梯级水库的泥沙淤积与中下游干流河道的冲淤变化进行预测。在此基础上，本书提出长江上游水库群运行后金沙江下游梯级与三峡水库的联合减淤调度方案，研究成果可为长江上游梯级水库的联合调度和坝下游河道治理提供技术支撑。

本书可供梯级水库联合调度技术人员、江河湖库泥沙研究人员和大专院校相关师生参考阅读。

图书在版编目（CIP）数据

溪洛渡、向家坝、三峡水库泥沙冲淤规律与减淤调度/卢金友等著. —北京：科学出版社，2023.4
（长江流域水库群科学调度丛书）
ISBN 978-7-03-072979-8

Ⅰ.①溪… Ⅱ.①卢… Ⅲ.①长江流域-梯级水库-水库泥沙-泥沙冲淤 ②长江流域-梯级水库-水库清淤 Ⅳ.①TV145 ②TV697.3

中国版本图书馆 CIP 数据核字（2022）第 157374 号

责任编辑：邵 娜 张 湾/责任校对：高 嵘
责任印制：彭 超/封面设计：无极书装

科学出版社 出版
北京东黄城根北街 16 号
邮政编码：100717
http://www.sciencep.com
武汉精一佳印刷有限公司印刷
科学出版社发行 各地新华书店经销
*
开本：787×1092 1/16
2023 年 4 月第 一 版 印张：13 1/4
2023 年 4 月第一次印刷 字数：314 000
定价：159.00 元
（如有印装质量问题，我社负责调换）

“长江流域水库群科学调度丛书”

编 委 会

“长江流域水库群科学调度丛书”序

长江是我国第一大河，流域面积达 180 万 km^2，养育着全国约 1/3 的人口，创造了约 40%的国内生产总值，在我国经济社会发展中占有极其重要的地位。

三峡工程是治理开发和保护长江的关键性骨干工程，是世界上规模最大的水利枢纽工程，水库正常蓄水位 175 m，防洪库容 221.5 亿 m^3，调节库容 165 亿 m^3，具有防洪、发电、航运、水资源利用等巨大的综合效益。

2018 年 4 月 24 日，习近平总书记赴三峡工程视察并发表重要讲话。习近平总书记指出，三峡工程是国之重器，是靠劳动者的辛勤劳动自力更生创造出来的，三峡工程的成功建成和运转，使多少代中国人开发和利用三峡资源的梦想变为现实，成为改革开放以来我国发展的重要标志。这是我国社会主义制度能够集中力量办大事优越性的典范，是中国人民富于智慧和创造性的典范，是中华民族日益走向繁荣强盛的典范。

2003 年三峡水库水位蓄至 135 m，开始发挥发电、航运效益；2006 年三峡水库比初步设计进度提前一年进入 156 m 初期运行期；2008 年三峡水库开始正常蓄水位 175 m 试验性蓄水期，其中 2010～2020 年三峡水库连续 11 年蓄水至 175 m，三峡工程开始全面发挥综合效益。

随着经济社会的高速发展，我国水资源利用和水安全保障对三峡工程运行提出了新的更高要求。针对三峡水库蓄水运用以来面临的新形势、新需求和新挑战，中国长江三峡集团有限公司与水利部长江水利委员会实施战略合作，联合开展“三峡水库科学调度关键技术”第一阶段研究项目的科技攻关工作。研究提出并实施三峡工程适应新约束、新需求的调度关键技术和水库优化调度方案，保障了三峡工程综合效益的充分发挥。

“十二五”期间，长江上游干支流溪洛渡、向家坝、亭子口等一批调节性能优异的大型水利枢纽陆续建成和投产，初步形成了以三峡工程为核心的长江流域水库群联合调度格局。流域水库群作为长江流域防洪体系的重要组成部分，是长江流域水资源开发、水资源配置、水生态水环境保护的重要引擎，为确保长江防洪安全、能源安全、供水安全和生态安全提供了重要的基础性保障。

从新时期长江流域梯级水库群联合运行管理的工程实际出发，为解决变化环境下以三峡水库为核心的长江流域水库群调度所面临的科学问题和技术难点，2015 年，中国长江三峡集团有限公司启动了“三峡水库科学调度关键技术”第二阶段研究项目的科技攻关工作。研究成果实现了从单一水库向以三峡水库为核心的水库群联合调度的转变、从汛期调度向全年全过程调度的转变和从单一防洪调度向防洪、发电、航运、供水、生态、应急等多目标综合调度的转变，解决了水库群联合调度运用面临的跨区域精准调控难度大、一库多用协调要求高、防洪与兴利效益综合优化难等一系列亟待突破的科学问题，为流域水库群长期高效稳定运行与综合效益发挥提供了技术保障和支撑。2020年三峡工程完成国家整体竣工验收，其结论是：运行持续保持良好状态，防洪、发电、航运、水资源利用等综合效益全面发挥。

当前，长江经济带和长江大保护战略进入高质量发展新阶段，水库群对国家重大战略和经济社会发展的支撑保障日益凸显。因此，总结提炼、持续创新和优化梯级水库群联合调度理论与方法更为迫切。

为此，“长江流域水库群科学调度丛书”在对“三峡水库科学调度关键技术”第二阶段研究项目系列成果进行总结梳理的基础上，凝练了一批水文预测分析、生态环境模拟和联合优化调度核心技术，形成了与梯级水库群安全运行和多目标综合效益挖掘需求相适应的完备技术体系，有效指导了流域水库群调度方案制定，全面提升了以三峡水库为核心的长江流域水库群调度管理水平和示范效应。

“十三五”期间，随着乌东德、白鹤滩、两河口等大型水库陆续建成投运和水库群范围的进一步扩大，以及新技术的迅猛发展，新情况、新问题、新需求还将接续出现。为此，需要持续滚动开展系统、精准的流域水库群智慧调度研究，科学制定对策措施，按照“共抓大保护、不搞大开发”和“生态优先、绿色发展”的总体要求，为长江经济带发展实现生态效益、经济效益和社会效益的进一步发挥，提供坚实的保障。

“长江流域水库群科学调度丛书”力求充分、全面、系统地展示“三峡水库科学调度关键技术”第二阶段研究项目的丰硕成果，做到理论研究与实践应用相融合，突出其系统性和专业性。希望该丛书的出版能够促进学科相关科研成果交流和推广，给同类工程体系的运行和管理提供有益的借鉴，并为学科未来发展起到积极的推动作用。

中国工程院院士
[签名]
2023年3月21日

前　言

泥沙问题事关水库的长期有效使用和综合效益的持续发挥。随着长江上游干支流水库陆续建成投运，长江上游干支流水库群已逐步形成，并开始发挥强大的蓄水拦沙作用，加之降雨分布及水土保持等自然条件和强人类活动的影响，长江上游产沙、水库来沙及水库淤积过程等均发生了重大变化。与设计阶段成果相比，溪洛渡、向家坝、三峡水库等长江上游梯级水库入库沙量出现了大幅减少，库区淤积速度明显减缓。入库沙量的大幅减少为各水库优化调度充分发挥综合效益提供了良好的契机，在实际运用中各水库也相继开展了汛期运行水位浮动、汛末提前蓄水等优化调度，但水库优化调度又会相应增大库区淤积。

在来沙减少和干支流水库群兴建并优化调度的背景下，长江上游梯级水库长期使用问题和泥沙调度问题已成为水库运行管理部门和水库调度部门及社会各界普遍关心的问题，及时开展溪洛渡、向家坝、三峡水库等长江上游梯级水库泥沙冲淤规律与减淤调度研究，可为长江上游梯级水库通过开展科学调度在充分发挥综合效益的同时减轻库区淤积提供技术支撑。

本书运用原型观测、实测资料分析、数学模型计算等多种手段，开展溪洛渡、向家坝、三峡水库泥沙冲淤规律与减淤调度研究，取得以下几个方面的研究成果：揭示长江上游产输沙规律，预测金沙江下游梯级水库及三峡水库入库沙量；改进梯级水库泥沙实时预报与冲淤观测关键技术，提出三峡及上游大型水库泥沙冲淤观测控制指标；预测新水沙条件下长江上游梯级水库泥沙淤积与坝下游河道冲淤变化响应，得到新的入库水沙和联合优化调度条件下长江上游梯级水库及长江中下游河道泥沙冲淤长期变化趋势；建立新水沙条件下金沙江下游梯级乌东德、白鹤滩、溪洛渡、向家坝和三峡水库联合减淤调度一维水沙数学模型，提出上游水库群运行后金沙江下游梯级与三峡水库联合减淤调度方案。

本书主要由卢金友、黄爱国、王敏、元媛、高玉磊等完成。各章主要撰写分工如下：前言由卢金友、黄爱国执笔，第1章由元媛、高玉磊、曹辉执笔，第2章由黄爱国、周银军、金中武、郭超、李志晶、丁文峰、时玉龙执笔，第3章由胡挺、刘世振、李思璇、邓山、杨成刚、冯国正、陈柯兵、郭率执笔，第4章由卢金友、王敏、黄仁勇、元媛、葛华、崔占峰、周建银、周才金执笔，第5章由任实、李思璇、杨成刚、陈柯兵执笔。全书由卢金友、元媛统稿。本书是在多个项目研究成果的基础上总结提炼而成的，是集体研究成果的总结，在本书编写过程中得到了中国长江三峡集团有限公司、水利部长江水利委员会及其所属水旱灾害防御局、水文局、长江科学院等相关单位领导、专家的大力支持和指导。本书的出版得到中国长江三峡集团有限公司“三峡水库科学调度关键技术”第二阶段研究项目的资助，在此一并致以衷心感谢。在本书的论述中，引用了很多相关参考文献，在此谨向这些文献的作者表示深深的谢意。

长江上游梯级水库泥沙问题是非常复杂的，其研究过程也将是一个长期的过程。限于作者水平和现阶段的认识及研究条件，书中有些内容仍有待于在今后的工作中做进一步的完善和充实。对于书中的疏漏和欠妥之处，敬请广大读者批评指正。

作　者

2022 年 11 月于武汉

目　　录

第1章 绪 论

针对长江上游水库群联合调度运行后，金沙江下游梯级和三峡水库径流、泥沙的时空变化特点，开展溪洛渡、向家坝、三峡水库泥沙冲淤规律与减淤调度研究，对水库防洪、发电、航运、生态等综合效益的发挥具有重要的意义。本章主要梳理本书的研究背景与意义，简述主要研究内容，并阐述流域产流产沙、泥沙来源识别方法、泥沙实时预报及冲淤观测技术、水库及坝下游泥沙冲淤规律、水库联合减淤调度等方面的研究现状。

1.1　长江泥沙研究概述

三峡工程是世界上最大的水利枢纽工程，三峡工程泥沙问题是影响水库长期有效使用和综合效益发挥的关键技术问题。针对三峡水库论证及设计的需要，国内相关单位自“七五”计划以来，对三峡水库来水来沙条件、库区淤积、优化调度、坝下游冲刷等问题进行了大量的研究。但近年来，随着长江上游干支流水库的不断建成，加之降雨分布及水土保持等自然条件和强人类活动的影响，长江上游产沙及三峡水库来沙均发生了重大变化：1991～2002 年三峡水库入库（朱沱站+北碚站+武隆站，余同）年均径流量和输沙量分别为 3 733 亿 m^3、3.51 亿 t，与《长江三峡水利枢纽初步设计报告（枢纽工程）》（以下简称《初步设计》）中的均值相比，分别减少 126 亿 m^3、1.30 亿 t，减幅分别为 3%、27%。2003 年三峡水库蓄水后，长江上游来沙减少趋势仍然继续，2003～2012 年入库径流量和输沙量分别为 3 606 亿 m^3、2.03 亿 t，较《初步设计》中的均值分别减少 7%、58%；2013～2015 年入库径流量和输沙量分别为 3 508 亿 m^3、0.71 亿 t，较《初步设计》中的均值分别减少 9%、85%。

随着以三峡工程为核心的长江上游水库群的逐步建成，水库群防洪与综合利用矛盾、梯级水库间的蓄泄矛盾也逐步显现。为统筹长江上游水库群防洪抗旱、发电、航运、供水、水生态与水环境保护等方面的需求，保障流域防洪和供水安全，2012 年 8 月国家防汛抗旱总指挥部首次批复了《2012 年度长江上游水库群联合调度方案》，之后长江上游又有一批控制性水库如亭子口、溪洛渡、向家坝水库等建成并投入运用，2015 年国家防汛抗旱总指挥部批复的《2015 年度长江上游水库群联合调度方案》（国汛〔2015〕13 号）中，将金沙江梨园、阿海、金安桥、龙开口、鲁地拉、观音岩、溪洛渡、向家坝水库，雅砻江锦屏一级、二滩水库，岷江紫坪铺、瀑布沟水库，嘉陵江碧口、宝珠寺、亭子口、草街水库，乌江构皮滩、思林、沙陀、彭水水库，长江干流三峡水库等 21 座水库纳入联合调度范围。2017 年国家防汛抗旱总指挥部又将水库群联合调度的范围扩展到了城陵矶河段以上的长江上中游 28 座水库。2018 年国家防汛抗旱总指挥部批复的《2018 年度长江上中游水库群联合调度方案》（国汛〔2018〕6 号），将长江流域联合调度水库群增至 40 座，由 2017 年的洞庭湖、城陵矶以上的干支流控制性水库延展到湖口断面以上。

长江上游梯级水库群的联合调度运用，将显著改变溪洛渡、向家坝和三峡水库入库的水沙条件。2012～2014 年，中国长江三峡集团公司组织开展了三峡水库入库泥沙的实时监测与预报工作，为三峡水库成功开展沙峰排沙调度试验打下了良好的基础。然而，对于溪洛渡、向家坝水库而言，其入库泥沙实时监测和预报尚属空白，其预报方法和预见期与三峡水库存在较大区别，也面临很大的困难。在新的水沙条件和上游水库联合调度条件下，将泥沙预报工作延伸至溪洛渡、向家坝水库库区，通过研究汛期入库泥沙实时监测与预报技术，在掌握沙峰在库区沿程输移特性的基础上，较为准确地预报溪洛渡、向家坝、三峡水库入库沙量大小及过程；利用水库的实时联合调度，使沙峰排出库外，对溪洛渡、向家坝、三峡水库减少泥沙淤积，延长水库寿命，优化库区泥沙淤积分布，最大限度地发挥工程综合效益等都具有十分重要的实用价值。

此外，随着三峡及上游大型水库的蓄水运用，水深大幅增加，泥沙大幅减少，水沙关系、冲淤特性发生改变，观测条件、观测要求也发生了很大的改变，对泥沙冲淤观测精度提出了更高的要求。迫切需要在总结近30年来观测的基础上，充分考虑长江上游泥沙冲淤观测的特点及来水来沙规律，开展三峡及上游大型水库泥沙冲淤观测关键技术与控制指标研究，更好地为水库的科学调度服务。

与此同时，长江上游较大的来沙量及组成变化，使库区淤积和坝下游冲刷出现了与论证阶段不同的情况，也给试验性蓄水调度带来了更多不确定因素。长江上游产沙情况是研究入库泥沙变化的基础，长江上游的来沙量及其变化趋势已成为工程界和学术界共同关心的热点问题。掌握长江上游流域产沙的主要影响因素和作用机制，揭示三峡水库上游河道泥沙输移过程，得出各支流在不同工况下的输沙量，对三峡水库等梯级水库的泥沙淤积和科学调度、长江流域泥沙输移过程机制研究、水土保持和水库淤积等本底调查有重大的应用价值，也对掌握整个流域地貌过程的演化具有重要的科学意义。受长江上游水土保持减沙、三峡工程及上游水利水电枢纽蓄水拦沙等因素的共同影响，近年来，三峡水库的出库泥沙和进入长江中下游干流河道的泥沙明显减少，打破了长江中下游干流河道总体上保持的冲淤基本平衡态势。加上近年来河道采砂、航道整治，以及汉江来沙变化、洞庭湖四水水利枢纽建设引起的洞庭湖湖区及出湖泥沙条件变化等的影响，长江中下游的河道边界条件和水沙条件也发生了明显的变化，其未来河道冲淤发展受到更多因素的影响，不确定性增大。针对长江中下游面临的新情况、新问题，深入研究长江上游控制性枢纽运用后，新水沙条件下三峡水库出库水沙过程变化，及长江中下游干流河道的冲淤变化等重大科技问题是十分必要且紧迫的。因此，开展变化环境下长江上游产沙、区间来沙变化，以及库区和坝下游河段的泥沙动力过程响应研究是十分必要的，不仅能够为三库联合优化调度提供技术支撑，实现三库调度“防洪安全可控、泥沙淤积可许”，为三库的“安全、高效、健康”使用奠定基础，还能够回应社会关注的泥沙淤积和水库长期使用问题。

长江上游水库群的联合调度不仅改变了流域径流的时空变化，还从宏观上改变了河流泥沙的时空分布格局，一方面水库内泥沙累积性淤积，影响水库长期使用，另一方面泥沙淤积部位的变化还可能影响库尾防洪和航运，特别是三峡水库试验性蓄水运用表明，随着三峡水库调度方式的不断调整、优化，水库泥沙淤积总量、淤积部位不断发生改变，变动回水区尤其是重庆主城区走沙时间和过程不断调整，一直受到社会各界的广泛关注。针对这些泥沙问题，仅仅依靠三峡水库难以有效解决实际问题，将金沙江下游梯级与三峡水库联合起来，有效分配不同调度时期各库区的泥沙淤积，优化和调整泥沙在各库区内的淤积分布，尽可能地将泥沙排出库外，开展金沙江下游梯级和三峡水库的联合减淤调度研究，针对长江上游水库群联合调度运行后，金沙江下游梯级和三峡水库径流、泥沙时空变化特点，提出金沙江下游梯级和三峡水库联合减淤调度方案，以进一步减少水库淤积，科学调控金沙江下游梯级与三峡水库淤积及其分布，减轻库尾淤积及其影响，对金沙江下游梯级与三峡水库开展更科学、合理的调度，充分发挥水库防洪、发电、航运、生态等综合效益，都具有十分重要的现实意义。

1.2 研究现状

1.2.1 流域产流产沙

流域产沙是土壤侵蚀的重要反映，影响流域产流产沙的主要因素包括流域下垫面条件、降水、人类活动三个大的方面（韦杰和贺秀斌，2012；刘毅和张平，1991）。一般来说，因为地质地貌条件相对稳定，所以产沙量的多少主要取决于降水和人类活动。流域降水是地表产沙的动力条件，其时空（包括时间、落区、强度、历时等）分布，对流域产沙有直接影响。长江上游地区来沙量的多少与降水密切相关，特别是对于长江上游重点产沙区，相同径流量下不同的降水落区、范围及强度可使输沙量相差数倍（许全喜 等，2004）。人类活动对流域的下垫面、流域泥沙的输移条件等可产生重要影响，包括增沙和减沙两方面，如毁林毁草、开垦坡地和筑路、开矿等工程建设会增加水土流失，相反，植树造林、封山育林和退耕还林、改造坡耕地等水保措施及兴建水利工程等对减少河流泥沙作用明显（许炯心，2006）。

基于对流域土壤侵蚀和产沙过程的调查，对流域产沙的定量化计算与描述是侵蚀研究的重要目标。适应于不同条件的流域产沙模型相继被提出，通过输入相关的气象、地形、土地类型与管理等变量数据，经过相关数学经验计算或基于物理过程的计算，得到流域产沙量及相关输出变量（Moore and Burch，1986；Wischmeier，1959）。经过几十年的研究，模型计算得到了很大的改进和发展，许多主流模型出现并在不同地区得到了应用。整体上可以将流域产沙模型划分为经验模型和物理成因模型两大类。

对流域产沙模型的研究开始较早，19 世纪后期即有针对流域侵蚀影响因子开展的定量研究，主要的经验模型是美国研制的用于预报土壤侵蚀的通用土壤流失方程（universal soil loss equation，USLE），该模型在经过一系列学者研究和发展后，最早由 W.H.Wischmeier 于 1959 年发文提出（Wischmeier，1959），随后由美国农业部于 1965 年正式发布并进行了一次修正。USLE 用于预报年平均尺度下的流域产沙量，并且不考虑单次侵蚀事件。USLE 没有考虑降雨-径流过程及其对土壤侵蚀的影响，同时植被及土壤的各向异性也不在模型的考虑范围内。随后，许多学者提出了基于 USLE 的改进模型，如修正通用土壤流失方程（revised universal soil loss equation，RUSLE）更多地考虑了侵蚀过程而不完全依靠经验计算（Renard et al.，1994）。

随着对流域侵蚀产沙过程理解的深入，更多基于物理过程的数学模型出现，模型应用拓展性和计算准确性都得到了提高与改善（Nearing et al.，1989）。物理模型除产沙模块通常还包含径流模块，根据模型复杂度不同，模型所需参数不同，所能分析的时间尺度也不同，并且主要模型往往根据缓坡等条件提出。对于其他地区，需要根据研究范围、区域条件及研究目标不同选择合适的模型进行计算（郑粉莉 等，2004；Sidorchuk，1999；蔡强国 等，1996）。

1.2.2 泥沙概算及泥沙来源识别方法

泥沙概算的提法源于20世纪60～70年代。20世纪60年代以前，泥沙研究侧重于泥沙运动力学或侵蚀理论，多数研究只针对流域的土壤侵蚀过程、泥沙输移、泥沙在流域内的沉积及其在流域出口的输出等环节中的某一个或某几个环节。Leopold等（1966）在新墨西哥州第一次提出了较为系统的实地沙量平衡计算理论，该理论的提出开启了沙量平衡计算领域的新纪元。泥沙概算概念的提出使人们能够在统一的框架下综合考虑流域的土壤侵蚀、泥沙输移、泥沙沉积、泥沙输出等各个环节。20世纪90年代以后，解决泥沙概算中各种量的计算问题的方法相继出现，为理清流域土壤侵蚀量、泥沙输移量和泥沙沉积量三者之间的关系提供了一种有效手段。泥沙概算研究在20世纪60年代至今的这60多年的发展过程中，虽然分析方法不断更新，试验工具不断改进，研究地域不断扩展，但系统的研究方法并不多见，在现有的泥沙概算方法中，河流输沙部分也往往套用水文资料的数据，或者利用试验或水沙公式进行总输沙量的计算。相对而言，基于野外调查，大量采集第一手数据得到的资料具有时效性和可靠性方面的优势。

20世纪初，有学者开始研究泥沙来源问题（林承坤 等，1984；龚时旸和熊贵枢，1979）。20世纪60年代以后，研究泥沙来源的新方法不断出现，至今为止学术界关于泥沙来源的研究方法主要分为两大类：传统的研究泥沙来源的方法和利用指纹识别技术研究泥沙来源的方法。虽然可以利用传统研究泥沙来源的各种方法来获得泥沙源地的一般信息和特征，但每种方法或多或少都存在一定的不足和局限性。20世纪70年代以来，利用指纹识别技术定量研究泥沙来源开始被国内外一些学者所采用。指纹识别技术突出的优点是只关注泥沙的物理、化学特性，以及泥沙源地的相关特性，研究过程并没有涉及泥沙运动过程，这与传统的间接研究泥沙来源的方法显著不同。指纹识别技术研究泥沙来源的方法包括两种：单因子指纹识别方法与复合指纹识别方法。比较常用的单因子指纹识别方法主要有物理指纹因子、地球化学元素、核素等。由于指纹识别因子的浓度受土壤类别、地貌类型、植被覆盖情况、土地利用方式及耕作措施等多种因素的影响，在不同的地域之间具有显著的差异性，这就给单因子指纹识别方法的应用带来了很大的时空局限性。复合指纹识别方法的出现，不仅可以有效地弥补单因子指纹识别方法在时空局限性上的缺陷，同时结果的可信度将会得到很大程度的提高。近几年统计学领域的飞速发展，为指纹因子的筛选及最佳指纹组合因子的建立提供了更加快速、便捷的途径。

1.2.3 泥沙实时预报

对于泥沙实时预报而言，国内外不少学者采用水文学方法进行含沙量预报，如纳希瞬时单位线法、系统响应函数法、系统响应与回归结合的泥沙预报、神经网络方法、遗传算法等。近年来，国内一些专家学者针对黄河高含沙量（沙峰峰值大多在 200 kg/m^3 以上）的特点，采用人工神经网络预报方法和系统响应函数法进行含沙量的大小及峰现时间的预报工作（黄清烜 等，2013；秦毅 等，2010）。基于水文学的泥沙预报方法将传统洪水预报方法应用于含沙量预报中，无法准确反映复杂的水沙作用机制。特别是在长江上游区域，泥沙实时预报尚属空白，且对于上游含沙量较小（沙峰含沙量大多在 5.0 kg/m^3 以下）、历时短，水沙来源和关系复杂的泥沙实时预报，采用水文学预报方法并不合适。

目前，在入库泥沙实时监测的基础上，结合短期水雨情和水库调度信息，采用一维泥沙水动力学数学模型，对三峡水库进行泥沙试预报，取得了较好的效果（董炳江 等，2014a，2014b），但模型入口边界预报主要在水情预报的基础上，采用水沙关系简单处理，同时预报模型未考虑未控区间（未设立水文站进行监测的区域）来沙的影响，对预报过程也未进行实时校正。

1.2.4　泥沙冲淤观测技术

总体来说，目前国内外大型水库的冲淤观测技术的发展总体处于瓶颈期，如水库消落带观测难度大，常规观测手段效率低，而近年来涌现的三维激光扫描、低空摄影测量与遥感等新观测手段的适用性还有待研究，其精度及可靠性需要开展一系列的试验加以验证。在水库大水深高精度测深技术研究方面，目前现行的规范中，水深测量相对精度为深度的1%，即 100 m 水深的允许误差可以达到 1 m，然而这远远不能满足目前三峡及上游水库水沙管理与调度的需求。目前国内外大水深测量研究在海洋测绘中开展较多，而内陆河流一般水深不大，因此大水深测量涉及较少。因为海洋水文环境、盐度等与内河有较大区别，所以很多研究难以适用于内陆水库。同时，由于水下地形始终处于动态的变化过程，缺乏固定的基准，给精度的评定带来了较大的困难。在水库淤积物密实沉降研究方面，目前国内外主要的研究是对淤积物取样，并在室内进行沉降观测，然而目前三峡水库内最大淤积厚度达 63 m，其沉降厚度、水流条件等在室内难以还原，所以代表性不够，并且现场观测条件极其恶劣，目前在全世界范围内依然是空白。在水库入库泥沙监测方面，国外于 20 世纪 70 年代即开展了声学测沙的研究，并开发了简化声呐方程。后期声学多普勒海流剖面仪（acoustical Doppler current profiler，ADCP）与光透式浊度计被应用在美国切萨皮克河口，用于定点监测泥沙疏浚时的悬沙浓度，结果表明两者具有相似的精度，而在浓度较高（如$>$50 g/m^3）情况下，ADCP 的测量精度高于光透式浊度计。

在国内，2002 年，水利部长江水利委员会水文局长江下游水文水资源勘测局在广州南沙港应用 ADCP 对疏浚过程中的泥沙扩散进行了监测，认为利用 ADCP 声脉冲进行含沙量施测，方法是可行的，但受仪器性能、测区环境及泥沙粒径等因素的影响，单次含沙量比测、标定得到的参数不能应用到不同环境中。2011 年 5 月以来，水利部长江水利委员会水文局在三峡水库入库主要控制站朱沱站、寸滩站、清溪场站、北碚站、武隆站等引进了比浊法浊度仪，用于悬移质泥沙的比测试验与研究工作，并实现了悬移质泥沙含沙量的试验性报汛。然而，目前以ADCP为主的声学测沙技术经过数十年的发展在理论和计算模型方面已较为成熟，因此在三峡水库关键控制性水文站点开展基于声学多普勒在线测沙技术和基于光学浊度法的泥沙在线监测技术研究，具有开创性。

1.2.5 水库泥沙输移及调控

水库的建成不仅引起了流域径流的时空变化，还从宏观上改变了河流泥沙的时空分布。国内外众多学者针对水库对泥沙输移的影响开展了大量的研究，比较具有代表性的主要分为三大类：第一类是通过典型调查和实测资料整理，估算水库的拦沙量；第二类是采用数学模型对水库群的拦沙量进行计算和预测；第三类则是通过实测资料分析，结合水文学模型如曼-肯德尔（Mann-Kendall，M-K）检验与双累积曲线法，从宏观上研究人类活动对流域内输沙特性的影响。针对长江上游水库建设对泥沙输移的影响已经开展了许多相关研究，包括水库建设过程调查、主要干支流水沙输移变化过程及趋势研究，以及自然条件变化和水库建设对泥沙输移变化的定量影响研究。

针对水库泥沙淤积计算，几十年来，国内外均采用一维恒定（非恒定）流水沙数学模型开展研究工作，在水库规划设计及调度运用阶段均起到了重要作用。水库水沙模拟技术也一直在不断进步，以三峡、小浪底水库为代表的大规模水库的建设和调度运行管理，极大地提高了我国的泥沙研究水平，我国的水库及河道泥沙模拟技术在国际上长期处于领先地位（胡春宏 等，2008；王光谦，1999）。在入库水沙系列方面，开展水库淤积预测需要选择具有代表性的水沙系列，具有代表性的入库水沙系列最重要的就是要能反映未来一段时期的来水来沙趋势。同时，在不同的阶段，针对不同的研究问题及流域水沙变化情况，入库水沙系列往往会有所调整。黄河小浪底水库建成后，黄河勘测规划设计研究院有限公司根据研究问题的变化、流域水沙变化、建库情况变化，陆续设计了多套水沙系列。三峡水库蓄水运用后，根据长江上游水沙变化情况，三峡水库入库水沙代表系列也进行了相应调整。在水库泥沙调控方面，水库泥沙调度减淤是目前控制大型水库泥沙淤积行之有效的方法，也是主要的方法（甘富万 等，2009）。水库泥沙调度在黄河流域得到了广泛的应用与实践，其中利用小浪底水库和黄河干支流其他水库进行的黄河调水调沙，在推动泥沙调度实践和泥沙调度理论进步方面起到了积极的作用（水利部黄河水利委员会，2013）。我国学者在探索三峡水库长期使用的过程中，总结提出了“蓄清排浑”的泥沙调度方式，并在大量的水库调度实践中得到了成功应用，也赢得了国际同行的认可（韩其为和何明民，1993）。长江上游乌东德、白鹤滩、溪洛渡、向家坝水库等大型水库也都采用了“蓄清排浑”的泥沙调度方式。针对库区泥沙冲淤规律的新变化及水库优化调度中的泥沙问题，三峡水库在近年来的实际调度中成功开展了多次库尾消落期减淤调度试验（周曼 等，2015）和汛期沙峰调度试验（董炳江 等，2014a，2014b），取得了较好的水库减淤效果。

在水库泥沙研究方面，在长江上游干流乌东德、白鹤滩、溪洛渡、向家坝、三峡梯级水库设计阶段，各设计单位及研究单位均开展了水库泥沙淤积预测及泥沙调度方式研究。水库建成后，各水库也开展了调度方式优化对泥沙淤积影响的研究。

1.2.6　水库坝下游河道冲淤预测

预测长江中下游河道冲淤的变化趋势，是三峡工程的重点泥沙问题之一。三峡工程可行性论证以来，国内众多高校及科研院所采用一维数学模型研究了三峡水库下游河道的冲刷问题。其中，长江科学院、中国水利水电科学研究院的一维数学模型在三峡水库下游河道冲刷研究中扮演着重要角色。在三峡工程论证阶段，建立了长江中下游长河段（宜昌至武汉段、宜昌至大通段）一维恒定非均匀不平衡数学模型，模型考虑了干流水位对三口分流分沙的影响，采用20世纪60年代典型系列水沙对三峡水库运行后下游河道的冲淤进行了预测；在“九五”计划期间，对宜昌至大通段一维数学模型进行了改进与验证，模型考虑了三口分流分沙比的变化，利用宜昌至武汉段的实测地形资料对模型进行了验证，并采用20世纪60年代典型系列水沙对三峡水库运行后下游河道的冲淤进行了预测；在“十五”计划期间，没有专门组织对三峡工程坝下游河道泥沙问题的攻关与专题研究，中国水利水电科学研究院将长江中下游河道水沙数学模型升级为江湖河网水沙数学模型，长江科学院也开展了江湖联算的数学模型研究；在“十一五”规划期间，中国水利水电科学研究院及长江科学院利用三峡水库运用后的资料对河网数学模型进行了验证，采用20世纪60年代、90年代典型系列水沙对三峡水库运行后30年的江湖冲淤进行了预测，并应用于洞庭湖、鄱阳湖闸控工程等的研究中；在“十二五”规划期间，通过改进非均匀沙挟沙能力、混合层厚度、三口分流分沙模式等模拟关键技术，进一步提高了三峡水库坝下游河道泥沙数学模型的精度，研究了上游梯级水库联合运用后坝下游的河道冲淤演变、江湖关系的变化及其影响。

1.2.7　水库联合减淤调度

水库减淤调度是目前解决库区泥沙淤积的主要手段。20世纪70年代初，随着三门峡水库淤积问题的逐渐严重，国内学者（王育杰，1995；杜殿勖和朱厚生，1992；韩其为，1978；林一山，1978；唐日长，1964）开始对大型水库泥沙淤积和减淤调度进行研究。早期关于水库减淤调度的研究都集中在黄河三门峡水库，创新性地提出了水库“蓄清排浑”运用方式，并在总结三门峡水库“蓄清排浑”运用经验的基础上，进一步在小浪底水库提出“调水调沙”运用方式。“蓄清排浑”“调水调沙”调度模式，在黄河小浪底水库和长江三峡水库等水利枢纽工程中得到了应用与发展，在一定程度上缓解了多沙河流水库泥沙淤积与水库效益之间的矛盾。

21世纪以来，关于梯级水库群联合减淤调度的研究逐渐兴起：黄河上游梯级水库群开展了水沙联调的初步研究和实践探索（万新宁 等，2008；李国英，2006）；包为民等（2007）采用异重流总流微分模型探讨了以出库排沙比最大为目标的水沙联合调度问题；

晋健等（2011）、陶春华等（2012）对大渡河瀑布沟水库以下梯级水库的联合减淤调度进行了研究。

在长江流域，关于水库减淤调度的成果主要集中在三峡水库，董炳江等（2014a，2014b）在三峡水库洪峰、沙峰异步传播特性研究的基础上，提出了三峡水库“洪峰涨水面水库削峰，落水面加大泄量排沙”的沙峰排沙调度方式。水利部长江水利委员会水文局和中国长江三峡集团有限公司研究提出了库尾减淤调度方式，在水库运行的消落期，坝前水位为 160～162 m，入库流量在 7000 m^3/s 左右，水位日降幅 0.4～0.6 m，可将库尾淤积泥沙带至常年回水区内，2012 年、2013 年调度试验取得了良好效果（周曼 等，2015）。关于长江上游梯级水库群联合减淤调度的研究起步较晚，目前研究成果尚少，黄仁勇等（2018）提出了基于沙峰传播的“蓄清排浑”动态调度方式，主要是沙峰在库区传播时及时降低库区洪水位，减少沙峰的衰减。彭杨等（2013）建立了梯级水库水沙联合优化调度多目标决策模型，并将该模型应用到溪洛渡-向家坝梯级水库汛末蓄水时间的研究中，并给出不同目标权重下满足梯级水库发电和减淤要求的最佳蓄水方案。

目前关于金沙江下游梯级及三峡水库联合减淤调度的研究刚刚起步，水库联合减淤调度模式尚处于探索性试验阶段。如何通过水库群联合调度，汛期加大水库排沙比，消落期加大库尾河段冲刷，蓄水期优化库区淤积部位，细化调度方式及调度指标，是研究金沙江下游梯级及三峡水库联合减淤调度亟待解决的重点问题。

1.2.8 存在的问题与发展趋势

（1）针对水库拦沙作用，亟须开展更深入的定量研究。近年来，受气候变化及人类活动的影响，长江上游泥沙输移特性发生了新的变化，特别是2011年以来，金沙江中下游梯级水库陆续建成、运用后，三峡水库的入库泥沙大幅度减少，在新的环境下，水库群的建设可能对流域拦沙起到更加显著的作用，需要在新环境的基础上，针对水库拦沙作用开展更深入的定量研究，从而更科学地对上游水库群的拦沙作用进行分析与预测。

（2）三峡水库的泥沙预报模型的精度有待提高。目前，三峡水库的泥沙预报主要是在入库泥沙实时监测的基础上，结合短期水雨情和水库调度信息，采用一维泥沙水动力学数学模型进行预报。但模型入口边界预报大多采用水沙关系进行简单处理，因为三峡水库入库含沙量较小、水沙关系复杂，同时预报模型未考虑未控区间（未设立水文站进行监测的区域）来沙的影响，所以泥沙预报模型的精度有待提高。

（3）三峡及上游大型水库泥沙冲淤观测关键技术和控制指标尚需完善。一是三峡及上游大型水库地形获取效率低。三峡水库 175 m 蓄水运行后，水库地形观测条件更趋复杂。目前只能调减测船作业速度，同时为了保证成果的稳定性，一个断面要连续观测 2 次，最后取精度较好的数据，严重限制了作业效率。另外，水库运行后，泥沙冲淤情况更趋复杂，对水库水沙的精细化管理与精准调度服务提出了更高的要求。二是水库大水深精密测深难的问题。随着三峡及上游大型水库的蓄水运用，其最大水深超过

200 m，加之大量的细颗粒泥沙淤积、边坡陡峭，给大水深测量与水体河底边界确定带来困难。另外，在大水深条件下，存在水温分层现象，从而引起声速变化及声线折射现象，这些因素都会对深水水深测量产生影响。同时，在大水深条件下，测船的姿态及吃水变化、测深仪波束角、定位测深信号延时、船速效应等因素对大水深测深精度也存在影响，特别是对于地形起伏大、坡度陡的库段，影响更显著。三是水库淤积物密实沉降问题。已有实测资料表明，三峡水库内最大淤积厚度达 63 m，重点淤沙河段淤积物在非汛期存在不同程度的沉降固结和密实，可能使库区汛前出现大幅冲刷的假象。开展三峡及上游大型水库淤积物密实沉降探索性研究，为下一步探索密实的机理，排除淤积物沉降、固结现象对实际冲淤量结果的扰动打好基础。四是三峡水库入库泥沙监测时效性不高，信息化程度难以支撑科学调度需求。传统泥沙监测处理时间长，难以满足三峡水库实时调度的需要，亟须对入库泥沙监测技术进行创新，实现水文泥沙的在线监测。另外，现有的资料整理手段多采用单机版整理软件或网络版整理软件，无法进行测验成果的实时自动整理，制约了水文泥沙整理成果的信息化水平与自动化水平，不能为水库泥沙科学调度提供良好的数据支撑。五是三峡及上游大型水库泥沙冲淤观测控制指标还不完备。以往由于测次间泥沙冲淤量较大，采用现行的冲淤观测控制指标即可有效揭示其冲淤变化。三峡及上游大型水库蓄水运用后，观测条件、观测要求的变化，对泥沙冲淤观测关键技术和控制指标提出了更高的要求。

（4）以往长江上游梯级水库泥沙和坝下游河道长期冲淤演变模拟计算中采用的水沙系列有待进一步完善。在长江上游梯级水库泥沙冲淤模拟方面，乌东德、白鹤滩、溪洛渡、向家坝、三峡水库在可行性研究阶段均开展了泥沙冲淤模拟预测研究。近年来，国内研究者也开展了乌东德、白鹤滩、溪洛渡、向家坝、三峡水库 100 年和 300 年的泥沙冲淤预测计算。但随着水库群的大量兴建，水库拦沙作用进一步加大，各水库调度方式随着工程建设的进行也在不断发生着变化，而已有研究存在入库水沙系列沙量偏大、没有考虑其他干支流水库拦沙影响、考虑的拦沙水库数量较少、研究时使用的水库调度方式已经过时、预测计算时间较短（一般为 100 年，少数为 300 年）等不足，梯级水库泥沙冲淤长期预测有待深入，且以往研究提出的水沙系列主要是针对三峡水库的入库水沙系列，而不是针对整个长江上游梯级水库的水沙系列。因此，有必要根据目前的来水来沙情况、长江上游干支流水库群建设进度、最新的水库调度方式等，提出新的梯级水库水沙系列，并开展长江上游梯级水库泥沙冲淤长期模拟计算，预测干支流水库蓄水拦沙影响下的长江上游梯级水库长期冲淤变化过程及淤积平衡时间，提出针对整个梯级水库的泥沙调控方式，为长江上游水库群联合优化调度提供参考。

以往关于长江中下游河道冲淤的研究中，水沙边界条件的选择对坝下游河道长期冲刷演变趋势的预测至关重要。在最初的三峡工程论证与初步设计阶段，坝下游河道冲淤长期预测采用的是 1960～1970 年典型系列年（简称 60 系列），后期根据新的来水来沙特性，采用了 1991～2000 年典型系列年（简称 90 系列）。近些年来，随着三峡水库上游来水来沙的减少、水土保持工程的实施、干支流梯级水库群的陆续建成运用，三峡水库的入库、出库水沙条件均已发生较大改变；同时，长江中下游主要支流（如汉江、洞庭湖四水、鄱阳湖五河等）上水利枢纽的建设与运行，也极大地改变了长江中下游干流区间的来水来沙过程。如果研究采用的水沙边界与实际情况有所偏离，那么预测得到的成果也会与实际情况有一定的差异。有必要深入研究长江上游控制性水利枢纽运用后新水沙条件下三峡出库水沙过程的变化及长江中下游干流河道的冲淤变化。

（5）新水沙条件下金沙江下游梯级与三峡水库联合减淤调度方式需要进一步优化。金沙江下游梯级及三峡水库组成的水库群总库容大，防洪压力重，调度限制条件多，这在国内外是绝无仅有的。因此，关于金沙江下游梯级和三峡水库联合减淤调度，目前国内外尚无成熟的理论和实践经验可以借鉴。

现阶段，三峡水库沙峰排沙调度主要是在沙峰将至巴东附近时，才加大下泄流量，调度模型相对简单。由于沙峰从库尾传播至坝前的过程中，沙峰沿程输移速度、衰减程度与洪峰流量过程和水库调度密切相关，需对沙峰传播全过程的调控进行研究，将沙峰排沙调度模式进一步优化为水库沙峰过程排沙调度模式，进一步提高水库排沙比，优化水库淤积形态与分布。长江上游溪洛渡、向家坝水库的建成，又为梯级水库联合调度下的三峡水库沙峰排沙调度提供了条件，当三峡水库入库沙量较大且入库流量不足时，可通过长江上游溪洛渡和向家坝梯级水库增加下泄流量，以满足三峡水库沙峰排沙调度的启动条件；另外，三峡水库开展沙峰调度后，长江上游溪洛渡和向家坝梯级水库在三峡水库库区拉沙和坝前排沙期间适当增泄，将有利于增加三峡水库出库沙量。

另外，目前针对场次洪水的梯级水库精细化沙峰过程排沙调度的研究较少，如何构建场次洪水条件下长江上游梯级水库防洪、排沙共赢的精细化沙峰调控模式，利用洪水过程泥沙输移的时空差异，尽可能地减小水库泥沙淤积、改善梯级水库泥沙淤积分布，是一个迫切需要解决的问题。

第2章

长江上游产输沙规律

本章针对近期长江上游产输沙特征发生的变化，以及水库建设等人类活动的影响持续增大的特征，分析主要干支流水沙输移的变化过程及规律，开展重点产沙区产输沙调查研究，重点分析典型流域水沙变化过程与机理，并调查分析长江上游水库建设与淤积情况及水库的拦沙效应。针对三峡水库区间侵蚀产沙的变化，开展三峡水库区间入库泥沙调查及规律研究，辨识三峡水库区间重点产沙区域，分析主要支流及三峡水库区间入库泥沙量、淤积量特征，评价三峡水库区间入库泥沙量及淤积量的影响因素。

2.1　长江上游重点产沙区产输沙规律

2.1.1　长江上游干支流及三峡水库入库水沙量变化过程

1. 长江上游重点产沙区产输沙特征

长江上游是长江流域泥沙的主要来源区。20 世纪 90 年代以前，长江上游水土流失面积约 35.2 万 km^2，地表年均侵蚀量约 15.68 亿 t。长江上游侵蚀产沙格局总体可以概括为“四片一带”。产沙较少的为西北部和东南部，其中西北部长江源区是整个流域的少沙区，输沙模数在 1.5～420 t/（km^2·a），东南部四川盆地丘陵区和喀斯特地区的输沙模数也较小，在 210～500 t/（km^2·a）。产沙较多的地方主要分布在流域的西南和东北，以及连接这两个部分的中间地带。其中，西南部金沙江下游的产沙最为突出，输沙模数基本在 570～2 700 t/（km^2·a），东北秦巴山地嘉陵江中上游部分输沙模数稍小，在 500～1 600 t/（km^2·a）。长江上游整体的平均输沙模数约为 500 t/（km^2·a）。

2. 长江上游主要干支流水沙特征及变化过程

长江上游干流长约 4 504 km，集水面积约 100 万 km^2，约占全流域总面积的 56%。长江上游干流在宜宾以上有雅砻江、横江，宜宾以下有岷江、沱江、赤水、綦江、嘉陵江及乌江等支流汇入，三峡区间入汇支流大多面积较小，但数量较多。

长江上游水量主要源自金沙江、岷江、沱江、嘉陵江和乌江等（表 2.1），而输沙量则主要源自金沙江和嘉陵江流域。金沙江屏山站以上流域面积为三峡水库长江干流入库站寸滩站的 52.9%，其多年平均径流量和输沙量分别占寸滩站的 42.19%和 64.26%；嘉陵江北碚站以上流域面积占寸滩站的 18.0%，其多年平均径流量和输沙量分别占寸滩站的 19.15%和 26.42%。两江多年来水来沙量分别占寸滩站的 61.34%和 90.68%，而其他河流则来沙量不大，合计仅占寸滩站的 9.41%，水量则占 38.67%。

表 2.1　长江来水来沙地区组成变化

河名	水文站名	集水面积		多年平均径流量		多年平均输沙量		含沙量/（kg/m^3）	统计年份
		值/km^2	占寸滩站/%	值/亿 m^3	占寸滩站/%	值/亿 t	占寸滩站/%		
金沙江	屏山站	458 592	52.9	1 414	40.73	2.44	54.02	1.70	1956～1990
				1 506	45.10	2.81	83.50	1.85	1991～2002
				1 361	41.74	1.51	99.69	1.10	2003～2016
				1 433	42.19	2.32	64.26	1.59	1956～2016

续表

河名	水文站名	集水面积		多年平均径流量		多年平均输沙量		含沙量/(kg/m³)	统计年份
		值/km²	占寸滩站/%	值/亿 m³	占寸滩站/%	值/亿 t	占寸滩站/%		
横江	横江站	44 781	5.2	89.9	2.59	0.137	3.05	1.52	1957～1990
				76.9	2.30	0.139	4.13	1.62	1991～2002
				75.8	2.32	0.058	3.85	0.72	2003～2016
				84.1	2.46	0.118	3.28	1.38	1957～2016
岷江	高场站	135 378	15.6	875	25.12	0.52	11.53	0.60	1956～1990
				815	24.41	0.35	10.25	0.43	1991～2002
				785	24.07	0.24	16.12	0.30	2003～2016
				841	24.75	0.42	11.73	0.49	1956～2016
沱江	富顺站	23 283	2.7	126	3.64	0.117	0.26	0.929	1957～1990
				114	3.41	0.031	0.09	0.271	1991～2002
				110	3.38	0.045	0.3	0.03	2003～2016
				120	3.54	0.084	0.23	0.06	1957～2016
长江	朱沱站	694 725	69.1	2 659	60.6	3.10	59.5	1.17	1956～1990
				2 672	62.3	2.93	74.9	1.10	1991～2002
				2 546	63.3	1.32	347.4	0.52	2003～2016
				2 634	61.3	2.64	66.4	1.00	1956～2016
嘉陵江	北碚站	156 142	18.0	699.2	20.14	1.43	31.51	2.04	1956～1990
				529.4	15.86	0.37	11.06	0.69	1991～2002
				633.1	19.42	0.27	17.69	0.36	2003～2016
				650.6	19.15	0.95	26.42	1.27	1956～2016
长江	寸滩站	866 559	100.0	3 471	100.0	4.52	100.0	1.29	1956～1990
				3 339	100.0	3.37	100.0	1.01	1991～2002
				3 260	100.0	1.51	100.0	0.46	2003～2016
				3 397	100.0	3.61	100.0	1.04	1956～2016
乌江	武隆站	83 053	—	486.5	—	0.30	—	0.61	1956～1990
				531.6	—	0.20	—	0.37	1991～2002
				438.5	—	0.05	—	0.11	2003～2016
				484.3	—	0.22	—	0.44	1956～2016
长江	宜昌站	1 005 501	—	4 343	—	5.25	—	1.21	1956～1990
				4 287	—	3.91	—	0.91	1991～2002
				4 022	—	0.38	—	0.09	2003～2016
				4 258	—	3.87	—	0.89	1956～2016

从长江上游来水来沙地区组成变化来看，与 1990 年前相比，1991～2002 年金沙江来水来沙量均略有增大，特别是屏山站多年平均输沙量占寸滩站的比重由 54.02%增大至 83.5%；而嘉陵江水沙量则有所减少，北碚站多年平均径流量占寸滩站的比重由 20.14%减小至 15.86%，多年平均输沙量占寸滩站的比重由 31.51%减小至 11.06%。

三峡水库蓄水以后的 2003～2016 年，金沙江屏山站水量略有减少，屏山站多年平均径流量减少 145 亿 m^3，占寸滩站的比重则与 1991～2002 年的 45.10%基本持平，减少为 41.74%；与 1991～2002 年相比，输沙量则有显著减少，屏山站多年年均输沙量由 2.81 亿 t 骤减为 1.51 亿 t，减幅达到了 46.3%。嘉陵江流域北碚站的水量有所增加，而输沙量继续减少，多年平均径流量由 1991～2002 年的 529.4 亿 m^3，增加为 633.1 亿 m^3，多年平均输沙量则由 0.37 亿 t 减少为 0.27 亿 t。三峡水库蓄水后（2003～2016 年），金沙江和嘉陵江的多年平均径流量占寸滩站的比重由 1991～2002 年的 60.96%增加到 61.16%，而多年平均输沙量的比重由 94.56%减小为 91.4%。

与 1990 年前相比，1991～2002 年乌江武隆站多年平均径流量有所增加，增加 45.3 亿 m^3，但多年平均输沙量减少 0.10 亿 t。嘉陵江径流量和输沙量减少值占寸滩减少值比例最大，其多年平均径流量、输沙量的减少值分别占寸滩站减少值的 99.5%和 92.17%；金沙江沙量显著增加，而横江、岷江和沱江等支流多年平均径流量、输沙量均变化不大。具体表现为以下几点。

（1）金沙江输沙量有小幅增加。1991～2002 年屏山站多年平均径流量为 1 506 亿 m^3，多年平均输沙量为 2.81 亿 t，相比于 1990 年前，多年平均径流量增加 6.5%，多年平均输沙量增加 15.16%。

（2）嘉陵江径流量、输沙量均明显减少，输沙量减幅远大于径流量。1991～2002 年北碚站多年平均径流量为 529.4 亿 m^3，多年平均输沙量为 0.37 亿 t，相比于 1990 年前，多年平均径流量减少 24.3%，多年平均输沙量减少 74.1%。

（3）岷江、沱江径流量变化较小，输沙量明显减少。1991～2002 年高场站多年平均输沙量为 0.35 亿 t，富顺站为 0.031 亿 t，两站点多年平均输沙量较 1990 年前分别减少 32.7%和 73.5%。

此外，受长江上游来沙大幅度减少的影响，长江上游出口控制站宜昌站输沙量急剧减少。1991～2002 年宜昌站多年平均径流量为 4 287 亿 m^3，多年平均输沙量为 3.91 亿 t，相比于 1956～1990 年，多年平均径流量仅减少 1.3%，而多年平均输沙量减少 25.5%。

与 1991～2002 年相比，2003～2016 年长江上游干流寸滩站多年平均径流量和多年平均输沙量分别减少 79 亿 m^3 和 1.86 亿 t，减幅分别为 2.4%和 55.2%；乌江武隆站多年平均径流量有所减少，减少 93.1 亿 m^3，多年平均输沙量减少 0.15 亿 t。金沙江输沙量减少值占寸滩减少值比例最大，其多年平均输沙量的减少值占寸滩站减少值的 89.3%；而嘉陵江在水量有所增加的条件下，沙量进一步减少，横江、岷江和沱江等支流多年平均径流量、输沙量均变化不大。具体表现为以下几点。

（1）金沙江输沙量大幅减少。2003～2016 年屏山站多年平均径流量为 1 361 亿 m^3，多年平均输沙量为 1.51 亿 t，相比于 1991～2002 年，多年平均径流量减少 9.6%，多年平均输沙量减少 46.26%。

（2）嘉陵江径流量小幅增加，而输沙量整体减少。2003～2016 年北碚站多年平均径流量为 633.1 亿 m^3，多年平均输沙量为 0.27 亿 t，相比于 1991～2002 年，多年平均径流量增加 19.6%，多年平均输沙量减少 27.0%。

（3）岷江、沱江径流量变化较少。2003～2016 年高场站多年平均输沙量为 0.24 亿 t，富顺站为 0.045 亿 t，高场站多年平均输沙量较 1991～2002 年减少 31.4%，富顺站多年平均输沙量较 1991～2002 年增加 45.2%。

3. 三峡水库入库水沙变化

1）水沙总量变化

近年来，受长江上游干支流水库群的陆续建设与投入运行、水土保持工程的实施，以及降雨范围、过程、强度的差异与汶川地震等因素的影响，三峡水库入库水沙条件出现了明显的变化，详见图 2.1 及表 2.2。

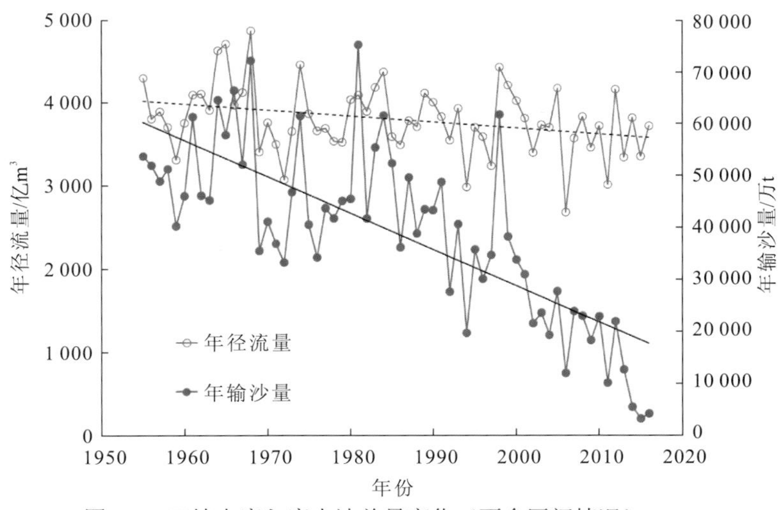

图 2.1　三峡水库入库水沙总量变化（不含区间情况）

表 2.2　三峡水库入库主要控制站水沙变化表

	站名	20 世纪 50 年代	20 世纪 60 年代	20 世纪 70 年代	20 世纪 80 年代	20 世纪 90 年代	2000～2009 年	2010～2016 年	多年平均	统计年限
朱沱站	径流量/亿 m^3	2 810	2 820	2 540	2 660	2 679	2 602	2 494	2 642	1956～2016 年，缺 1967～1971 年
	变化率/%	6.4	6.7	−3.9	0.7	1.4	−1.5	−5.6		
	输沙量/万 t	30 400	34 500	27 800	32 900	31 100	20 100	8 236	26 542	
	变化率/%	14.5	30.0	4.7	24.0	17.2	−24.3	−69.0		
	含沙量/（kg/m^3）	1.08	1.22	1.09	1.24	1.16	0.77	0.33	1.00	
北碚站	径流量/亿 m^3	674	750	604	765	548	578	651	664	1954～2016 年
	变化率/%	1.5	13.0	−9.0	15.2	−17.5	−13.0	−2.0		
	输沙量/万 t	14 800	18 180	10 700	14 000	4 100	2 373	2 989	9 840	
	变化率/%	50.4	84.8	8.7	42.3	−58.3	−75.9	−69.6		
	含沙量/（kg/m^3）	2.20	2.42	1.77	1.83	0.75	0.41	0.46	1.48	
武隆站	径流量/亿 m^3	444	504	509	480	522	459	447	483	1955～2016 年
	变化率/%	−8.1	4.3	5.4	−0.6	8.1	−5.0	−7.5		
	输沙量/万 t	2 800	2 810	3 960	2 470	2 120	949	288	2 289	
	变化率/%	22.3	22.8	73.0	7.9	−7.4	−58.5	−87.4		
	含沙量/（kg/m^3）	0.63	0.56	0.78	0.51	0.41	0.21	0.06	0.47	

三峡水库入库水沙控制站大体存在长时间段丰枯相间的周期性变化规律，丰枯水年代交替出现，来沙量也基本与来水丰枯同步，两者之间存在差异，但基本变化趋势一致，相对而言，径流量年际变化率不甚显著，而输沙量年际变化率较大。自 20 世纪 90 年代以来，在径流量减少幅度不大的情况下，其输沙量表现出了明显的减少趋势，2000 年以来的输沙量的变化极为明显。具体表现为以下几点。

（1）各站径流量总体变化不大，2000 年以来略有减少趋势，以嘉陵江减少幅度最大，其 20 世纪 90 年代和 2000～2009 年的平均来水比多年平均值分别偏小 17.5%和 13.0%，2010 年以后又有所恢复。

（2）各站输沙量均大幅减少，其中嘉陵江有明显的在交替中逐渐下降的趋势，且进入 20 世纪 90 年代以后，减少明显，最大减幅达 76%，出现在 2000～2009 年，但 2010 年以后输沙量较 2000～2009 年有所恢复；乌江则是自 20 世纪 70 年代以后呈持续减少态势，以 2000 年以后减幅最大，平均减幅超过 72%。

（3）2008 年以来，乌江武隆站的输沙量变化趋势与之前基本相同，但嘉陵江在其径流量变化不大的情况下，输沙量在一段时间内有一定增加，可能与汶川地震增大了泥沙量有关。

2）来水来沙地区组成变化

（1）三峡水库来水地区组成变化。图 2.2 给出了三峡水库来水地区组成变化，分成1990 年以前、1991～2002 年、2003～2012 年、2013～2016 年 4 个阶段，可以看出：总体上三峡水库来水地区组成是比较稳定的，金沙江始终是三峡水库上游径流量最大的水系，仅2013～2016年4年其占比略有下降；岷江位居第二；嘉陵江径流是各个支流中变化最大的，其在 1991～2002 年径流较多年平均减少 19%，同期乌江来流加大，因此这一时期乌江的径流量甚至超过了嘉陵江，但此后嘉陵江径流有所恢复，径流量占比仍居第三；沱江与横江为各大支流中的最后两位，但它们近年径流量都有所增加。可见，三峡水库来水地区组成最大的变化发生在 1991～2002 年，主要表现为嘉陵江径流大幅减少和乌江径流的明显增加，其次为 2013～2016 年，金沙江和嘉陵江径流略有减少，沱江、横江有所增加，总的三峡水库入库径流量也有所减少，为 4 个阶段中最低的，较多年平均偏少 6.1%。

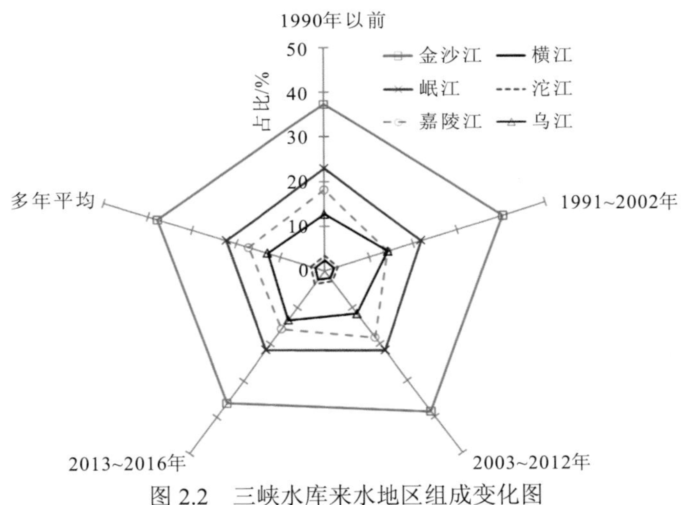

图 2.2 三峡水库来水地区组成变化图

（2）三峡水库来沙地区组成变化。同样，按照上述四个阶段，图 2.3 给出了三峡水库来沙地区组成变化，相对于来水变化，来沙占比变化是十分明显的。就多年平均值而言，长江上游总来沙占比排序为金沙江、嘉陵江、岷江、乌江、横江与沱江。

很长时间内金沙江都是上游总来沙占比第一的水系，尤其是在 1991～2002 年，由于嘉陵江来沙的剧烈减少，金沙江来沙量占到上游总来沙量的80.1%，在2003～2012年尽管其来沙减半，但仍占上游总来沙量的近七成，而进入 2013～2016 年阶段，其来沙再次锐减，仅有其多年均值的 0.8%，占比也锐减到 2.7%，成为各水系中的最小值。

嘉陵江的剧烈减沙出现在 1991～2002 年阶段，来沙量较上一阶段减少了七成多，占比也由 27.9%减少到 10.6%，且由于来沙的持续减少，在 2003～2012 年阶段，其年均来沙量已经减少到与岷江来沙量持平，但 2013～2016 年其减幅小于岷江，占比成为各水系中最大者，为 32.3%。

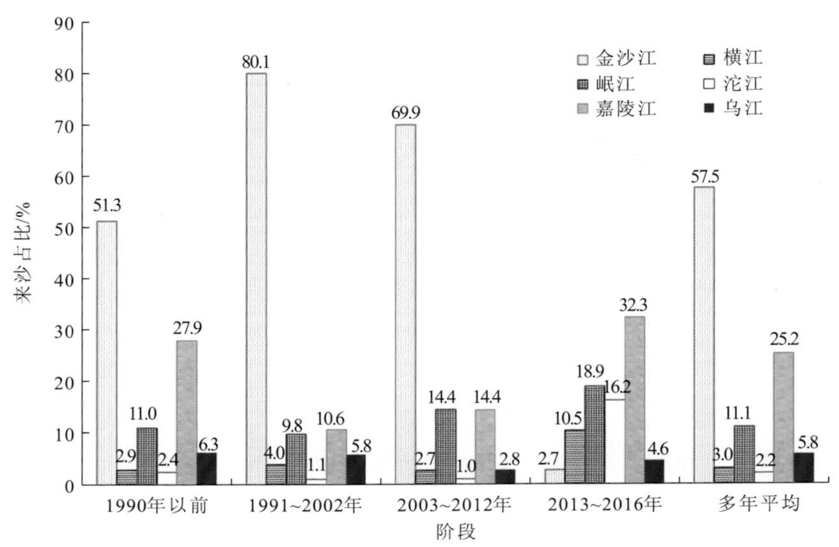

图 2.3　三峡水库来沙地区组成变化图

相比于金沙江和嘉陵江两大水系，支流中径流量第一的岷江来沙占比变化不大，2013～2016 年占比为 18.9%，仅次于嘉陵江。

乌江来沙量占比一直不大，在 2003～2012 年平均占比为 2.8%，相比于 1991～2002 年占比 5.8%减小了 51.7%，但是在 2013～2016 年由于金沙江来沙量的显著减少，其来沙占比增加为 4.6%。

相比于各大水系的大幅减沙，沱江在经历了 1991～2002 年和 2003～2012 年两个阶段的减沙后，在 2013～2016 年沙量占比明显增大，达到了 16.2%，仅次于嘉陵江和岷江，而其多年均值占比则是各水系的最小值，因此其 2013 年以来的沙量增大是值得关注的。在大的水系，尤其是金沙江沙量大幅减少的背景下，横江 2013～2016 年的占比提高到了 10.5%，而其多年均值占比仅为 3.0%，横江输沙量在 2003～2012 年明显减少，但之后又有所恢复。沱江与横江 2013 年以来的沙量增加，一方面与流域上没有大的控制性水库工程有关，另一方面与暴雨集中有关，暴雨不但直接造成流域侵蚀增加，而且可将之前中小水利工程拦蓄的泥沙一并冲刷输运下来，即“零存整取”。

值得注意的是，向家坝至寸滩段的区间来沙，2012 年以前年均约为几百万吨，与寸滩站总沙量的比值很小，基本可以忽略。但 2013～2016 年，该区间（含区间支流）来沙量占到了寸滩站的近 20%，年均来沙量超过 1 200 万 t，仅次于嘉陵江和岷江。因此，这一区域已成为三峡水库上游来沙地区组成中的重要部分，而这一点是过去很少关注的。

2.1.2　典型产沙区产输沙过程及土壤侵蚀分布变化调查

1. 重点产沙区产沙 ^{137}Cs 示踪现场调查

由于土壤侵蚀的研究目的不同，以及研究区域的自然条件存在差异，其研究方法也有所不同，这些方法既包括深入的实验室研究，又包括野外大面积土壤侵蚀现象的动态监测。通常情况下，国内外通用的土壤侵蚀调查方法较为一致，目前常用的土壤侵蚀调查方法包括野外观测调查法、径流小区法、小流域定位观测法、立体摄影法、人工模拟降雨法和核素示踪法（朱梦阳 等，2019；刘宝元 等，2013；谢云 等，2013；贺秀斌 等，2008）。下面就主要且常用的野外观测调查法、径流小区法及新兴的核素示踪法进行论述。

野外观测调查法是通过水准测量法、容积法等方法对野外的土壤侵蚀进行定量观测的一种重要方法。水准测量法可以用来鉴定土壤表面垂直位移的速度，分为间接测量法和直接测量法。容积法则对研究季节性的侵蚀作用较合适，缺点是测量数据比实际的土壤侵蚀量小。

径流小区法是对坡地和小流域水土流失规律进行定量研究的一种重要方法，经过几十年的发展，其技术日趋成熟，研究也由粗略统计逐渐发展为精确定量化。目前径流小区法成为国内外常用并且具有较好精度的研究方法。

传统方法如径流小区法通常只能调查侵蚀的最终结果，难以对侵蚀的物理过程做定量描述，而核素示踪法刚好可以弥补这样的不足，其采用放射性元素或稀土元素追踪土壤侵蚀的过程，该方法 20 世纪 60 年代初开始被使用，已经逐渐成为一种重要的调查方法。

目前常用的核素示踪法包括单核素示踪法、多核素复合示踪法及稀土元素示踪法三种。单核素示踪常用^{137}Cs、^{210}Pb及^{7}Be。其中，^{137}Cs能够与地表物质紧密结合，土壤侵蚀量与 ^{137}Cs 流失量之间存在一定的指数关系，可以有效进行中长期土壤侵蚀示踪研究。^{210}Pb主要用在沉积速率的测定及沉积计年的示踪研究，而^{7}Be主要用于湖泊、海湾沉积物表层颗粒混合作用的示踪研究。多核素复合示踪法则可以降低核素分布的变异性，提高分析精度。稀土元素能被土壤颗粒强烈吸附，难溶于水，植物富集有限，且对生态环境无害，淋溶迁移不明显，有较低的土壤背景值，中子活化对其检测灵敏度高，是较理想的新的稳定性示踪元素。随着航空、遥感技术的快速发展，采用遥感及航拍影像判读土壤侵蚀逐渐发展为重要的侵蚀调查方法。传统的土壤侵蚀及流域产沙调查方法主要关注小流域或局部的土壤侵蚀，而采用遥感及航拍影像进行判读则能够获取大范围的土壤侵蚀，能够为区域范围的土壤侵蚀研究提供依据。20 世纪 90 年代初，水利部就利用卫星遥感资料成功地完成了全国土壤侵蚀调查。采用遥感及航拍影像方法通常需要经过图像处理、交互式勾绘，以及量算、统计面积量等步骤，但采用该方法需要克服判读误差、计算精度等问题。

本小节主要采用现场调查^{137}Cs的单核素示踪法进行长江上游重点产沙区的产沙研究。基于长江上游典型产沙区产输沙模数分区的既往研究成果，将产沙量较大且可能对三峡水库入库泥沙量有较大影响的典型产沙区作为代表，选取岷江下游、嘉陵江的渠江下游、沱江下游和长江干流向家坝至朱沱段共四个区域进行产输沙调查。

2. 不同土地利用类型的坡面侵蚀特征研究

为研究长江上游流域不同土地利用地块、坡度与土壤侵蚀的关系，在该流域内不同研究区各土地类型采集了大量土样，包括林地 42 个样品，坡耕地 62 个样品，采集的土样的基本信息见表 2.3。取样采用平行双剖面线法，即沿取样地最大坡度方向，相隔 2～

表 2.3　长江上游不同土地利用类型 ^{137}Cs 土壤样品的采样点基本信息

流域范围	地点	纬度/（°）	经度/（°）	土地利用类型	样点编号
岷江流域	宜宾市叙州区蕨溪镇	28.862 312	104.280 522	坡耕地（砂仁）	9-15-002 坡 1～9-15-002 坡 5
岷江流域	宜宾市叙州区蕨溪镇	28.864 290	104.285 269	林地（柏木林）	9-15-003 林 1～9-15-003 林 3
岷江流域	宜宾市叙州区柳嘉镇	29.103 241	104.294 975	坡耕地（毛豆+玉米）	9-16-001 坡 1～9-16-001 坡 5
岷江流域	宜宾市叙州区柳嘉镇	29.104 385	104.290 801	林地（云南松）	9-16-002 林 1～9-16-002 林 3
岷江流域	犍为县新民镇	29.102 369	104.096 179	针阔混交林（云南松+桤木）	9-17-001 林 1～9-17-001 林 3
岷江流域	犍为县新民镇	29.102 683	104.095 857	坡耕地（砂仁）	9-17-002 坡 1～9-17-002 坡 3
嘉陵江流域（渠江）	广安市崇望乡	30.564 803	106.654 290	坡耕地（红薯）	10-17-坡 1～10-17-坡 3
嘉陵江流域（渠江）	广安市崇望乡	30.562 502	106.651 125	林地（柏木）	10-17-林 1～10-17-林 3
嘉陵江流域（渠江）	广安市前锋区虎城镇	30.556 726	106.788 119	林地（柏木）	10-18-林 1～10-18-林 3
嘉陵江流域（渠江）	广安市前锋区虎城镇	30.559 950	106.787 271	坡耕地（红薯刚收获）	10-18-坡 1～10-18-坡 3
嘉陵江流域（渠江）	渠县琅琊镇	30.731 681	106.977 751	针阔混交林（云南松+桤木）	10-19-林 1～10-19-林 3
嘉陵江流域（渠江）	渠县琅琊镇	30.731 935	106.978 368	坡耕地（南瓜刚收获）	10-19-坡 1～10-19-坡 3
嘉陵江流域（渠江）	渠县李馥镇	30.934 526	106.980 278	坡耕地（毛豆）	10-20-坡 1～10-20-坡 3
嘉陵江流域（渠江）	渠县李馥镇	30.933 049	106.978 342	林地（柏木+槐树）	10-20-林 1～10-20-林 3
沱江流域	泸州市江阳区况场镇	28.932 676	105.355 774	坡耕地（白芝麻）	6-2-坡 1～6-2-坡 5

续表

流域范围	地点	纬度/（°）	经度/（°）	土地利用类型	样点编号
沱江流域	泸县牛滩镇	29.017 360	105.345 20	青冈林	6-3-林 1～6-3-林 3
沱江流域	泸县牛滩镇	29.017 454	105.344 997	坡耕地（玉米）	6-3-坡 1～6-3-坡 4
沱江流域	富顺县怀德镇	29.018 119	105.224 110	坡耕地（红薯）	6-4-坡 1～6-4-坡 4
沱江流域	富顺县怀德镇	29.015 756	105.222 159	林地（云南松）	6-4-林 1～6-4-林 3
沱江流域	富顺县安溪镇	29.015 746	105.033 902	坡耕地（红薯）	6-5-坡 1～6-5-坡 3
沱江流域	富顺县琵琶镇	29.093 992	105.038 564	坡耕地（花生）	6-6-坡 1～6-6-坡 3
沱江流域	富顺县琵琶镇	29.096 289	105.038 672	林地（竹子）	6-6-林 1～6-6-林 3
长江干流	泸县太伏镇	29.012 72	105.712 50	坡耕地（玉米）	7-4-坡 1～7-4-坡 3
长江干流	合江县二里乡	28.643 75	105.724 72	林地（栎）	7-5-林 1～7-5-林 3
长江干流	合江县二里乡	28.642 38	105.726 61	坡耕地（玉米+红薯）	7-5-坡 1～7-5-坡 3
长江干流	江阳区丹林镇	28.855 77	105.224 06	青冈林	7-6-林 1～7-6-林 3
长江干流	江阳区丹林镇	28.855 00	105.223 79	坡耕地（高粱）	7-6-坡 1～7-6-坡 3
长江干流	翠屏区宋家镇	28.761 44	104.840 03	坡耕地（玉米+红薯）	7-7-坡 1～7-7-坡 3
长江干流	翠屏区赵场镇	28.679 33	104.596 45	坡耕地（玉米+红薯）	7-8-坡 1～7-8-坡 4

3 m，平行布设两条取样地形剖面线。沿剖面线间隔 3～4 m 平行采集一个土壤样品，土壤样品包括全样和分层样两种，使用取样钻采集土壤样品。土壤全样的取样深度为 25～40 cm，大于坡地犁耕层深度；土壤分层样的分层厚度为 3～5 cm，取样深度为 30 cm。

1）典型坡耕地土壤侵蚀模数

以沱江流域泸州市江阳区况场镇团山村坡耕地为例，各取样点的 ^{137}Cs 面积活度见表 2.4。采用坡长加权平均法求得了地块平均 ^{137}Cs 面积活度。坡长加权平均法以取样点所代表的坡长为权重因子对各取样点的 ^{137}Cs 面积活度进行加权计算，得到地块的平均 ^{137}Cs 面积活度。

表 2.4　取样坡耕地 ^{137}Cs 面积活度、年均侵蚀厚度与土壤侵蚀模数

区域	取样点编号	坡长/m	^{137}Cs 面积活度/（Bq/m^2）	年均侵蚀厚度/cm	土壤侵蚀模数/［t/（km^2·a）］
泸州市江阳区况场镇团山村 A 坡段	1	1.0	398.5	0.411	4 937.4
	2	5.0	412.8	0.396	4 749.3
	3	9.0	422.5	0.385	4 625.2
	4	13.0	738.7	0.135	1 617.3
	5	17.0	822.5	0.054	651.5
	6	21.0	481.9	0.327	3 920.0
	7	25.0	1 649.6	−0.280	−3 358.8
泸州市江阳区况场镇团山村 B 坡段	8	27.0	756.7	0.124	1 487.0
	9	30.0	687.1	0.167	2 009.0
	10	33.0	569.2	0.252	3 024.9
	11	37.5	845.5	0.074	884.1
	12	42.0	946.8	0.022	268.6
	13	45.5	977.2	0.008	96.4
	14	49.5	893.2	0.049	586.2
	15	53.0	1 046.0	−0.024	−286.6
	16	55.0	1 127.0	−0.062	−739.2
	17	57.0	929.6	0.031	368.8
	18	60.0	1 126.7	−0.059	−713.9
	19	63.5	536.2	0.279	3 347.0
	20	66.0	1 021.9	−0.012	−147.2
	21	68.0	815.2	0.090	1 082.6
加权平均			816.0	0.108	1 294.6

注：负数表示该取样点发生堆积。

由表2.4可见，本小节坡耕地各取样点的 ^{137}Cs 面积活度为398.5～1 649.6 Bq/m²，以坡长为权的加权平均值为816.0 Bq/m²。本小节坡耕地坡长68 m，在坡中部26 m处，有一高约2 m的陡坎，将整个坡面分为A、B共两个坡段。

坡段A位于坡面0～25.0 m段，坡度9.7°，各取样点的 ^{137}Cs 面积活度为398.5～1 649.6 Bq/m²，基本呈顺坡增加的趋势，坡段最下方取样点7的 ^{137}Cs 面积活度达到了1 649.6 Bq/m²，大于研究区域的 ^{137}Cs 本底值，说明有部分泥沙堆积于此。坡耕地土壤发生运移的作用主要包括两种：地表径流和犁耕。地表径流把土壤带到地块以外，犁耕则将坡地上部的土壤搬运到坡地下部，且搬运的土壤全部堆积在农耕地内。坡段A的坡长较小，径流侵蚀作用有限，^{137}Cs 面积活度的空间分布主要受犁耕搬运作用的影响，地表径流侵蚀作用随坡长增加而增强的程度不足以抵消犁耕的搬运作用，使得该坡段取样点 ^{137}Cs 面积活度大致呈顺坡增加的趋势。

坡段B位于坡面27.0～68.0 m段，坡度10.6°，各取样点的 ^{137}Cs 面积活度为536.2～1 127.0 Bq/m²，^{137}Cs 面积活度随坡长增加大致呈先上升而后略微下降的趋势。这可能是因为该坡段上部径流侵蚀较弱，^{137}Cs 再分布主要受犁耕作用的影响，使得 ^{137}Cs 面积活度随坡长增加而上升；而坡段下部随着坡长的增加，径流侵蚀作用有所增强，使得坡脚处的 ^{137}Cs 面积活度反而较坡地中上部低。取样点8的 ^{137}Cs 面积活度相对略高（756.7 Bq/m²），可能是由上方坡段A部分挟沙径流经过陡坎进入该坡段后，泥沙在此堆积所致。此外，个别取样点并不符合上述规律，如取样点6和20（^{137}Cs 面积活度分别为481.9 Bq/m²和1 021.9 Bq/m²）与相邻取样点存在较大的差异，这可能与坡地微地貌、无规律犁耕等因素有关，使得 ^{137}Cs 面积活度在坡面的空间分布出现一定的波动。

根据质量平衡模型计算了坡耕地土壤侵蚀模数，坡面径流系数取0.30，坡耕地犁耕层厚度取20 cm，犁耕层土壤容重取1.2 t/m³。坡耕地土壤侵蚀模数的顺坡变化如图2.4所示。受犁耕作用的影响，坡耕地坡段A的土壤侵蚀模数随坡长增加大致呈下降趋势，从坡顶取样点1的4 937.4 t/（km²·a）下降到中部点4的1 617.3 t/（km²·a），坡段最下方的取样点7发生了堆积，土壤侵蚀模数为−3 358.8 t/（km²·a）；坡段B的土壤侵蚀模数随坡长增加也大致呈下降趋势，在取样点15、16、18和20处都发生了少量的堆积，但在坡脚处由于流水侵蚀作用有所加强，土壤侵蚀模数较该坡段中部有所增加，如取样点21的土壤侵蚀模数达到了1 082.6 t/（km²·a）。与 ^{137}Cs 面积活度的空间分布基本一致，受微地貌、无规律犁耕等因素的影响，该坡地土壤侵蚀模数的空间分布也出现了一定的波动。例如，取样点6和20的土壤侵蚀（堆积）模数分别为3 920.0 t/(km²·a)和−147.2 t/(km²·a)，与相邻的取样点存在较大的差异。平均坡度为11.4°的坡耕地年均侵蚀（堆积）厚度为−0.280～0.411 cm，加权平均为0.108 cm，相应的土壤侵蚀模数为−3 358.8～4 937.4 t/（km²·a），加权平均为1 294.6 t/（km²·a），按水利部2008年颁布的《土壤侵蚀分类分级标准》（SL190—2007），此研究地块属于轻度侵蚀。而过去针对长江上游坡耕地土壤侵蚀的研究得到的土壤侵蚀模数通常在3 000～4 000 t/（km²·a）（景可，2002），因此此次调查分析土壤侵蚀模数结果相比于20世纪90年代以前的研究成果下降了约57%。

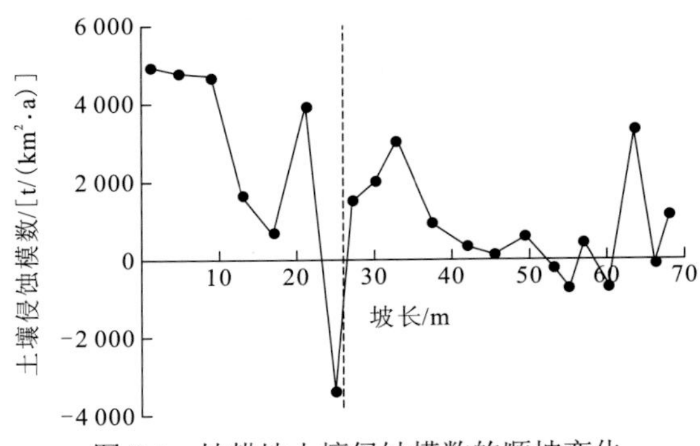

图 2.4　坡耕地土壤侵蚀模数的顺坡变化

本小节中的坡耕地土壤侵蚀模数不高：一方面是由于选择的坡耕地属于缓坡，坡度较小，平均坡度仅为 11.4°；另一方面原因则是当地农民在生产实践中总结出了一套有效防止水土流失的耕作方式。通过在坡耕地内开挖数条等高排水沟，把整个长坡地块分割为若干个短坡地块，缩短了坡长，每个短坡地块的坡长为 10～15 m，同时两侧分别开挖顺坡排水沟。该耕作方式有效防止了水土流失，使得土壤侵蚀强度大大降低。

2）典型林地土壤侵蚀模数

根据年土壤流失厚度和土壤容重（γ=1.2 g/cm^3）计算合江县二里乡和富顺县怀德镇林地的土壤侵蚀模数，再根据取样剖面之间的距离，计算断面加权平均土壤侵蚀模数。两块林地的土壤侵蚀模数为 310～688 t/（km^2·a）（表 2.5），远低于坡耕地的 1 294.6 t/（km^2·a）。同时，长江上游典型支流的坡耕地、林地的土壤侵蚀强度较十多年前降低，对流域泥沙的贡献率减小。

表 2.5　长江流域林地的 ^{137}Cs 面积活度及测算的侵蚀量

类型	植被盖度/%	位置	土壤	平均坡度/（°）	坡长/m	土壤剖面数	^{137}Cs 面积活度变化幅度/（Bq/m^2）	^{137}Cs 面积活度平均值/（Bq/m^2）	加权平均土壤侵蚀模数/［t/（km^2·a）］
林地	85	合江县二里乡	紫色土	23	33	3	65.7～1 495.4	960.8	310
林地	80	富顺县怀德镇	紫色土	24	19	3	798.1～942.0	869.7	688

3. 典型重力侵蚀区域泥沙来源分区研究

选择云南省小江流域为重力侵蚀典型流域，运用 ^{137}Cs 开展流域泥沙来源示踪研究，可以区别不同泥沙源地的泥沙贡献率。通过对流域土地利用/覆被情况进行实地调查与分析，确定侵蚀流域内的主要土壤侵蚀类型，并适当进行产沙单元的分类合并，然后分别在不同产沙单元内选择典型地块进行表层土壤取样，采集流域中塘库沉积泥沙表层样品或流域出口河流泥沙样品混合样。测定各类样品的 ^{137}Cs 活度后，通过下面的配比公式求算各类产沙单元的相对贡献率：

$$\begin{cases} C_{\mathrm{d}} = \sum_{i=1}^{n} C_i x_i \\ \sum x_i = 100\% \end{cases} \tag{2.1}$$

式中：C_{d}为流域沉积泥沙表层样品的 ^{137}Cs 活度（Bq/kg）；C_i为不同侵蚀单元类型的 ^{137}Cs 活度（Bq/kg）；x_i为各侵蚀类型产沙单元的泥沙贡献率。

在小江流域内选择 5 条泥石流沟、5 条非泥石流沟和小江主河（分别为坡耕地、林草地、裸地和泥石流沟道堆积物），共采集 31 份样品，其中土壤表层样 27 份（林草地表层样 13 份、坡耕地表层样 10 份和裸地表层样 4 份），非泥石流沟道淤泥表层泥沙样 4 份。

10 份坡耕地表层样 ^{137}Cs 活度为 0.80～1.85 Bq/kg，平均值为 1.21 Bq/kg；13 份林草地表层样 ^{137}Cs 活度为 2.75～11.70 Bq/kg，平均值为 6.66 Bq/kg；4 份裸地表层样均未测出 ^{137}Cs 活度；非泥石流沟道淤泥表层泥沙样 4 份，其 ^{137}Cs 活度为 0.23～0.36 Bq/kg，平均值为 0.29 Bq/kg。

采集小江流域 325 个土壤表层样品、25 个泥石流滩地表层样品和 29 个河道泥沙样品测定其粒度组成，分析坡面侵蚀、泥石流与河流泥沙的关系。样品经过风干、筛分后，对<2.0 mm 的样品进行粒度分析，利用马尔文激光粒度分析仪进行，其结果见表 2.6。

表 2.6　土壤表层、泥石流滩地表层、河道泥沙样品粒度组成

物质来源	粒度组成/%						
	<0.002 mm	<0.02 mm	<0.05 mm	<0.25 mm	<0.5 mm	<1.0 mm	<2.0 mm
土壤表层	13.36	59.21	80.19	94.11	96.35	100.00	100.00
泥石流滩地表层	3.09	17.13	23.85	39.37	54.87	76.10	100.00
河道泥沙	1.59	8.56	17.99	51.26	72.53	80.93	100.00

注：表中数据为三类物质的平均粒度组成。

表 2.6 中数据揭示了 0.25 mm 是物质变化的关键粒度值，<0.25 mm 的物质在泥沙中所占比例大于泥石流物质，小于坡面侵蚀物，而在此之前的粒径范围内，泥石流物质大于泥沙样品。

据此可以建立粒度分析模型，具体如下：

$$\begin{cases} 94.11x + 39.37y = 51.26 \\ 5.89x + 60.63y = 48.74 \end{cases},\quad 0 < x, y < 1 \tag{2.2}$$

解方程得到 x=0.217，y=0.783，因为坡面侵蚀产沙和泥石流输沙是小江流域最主要的两种输沙方式，计算两者的比率，得出坡面侵蚀产沙与泥石流产沙分别占泥沙总量的 21.7%和 78.3%。

根据小江水文站的观测数据，小江流域平均输沙模数为 3 016 t/（km^2·a），年均输沙量为 9.18×10^6 t，则坡面侵蚀产沙量约为 1.99×10^6 t/a，而泥石流输沙量为 7.19×10^6 t/a。利用小江流域的土地利用类型图，结合侵蚀强度分区图，绘制小江流域泥沙来源分区图（图 2.5），可以得到：①在小江干流及泥石流沟道两岸，崩塌滑坡与沟蚀的分布界线不十分明显，往往两种方式互相交织，其中崩塌滑坡面积为 119.4 km^2，沟蚀面积为 232.9 km^2，分别占小江流域总面积的 3.9%和 7.6%，根据泥沙来源分析，11.5%的面积却成为小江流域 78.3%的泥沙来源地；②坡耕地与稀疏灌草坡面的侵蚀面积为 347.7 km^2，占小江流域总面积的 11.3%，其中坡耕地面积为 312 km^2，坡耕地与稀疏灌草坡面成为小江坡面泥沙的主要来源地；③林地及中高盖度草地面积为 1 457.9 km^2，占整个流域的 47.6%，属于轻度侵蚀区；④微度或无侵蚀区面积为 905.9 km^2，占整个面积的 29.6%，土地利用类型主要为水库湖泊、小江滩地、水田、城镇交通用地。

4. 重点产沙区土壤侵蚀分布特征

USLE 最早由 W.H.Wischmeier 于 1959 年提出，随后由美国农业部于 1965 年正式发布并进行了一次修正。USLE 用于预报年平均尺度下的流域产沙量，并且不考虑单次侵蚀事件，模型的主要结构为

$$A=RKLSCP \tag{2.3}$$

式中：A 为单位面积上的土壤流失量；R 为降雨侵蚀力因子；K 为土壤可蚀性因子；L 为坡长因子；S 为坡度因子；C 为作物覆盖和管理因子；P 为水保措施因子。

USLE 考虑的因素全面，形式简单，所需要的数据不难获得，并且应用广泛。需要的数据是 R、K、P、C 的值和数字高程模型（digital elevation model，DEM）（说明：通过 DEM 可以提取 L 和 S）。潜在土壤侵蚀不考虑地表覆盖和水保措施因素，即 $C=1$，$P=1$。

1）R 的计算

根据研究，不同类型雨量资料估算降雨侵蚀力的精度不同，对 5 种代表性雨量资料计算降雨侵蚀力的效果进行对比分析，以日雨量模型计算降雨侵蚀力的精度明显最高。其计算模型如下：

$$M_i=\alpha\sum_{j=1}^{k}(D_j)^{\beta} \tag{2.4}$$

式中：M_i 为第 i 个半月时段的侵蚀力值[MJ·mm/（hm^2·h）]；k 为该半月时段内的天数；D_j 为半月时段内第 j 天的侵蚀性日雨量，要求日雨量 $D_j\geqslant12$ mm，否则以 0 计算；α 和 β 为模型待定参数，利用日雨量参数估计模型参数 α 和 β。

2）K 的估算

OC 侵蚀–生产力影响评价模型发展形成的土壤可蚀性因子 K 的计算公式为

$$K=\{0.2+0.3\exp[-0.0256\mathrm{SAN}(1-\mathrm{SIL}/100)]\}[\mathrm{SIL}/(\mathrm{CLA}+\mathrm{SIL})]^{0.3}$$
$$\cdot\{1.0-0.025\mathrm{OC}/[\mathrm{OC}+\exp(3.72-2.95\mathrm{OC})]\}\{1.0-0.7\mathrm{SN_1}/[\mathrm{SN_1}+\exp(-5.51+22.9\mathrm{SN_1})]\} \tag{2.5}$$

式中：SAN、SIL、CLA 和 OC 分别为砂粒、粉粒、黏粒和有机碳含量（%）；$SN_1=1-SAN/100$。

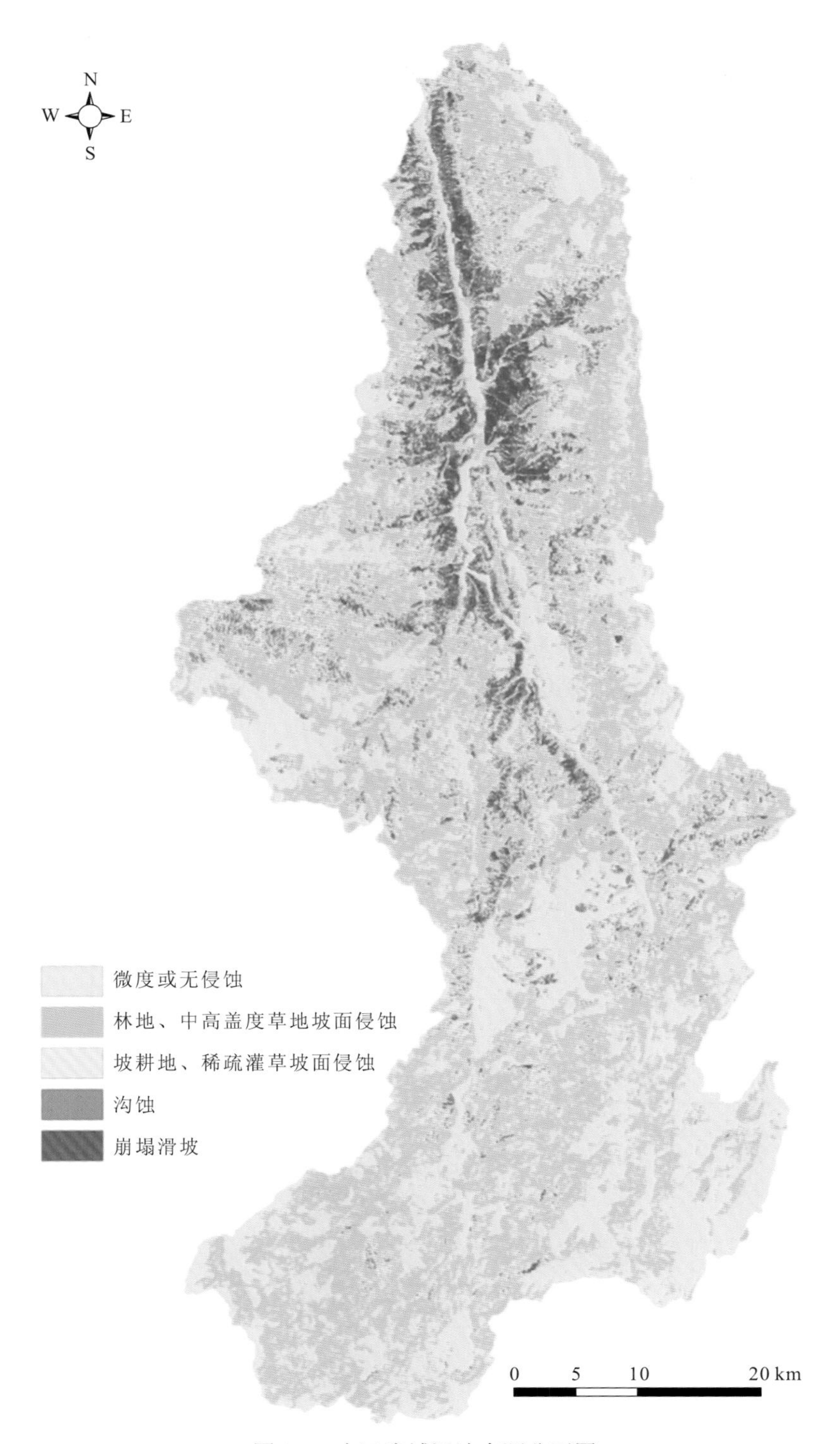

图2.5　小江流域泥沙来源分区图

3）*LS* 的计算

采用黄炎和等（1993）建立的公式及生态系统服务和交易的综合评估（integrated valuation of ecosystem services and trade-offs，InVEST）模型求得坡长的方法得到的结果比较合理，并分缓坡和陡坡分别计算。

4）*C* 的确定

植被覆盖与土壤侵蚀之间存在十分密切的关系。一般而言，植被覆盖度越高的地区，土壤侵蚀强度等级越低，土壤侵蚀较轻；反之，植被覆盖度越低的地区，土壤侵蚀强度等级越高，土壤侵蚀严重。群落盖度是反映植被保持水土的较好尺度。对于森林来说，尽管林冠的直接防蚀意义小，但它对森林环境的形成及贴地面覆盖物枯枝落叶的维持起着决定性的作用，有重要的群落学意义。在无人为破坏的情况下，林冠层盖度的大小与林地枯落物数量的多少是对应的。本小节根据长江上游的植被类型和盖度，并结合国内外相关研究资料来确定不同土地利用类型的 *C* 值。

5）*P* 的计算

P 指采用专门措施后的土壤流失量与采用顺坡种植时的土壤流失量的比值。国内 *P* 的获得基本上是根据区域特点对土地的不同利用方式赋值。长江上游主要是水田和旱地有一定的水保措施因子，根据刘得俊等（2006）对西宁市土壤侵蚀监测的研究，取水田的 *P* 为 0.15，旱地的 *P* 为 0.35，其余土地利用类型 *P* 均取 1。区域土壤侵蚀调查技术体系如图 2.6 所示，其中土壤侵蚀强度分级参考《土壤侵蚀分类分级标准》（SL 190—2007）及张信宝等（2007）的研究成果。

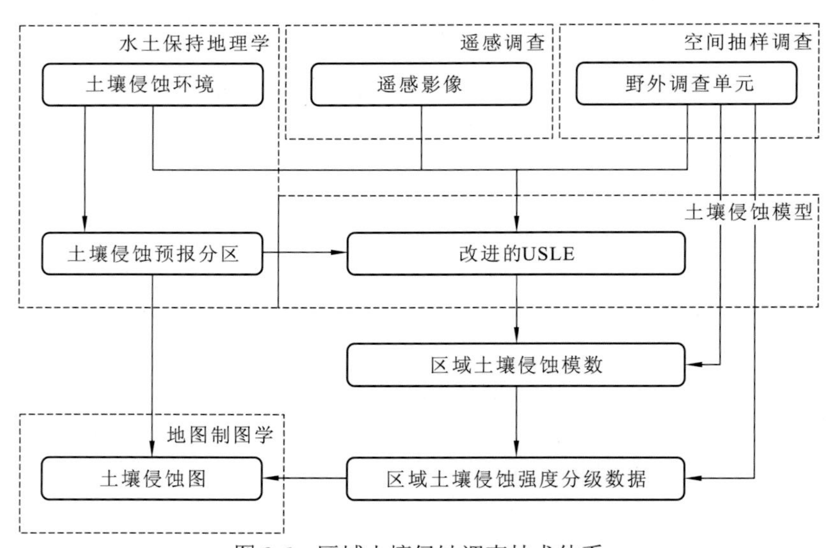

图 2.6　区域土壤侵蚀调查技术体系

重点调查区岷沱江下游、川江干流和嘉陵江的渠江下游区域都是以中度和轻度侵蚀为主。数据统计结果表明，川江干流区域平均土壤侵蚀模数最小，为 303.3 t/（$km^2 \cdot a$），而岷沱江下游平均土壤侵蚀模数最大，为 430.3 t/(km^2·a)，渠江下游平均土壤侵蚀模数为 366.2 t/(km^2·a)（表 2.7）。过去这些典型区域的平均土壤侵蚀模数均超过 1 000 t/(km^2·a)，这表明相比于过去，目前这些重点产沙区土壤侵蚀产沙量显著下降，土地利用的改变可能是区域侵蚀产沙量显著下降的主要原因。

表 2.7　重点调查区域土壤侵蚀量

区域	面积/km^2	平均土壤侵蚀模数/[t/(km^2·a)]	年土壤侵蚀量/万 t
岷沱江下游	20 224.5	430.3	870.2
川江干流	17 758.4	303.3	538.6
渠江下游	11 762.0	366.2	430.7

基于针对整个长江上游的调查，利用 USLE 计算得到的长江上游潜在土壤侵蚀总模数为 9.292×10^9 t/a，平均潜在土壤侵蚀模数为 9 555.01 t/(km^2·a)。其中，潜在土壤侵蚀模数在 500 t/(km^2·a)以下的地区占了 35.08%，36.80%的地区潜在土壤侵蚀模数在 5 000 t/(km^2·a)以上（表 2.8）。在三峡库区、四川盆地边缘山地、滇东北和川西南山地，由于地形起伏较大，坡度大，降雨强度大，土壤侵蚀危险性高，其平均潜在土壤侵蚀模数多在 5 000 t/(km^2·a)以上，四川盆地丘陵区部分区域潜在土壤侵蚀模数也达到 2 500 t/(km^2·a)以上。长江上游北部、西北部地区，由于地形起伏较小，降雨少，土壤可蚀性低，潜在土壤侵蚀模数较低，均在 2 500 t/(km^2·a)以下。

表 2.8　长江上游土壤侵蚀与土壤保持量

土壤侵蚀模数/[t/(km^2·a)]	土壤侵蚀等级	占土地总面积的百分比/%		
		潜在	现实	保持
<500	微度侵蚀	35.08	68.15	38.19
500～2 500	轻度侵蚀	17.17	22.27	16.31
2 501～5 000	中度侵蚀	10.96	4.70	12.04
5 001～8 000	强度侵蚀	11.78	1.95	11.62
8 001～15 000	极强度侵蚀	12.40	1.63	10.90
>15 000	剧烈侵蚀	12.62	1.31	10.94

长江上游现实土壤侵蚀量为 1.188×10^9 t/a，平均土壤侵蚀模数为 1 250.70 t/(km^2·a)。与 20 世纪 90 年代前的调查结果相比，年均土壤侵蚀量下降了约 24%。虽然重点产沙区分布格局未发生明显变化，还是以流域西南和东北及连接这两个部分的中间地带为主，但是整体产沙模数明显减小，目前以轻度侵蚀和微度侵蚀为主，其中 68.15%的地区土壤侵蚀量在 500 t/(km^2·a)以下（表 2.8）。本次评估计算的现实土壤侵蚀量偏小，主要是近年来国家对水土保持比较重视，生态保护措施加强实施，使得长江上游生态系统土壤保持功能增强，水土流失量减少。

2.1.3　典型流域输沙变化过程和影响机理

1. 金沙江水沙变化和机理分析

1）水沙变化趋势及突变分析

图 2.7 给出了金沙江主要站点的年径流量、年输沙量的变化情况。采用常用的 M-K 检验进行金沙江流域攀枝花站、白鹤滩站、向家坝站三个站点径流和输沙趋势及突变分析，见表 2.9。从表 2.9 可以看出，径流量在攀枝花站有明显的增加趋势，但白鹤滩站和向家坝站均无明显变化趋势。向家坝站的输沙量表现出明显的减小趋势，年均减沙 200 万 t，白鹤滩站和攀枝花站也有一定程度的减沙，其年均减沙分别为 60 万 t 和 7 万 t，三个站年均减沙比依次为 0.9%、0.35%和 0.15%，金沙江下游的减沙显然与大规模大坝建设和水土保持有关。

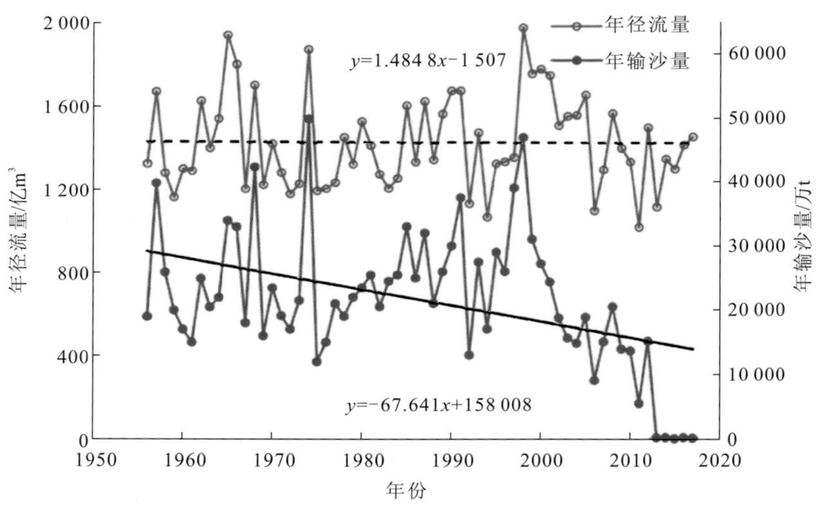

图 2.7　金沙江向家坝站年径流量和年输沙量变化

表 2.9　M-K 检验计算得到的样本标准正态分布值

水文站	径流量		输沙量	
	计算值	临界值	计算值	临界值
攀枝花站	1.23	0.219	0	1.000
白鹤滩站	−0.31	0.756	−0.90	0.368
向家坝站	−0.31	0.740	−2.41	0.016

注：临界值的置信区间为 0.95。

M-K 检验和双累积曲线法的突变分析表明（图 2.8 和表 2.10）：攀枝花站径流量突变点发生在 1985 年，由之前的年均 528.4 亿 m^3 增加为 585.7 亿 m^3，而白鹤滩站和向家坝站无明显的突变点。攀枝花站输沙量的突变点也为 1985 年，在 1985 年后其年均输沙量增加了 31%。而对于白鹤滩站和向家坝站，两种方法给出的突变点不同，分别为 2011 年和 1999 年，2011 年突变显然是因为向家坝水库和溪洛渡水库的运行，1999 年突变则考虑是因为二滩水库的运行，两个站在 1999 年后年均输沙量分别减小了 34%和 48%，在 2011～2015 年进一步减小了 57%和 83%。

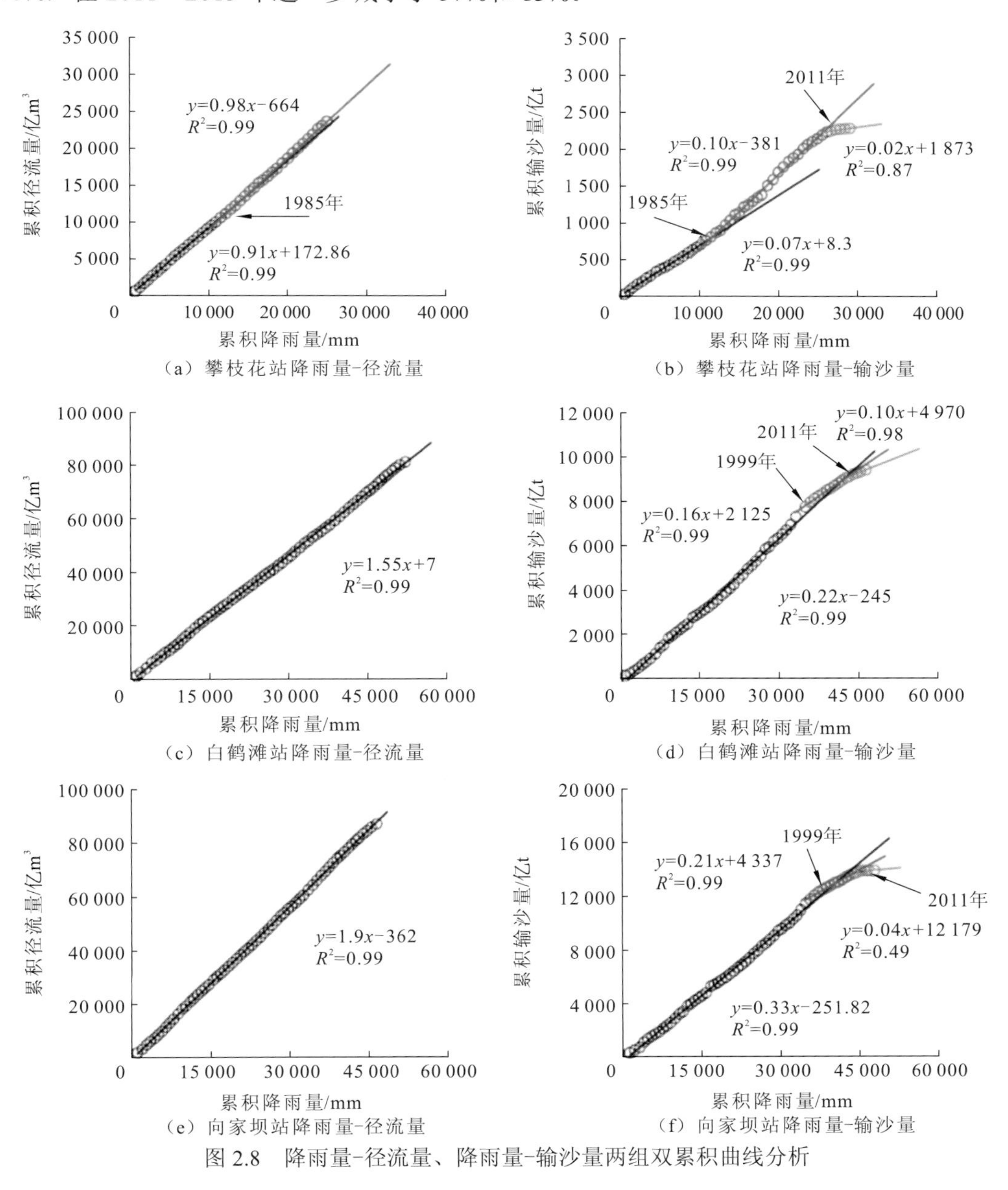

（a）攀枝花站降雨量-径流量　（b）攀枝花站降雨量-输沙量

（c）白鹤滩站降雨量-径流量　（d）白鹤滩站降雨量-输沙量

（e）向家坝站降雨量-径流量　（f）向家坝站降雨量-输沙量

图 2.8　降雨量-径流量、降雨量-输沙量两组双累积曲线分析

表 2.10　M-K 检验和双累积曲线突变点分析

水文站	径流量				输沙量			
	突变点	前期平均值/亿 m^3	后期平均值/亿 m^3	变化值/%	突变点	前期平均值/亿 t	后期平均值/亿 t	变化值/%
攀枝花站	1985 年	528.4	585.7	11	1985 年	0.39	0.51	31
	1985 年	—	—	—	2011 年	0.59	0.10	-83
白鹤滩站	—	—	—	—	2011 年	1.71	0.74	-57
	—	—	—	—	1999 年	1.8	1.18	-34
向家坝站	—	—	—	—	2011 年	2.4	0.42	-83
	—	—	—	—	1999 年	2.56	1.32	-48

2）气候变化和人类活动对流域输沙的影响权重分析

为了量化气候变化与人类活动对流域输水输沙的影响，以降雨表征气候变化，则降雨量-径流量、降雨量-输沙量双累积曲线可以用于还原计算以分离气候变化和人类活动的影响。双累积曲线可以给出两个变量之间（以突变点为界）的线性关系，突变点之后的还原值可以用突变点之前的回归方程进行计算，而方程的因子决定了是气候变化还是人类活动的影响。以泥沙变化分析为例：

$$\begin{cases}\text{泥沙变化值}=\text{突变点后年均平均值}-\text{突变点前年均平均值}\\ \text{泥沙气候变化影响值}=\text{泥沙气候变化还原值}-\text{突变点前年均平均值}\\ \text{泥沙人类活动影响值}=\text{泥沙变化值}-\text{泥沙气候变化影响值}\end{cases} \tag{2.6}$$

从降雨量-径流量累积曲线的区间斜率来看，攀枝花站在 1985 年之后其斜率有所增加，白鹤滩站和向家坝站无明显变化。从降雨量-输沙量累积曲线的区间斜率来看，攀枝花站在 1985～2010 年的斜率较前期加大，在此之后又减小，白鹤滩站和向家坝站在 1999～2010 年略微减小，在 2011 年后则急剧减小，说明 M-K 检验得到的突变点更为明显，同时泥沙输移受到的影响远比径流量要大。利用式（2.6）计算气候变化影响和人类活动影响权重，三个站点的人类活动在第一突变点与第二突变点之间对流域减沙的权重分别为 82%、86.6%和 89.2%，在第二突变点后其影响权重分别为 107.5%、91.3%和 102.3%。而攀枝花站径流量增加，其降雨占的权重为 53.4%（表 2.11 和表 2.12）。

表 2.11　径流变化影响权重分析

站点	时期	降雨量/mm	径流量/亿 m^3	还原值/亿 m^3	变化值/亿 m^3	降雨影响/亿 m^3	其他因素/亿 m^3
攀枝花站	1985 年之前	568.7	528.4	—	—	—	—
	1985～2015 年	610	585.7	559	57.2	30.6（53.4%）	26.7（46.6%）

表 2.12　输沙变化影响权重分析

站点	时期	降雨量/mm	输沙量/亿 t	还原值/亿 t	变化值/亿 t	降雨影响/亿 t	人类活动/亿 t
攀枝花站	1985 年之前	568.7	0.393	—	—	—	—
	1985～2010 年	612.5	0.591	0.429	0.198	0.036（18%）	0.162（82%）
	2011～2015 年	594.1	0.095	0.416	−0.298	0.023（−0.75%）	0.321（107.5%）
白鹤滩站	1999 年之前	807.5	1.784	—	—	—	—
	1999～2010 年	791.0	1.462	1.740	−0.322	−0.043（13.4%）	−0.279（86.6%）
	2011～2015 年	769.2	0.74	1.692	1.044	−0.091（8.7%）	−0.953（91.3%）
向家坝站	1999 年之前	771.8	2.560	—	—	—	—
	1999～2010 年	748.8	1.733	2.471	−0.827	−0.089（10.8%）	−0.738（89.2%）
	2011～2015 年	790.6	0.415	2.609	−2.145	0.049（−2.3%）	−2.194（102.3%）

3）水库拦沙效应定量分析

（1）水利工程淤积率经验模式。水利工程对其控制面积以上区域产沙量的拦截作用大小可以用式（2.7）表示：

$$\overline{K}=\overline{W}_{\mathrm{r}}/\overline{W}_{\mathrm{F}} \tag{2.7}$$

式中：$\overline{K}$ 为水利工程拦沙效应系数，$0<\overline{K}<1$；$\overline{W}_{\mathrm{r}}$ 为水利工程年均拦沙（淤积）量，$\overline{W}_{\mathrm{r}}=\rho_{\mathrm{s}}\overline{R}V$，$V$、$\overline{R}$ 分别为水利工程的库容和年淤积率，ρ_{s} 为泥沙淤积干容重；$\overline{W}_{\mathrm{F}}$ 为水利工程集水区域的年产沙量，$\overline{W}_{\mathrm{F}}=GF$，$F$ 为水利工程的集水面积，G 为水利工程集水区域的侵蚀模数。因此

$$\overline{K}=\rho_{\mathrm{s}}\overline{R}V/GF \tag{2.8}$$

$$\overline{R}=\overline{K}GF/\rho_{\mathrm{s}}V \tag{2.9}$$

根据部分水库的泥沙淤积资料计算其年淤积率，然后把年淤积率、库容、集水面积、泥沙干容重及水库集水区域的侵蚀模数代入式（2.8），计算出这些水库的拦沙效应系数 $\overline{K}$，再把 $\overline{K}$ 代入式（2.9），建立水库的年淤积率公式，并将其作为水库年淤积率的经验公式。

（2）水库拦沙作用研究。在已有研究成果的基础上，对 1956～2015 年大、中、小型水库群的时、空分布及其淤积拦沙作用进行了系统的整理和分析，其中 1956～2005 年水库的淤积拦沙资料仍沿用已有成果，2006～2015 年水库拦沙计算时，其中大型水库以淤积拦沙调查为主，尽量考虑水库在位置、库容大小、用途及调度运用方式等方面的代表性，充分考虑水库群库容沿时变化及淤积导致的库容沿时损失，当水库死库容淤满后，认为水库达到淤积平衡，不计其拦沙作用，中、小型水库淤积率沿用已有成果（表 2.13）。结果表明：①1956～1990 年金沙江水库群年均拦沙量为 0.077 5 亿 t。水库拦沙以大型和小型为主，其拦沙量分别占总拦沙量的 47.62%和 35.14%，中型水库则

占 17.24%，且中、小型水库均已达到淤积平衡。②1991～2005 年水库年均拦沙量为 0.334 亿 t。与 1956～1990 年相比，年均拦沙量增加 0.2565 亿 t，主要由二滩水库拦沙所致。③2006～2015 年，流域新建水库 166 座，总库容 356 亿 m^3，年均拦沙量为 1.2208 亿 t。其中：大型水库 14 座，库容 344 亿 m^3，年均拦沙量为 1.158 亿 t；中型水库 39 座，库容 10 亿 m^3，年均拦沙量为 539 万 t；小型水库 113 座，库容 2 亿 m^3，年均拦沙量为 89 万 t。2013～2016 年溪洛渡、向家坝水库年均拦沙量为 1.052 亿 t，雅砻江二滩、锦屏一级水库等年均综合拦沙量为 4190 万 t，安宁河支流的大桥水库年均拦沙量为 56.8 万 t。

表 2.13　1956～2015 年金沙江流域水库拦沙量

年份	水库类型	数量/座	总库容/亿 m^3	总拦沙量/万 t	年均拦沙量/万 t
1956～1990	大型	2	7	12 896	368
	中型	184	11	4 667	134
	小型	1 952	12	9 516	273
	合计	2 138	30	27 079	775
1991～2005	大型	6	78	47 471	3 164
	中型	44	4	1 339	90
	小型	313	3	1 279	86
	合计	363	85	50 089	3 340
2006～2015	大型	14	344	115 797	11 580
	中型	39	10	5 387	539
	小型	113	2	894	89
	合计	166	356	122 078	12 208
1956～2015	大型	22	429	176 164	2 711
	中型	267	25	11 393	190
	小型	2 378	17	11 689	195
	合计	2 667	471	199 246	3 096

此外，随着金沙江流域内水土保持治理、退耕还林等措施的实施及上游梯级水电站的陆续修建，区间内来沙量将会有所减少，下游水库的淤积速率和年均拦沙量也将会减少。

（3）水库减沙效应研究。水库拦沙后，不仅改变了流域输沙条件，大大减少了流域输沙量，而且由于水库下泄清水，坝下游河床沿程出现不同程度的冲刷和自动调整，在一定程度上增大了流域出口的输沙量。已有研究成果表明，水库拦沙对流域出口的减沙

作用系数可以表达为

$$a=\frac{S_t-S_a}{S_t} \tag{2.10}$$

式中：S_t 为水库拦沙量；S_a 为区间河床冲刷调整量。水库减沙作用系数和其与河口的距离呈负指数关系递减。

1956～1990 年，金沙江流域水库大多位于较小支流或水系的末端，距离屏山站较远，因而其拦沙作用影响较小。石国钰等（1992）采用多维动态灰色系统理论的方法，分析得到的流域水库群的拦沙作用系数为 0.109，于是根据 1956～1990 年水库群年均拦沙量（775 万 t）计算得到其对屏山站的年均减沙量，为 84 万 t，仅占屏山站同期年均输沙量的 0.3%，说明水库群拦沙对屏山站输沙量影响不大。

1991～2005 年水库年均淤积泥沙约 2 570 万 m^3，约合 3 340 万 t（按泥沙干密度约为 1.3 t/m^3）。与 1956～1990 年相比，年均拦沙量增加 2 565 万 t，主要是由二滩水库拦沙所致。二滩水库拦沙对屏山站的减沙作用系数约为 0.85，则其拦沙引起的屏山站的年均减沙量为 3 905 万 t（1999～2005 年），占屏山站同期年均输沙减少量的 48%。

2006～2015 年水库年均淤积泥沙约 9 391 万 m^3，约合 12 208 万 t。与 1991～2005 年相比，年均拦沙量增加 8 868 万 t，主要是由金沙江中下游干流梯级拦沙所致。据估算，金沙江中下游梯级拦沙对屏山站的减沙作用系数分别为 0.85 和 0.99，因此，金沙江中下游梯级拦沙引起的屏山站年均减沙量为 1.773 亿 t，占该阶段屏山站同期年均输沙减少量的 83%。

综上所述，从水库减沙效应的年际变化来看，1956～1990 年、1991～2005 年和 2006～2015 年水库拦沙对屏山站的减沙权重分别为 0.3%、48%和 83%，水库拦沙作用逐步增强。从水库减沙效应的空间变化来看，1991～2005 年，对屏山站减沙造成影响的水库主要分布在雅砻江流域；2006～2015 年，对屏山站减沙造成影响的水库主要分布在金沙江中下游干流。从长远来看，本小节所考虑的金沙江中下游干流梯级和雅砻江梯级水库，均位于金沙江流域的重点产沙区，拦截了金沙江流域的绝大部分来沙，如果未来在此区域内再规划并兴建水库，其对屏山站的拦沙贡献（即总量）也不会发生较大变化，会变的仅仅是其在梯级水库各个库区的淤积分布。因此，本小节计算得出的水库蓄水拦沙效应基本能反映未来金沙江流域的水库拦沙趋势。

2. 嘉陵江水沙变化和机理分析

1）输水输沙量变化规律与趋势

根据 1954～2015 年的实测年均数据，对嘉陵江北碚站的来水来沙特性进行分析，其年代统计表见表 2.14。

表 2.14　嘉陵江北碚站各年代年水沙量均值变化表

项目	20 世纪 50 年代	20 世纪 60 年代	20 世纪 70 年代	20 世纪 80 年代	20 世纪 90 年代	2000～2009 年	2010～2015 年	多年平均	统计年限
径流量/亿 m^3	677	814	611	770	549	578	691	688	1954～2015 年
径流量变化率/%	1.3	21.9	−8.5	15.3	−17.8	−13.5	3.5		
输沙量/万 t	14 197	18 470	10 940	14 340	4 830	2 343	3 469	9 997	
输沙量变化率/%	49.2	84.8	9.4	43.4	−51.7	−76.3	−65.3		
含沙量/（kg/m^3）	2.20	2.27	1.79	1.86	0.88	0.41	0.50	1.50	

采用滑动平均法可以弱化序列高频振荡（水沙特别年份）对水沙变化趋势分析的影响，对北碚站径流和泥沙通量的 K 分别取 11 年和 7 年得到其变化趋势，如图 2.9 所示。1954～2015 年，北碚站径流量呈一定的减小趋势，但整体变幅较小，其输沙量则呈较为明显的减少趋势，尤其表现在 1990 年以来的变化上。

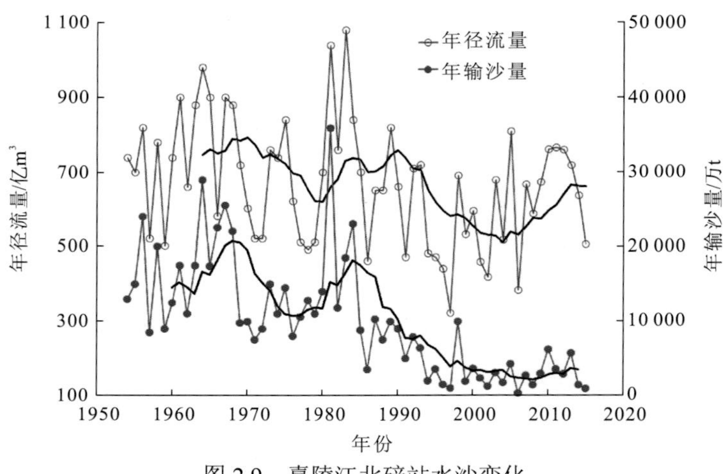

图 2.9　嘉陵江北碚站水沙变化

实线代表滑动平均线

北碚站的径流量在 20 世纪呈现出一个交替变化的态势，但其输沙量的减少则主要集中在 20 世纪 90 年代以后。20 世纪 60 年代和 80 年代，北碚站径流量、输沙量均比多年平均径流量、输沙量偏大，其中 60 年代径流量、输沙量增幅分别为 21.3%和 82.0%，80 年代径流量、输沙量增幅为 14.8%和 41.3%；70 年代径流量偏小，但输沙量仍较多年平均值偏大 7.8%；90 年代径流量与输沙量均比多年平均值偏小，减幅分别为 18.2%和 52.4%；2000～2009 年北碚站径流量较 20 世纪 90 年代略有恢复，但输沙量持续减少，其偏小率为 76.9%；2010～2015 年北碚站径流量进一步恢复，比多年平均值偏大 3.5%，同时输沙量也较上一个十年有所增加，其偏小率为 65.3%。相应地，含沙量变化也表现出了一定的交替性，即 20 世纪 60 年代、80 年代偏大，70 年代、90 年代偏小，其中 90 年代的减小明显，进入 21 世纪这一减小趋势进一步加大，2010 年以来又有所增加。

利用重标极差分析法对输沙量和径流量进行趋势显著性检验，结果如图 2.10 所示，嘉陵江 1954～2015 年输沙量和径流量的赫斯特(Hurst)指数为 0.929 6、0.853 4，接近 1，说明输沙量和径流量的趋势变化存在持续性，未来将继续呈减少趋势。

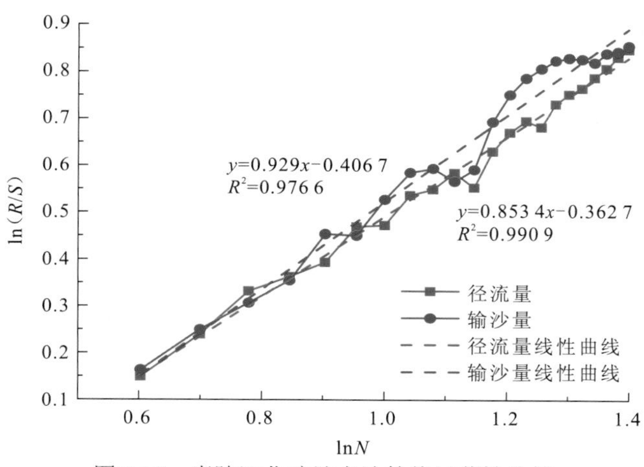

图 2.10　嘉陵江北碚站水沙趋势显著性分析

N 为时间序列长度，*R* 为极差，*S* 为标准差

2）水沙关系变化机理分析

流域水沙关系直接反映流域侵蚀-输沙系统的变化特性。流域下垫面条件的变化会使产输沙量发生改变，其水沙相关关系也将会发生变化，同时水沙关系变化也可反映出极端情况的发生。从图 2.11 可以看出，北碚站水沙关系较为散乱，20 世纪 70 年代和 90 年代以后其水沙关系不同于总体趋势，说明在这个时期内，嘉陵江流域的下垫面条件发生了明显变化，使其流域侵蚀及产输沙过程发生改变；同时，20 世纪 60 年代和 80 年代有不同于本年代大致规律的极端情况出现，说明这期间有极端水文情况发生。

将 M-K 检验模型与水沙双累积曲线法相结合分析嘉陵江泥沙输移的变化机理，如图 2.12 所示。M-K 检验结果显示，年输沙量大的变化期可以以 1990 年分为前后两个阶段，1990 年以前有一定的丰枯相间变化，1990 以后总的趋势是持续减小。在 1990 年以前，1963 年、1968 年、1981 年、1984 年为典型突变点；1990 年以后突变并不明显，但存在 1998 年、2009 年和 2013 年等非显著突变点。

在图 2.13 水沙双累积曲线上可以用上述 8 个突变年份将整个时间序列分为 9 个阶段，即 1954～1963 年、1964～1968 年、1969～1980 年、1981～1984 年、1985～1990 年、1991～1997 年、1998～2009 年、2010～2013 年、2014～2015 年。一般，流域下垫面和降雨条件变化不大时，其水沙双累积曲线多呈线性关系；若发生转折或曲线斜率改变，说明其下垫面条件或降雨条件发生了趋势性变化；若出现跳跃点，则说明该年水沙关系出现了突变。图 2.13 中给出各个阶段的水沙关系斜率，相邻阶段的斜率变化大说明突变年份或相应阶段流域下垫面发生了持续性的变化，相邻阶段的斜率变化小则说明突变年份仅仅是当年来沙突变，并未造成持续性影响，相邻两阶段可合并为一个阶段。

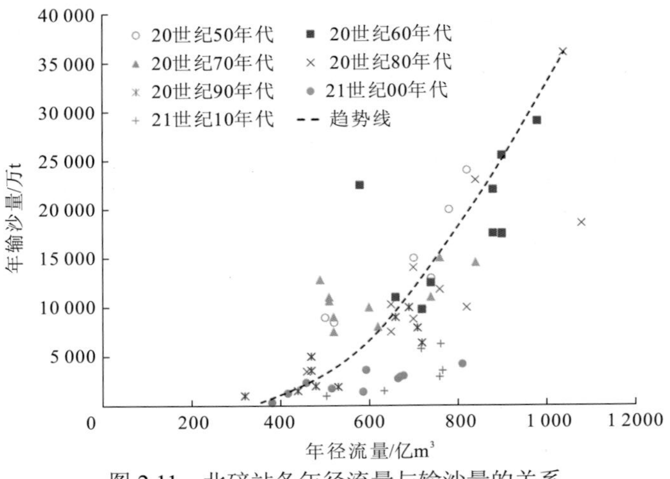

图 2.11　北碚站各年径流量与输沙量的关系

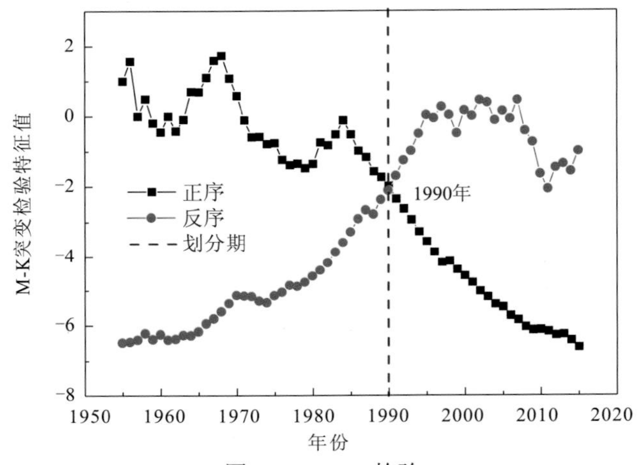

图 2.12　M-K 检验

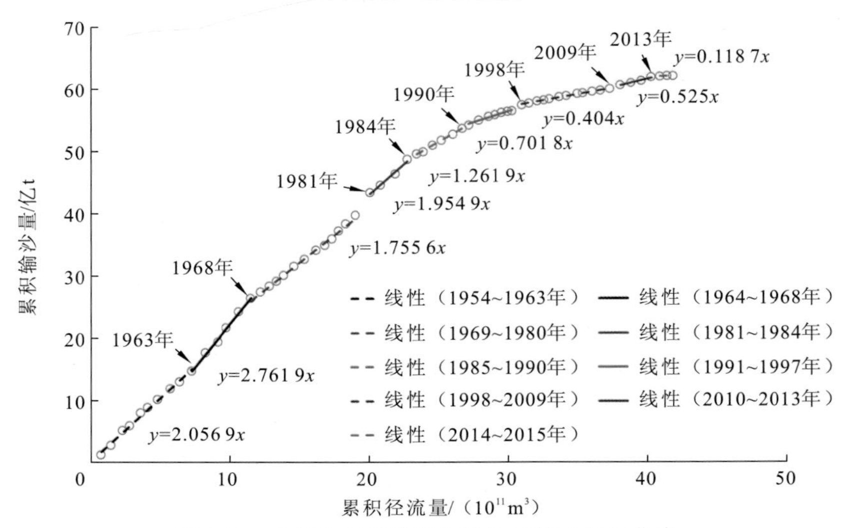

图 2.13　北碚站年径流量与输沙量的双累积曲线

从斜率对比可以看出，1954～1963 年、1964～1968 年与 1969～1980 年 3 个阶段斜率的差别较大，说明这 3 个阶段流域下垫面的条件有所不同；1969～1980 年与 1981～1984 年斜率的差别小，但存在 1981 年突变点，说明 1981 年的突变明显但并未造成持续性影响，可以合并为同一个阶段；1985～1990 年与 1991～1997 年斜率的差别较大；但 1991 年以后总体变化不大，约在 0.4～0.7 范围，这期间仅存在 1998 年、2009 年等突变点，并未造成大的趋势改变，1991～2012 年应为同一个阶段；2013 年以后又有新的变化，斜率骤减至 0.1 左右（图 2.13）。

3）嘉陵江输沙变化讨论

在当前流域来沙大幅减少的趋势背景下，嘉陵江 1998 年这一局部突变年份及 2010～2013 年这一小幅恢复阶段是值得关注的。在降雨条件、人为作用的下垫面条件改变之外，还需要考虑自然作用的降雨分布改变及下垫面条件改变，如地震的次生灾害。

第一，降雨分布。2010 年以来，除 2013 年、2015 年以外，因暴雨分布改变，渠江均发生了洪水，而渠江流域除位于其上游的江口水库以外没有大型水库拦沙，因此一旦遭遇洪水便会形成大量来沙，其多年输沙量变化也较小。对于多年平均数据而言，渠江来沙量约占北碚站输沙量的 20%，而由于流域其他支流来沙减少，在最近的洪水年份，其来沙量均在 1000 万 t 以上，可占北碚站输沙量的 50%～70%。图 2.14 和图 2.15 分别给出了嘉陵江干流武胜站、渠江罗渡溪站和涪江小河坝站的逐年径流量和输沙量占北碚站的百分比，可见，近年来渠江来沙对北碚站泥沙通量大小起到了决定性作用。近年来，渠江洪水较频繁，据统计，1953～2014 年，罗渡溪站共有 16 年的年最大洪峰流量超过 20000 m^3/s，其中 2000 年以来就有 8 年。因此，降雨集中在渠江，就保证了嘉陵江可观的全年来沙量。

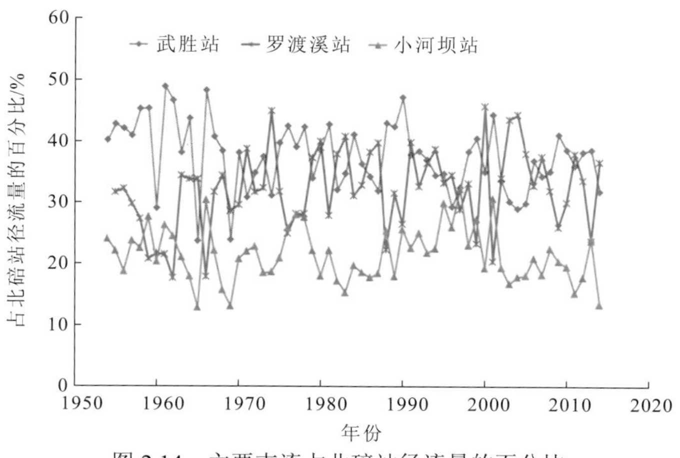

图 2.14　主要支流占北碚站径流量的百分比

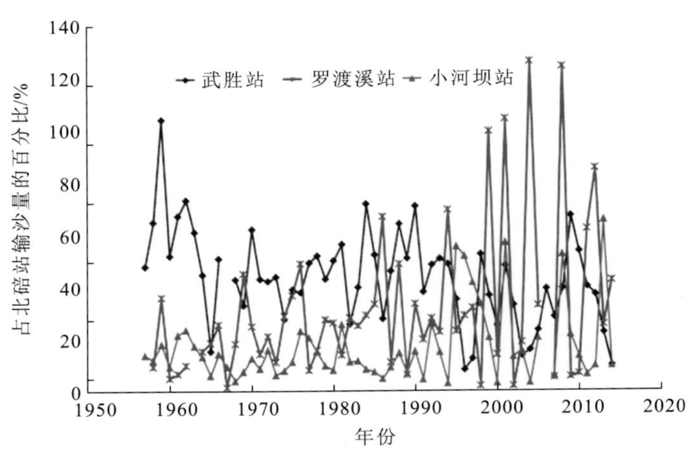

图 2.15　主要支流占北碚站输沙量的百分比

嘉陵江干流武胜站与北碚站之间建有桐子壕水库（2003 年建成）和草街水库（2011 年建成），涪江小河坝站以下有安居、渭沱梯级（均于 1991 年蓄水），因上述水库的拦蓄作用和河道采砂，武胜站、小河坝站和罗渡溪站三站输沙量之和近年往往明显大于北碚站，其中，2006 年仅渠江罗渡溪站输沙量就达到北碚站的 6.4 倍，因该极大值不便于图示，故图 2.15 中没有标出。

第二，地震的次生灾害。嘉陵江上游地处汶川大地震震区，有研究表明：汶川大地震形成的松散堆积体的规模为 50 亿～100 亿 m^3，并且地震严重损坏了 1990 年以来建设的水土保持设施和部分水利水电工程，一旦遭遇暴雨，将产生大量来沙；汶川大地震所造成的山地灾害将持续 10 年左右，而后趋于减缓，因此，在 2008 年以来的 10 年里，地震将造成一定的增沙作用。

按照大的阶段，将整个来沙序列分为 3 个阶段，定量分析其产沙影响因素的作用，即将 1954～1965 年称为基准期，将 1966～1990 年、1991～2015 年称为突变评价期。

利用资料得出：20 世纪 90 年代前，嘉陵江流域水库群拦沙对北碚站的年减沙量为 710.0 万 t；1991～2001 年，流域新增库容 35.825 亿 m^3，按照水库平均淤积率为 0.86%，可得这期间水库年拦沙量为 2 880 万 m^3，合计 3 744 万 t，嘉陵江流域干流亭子口以下河道水流条件发生较大改变，结合河床分析，白龙江流域对北碚站减沙的作用系数取 0.9 左右，渠江流域拦沙作用系数取 0.7，涪江流域作用系数为 0.7，亭子口至武胜段干流拦沙作用系数取 0.9，综合计算可得嘉陵江流域水利拦沙对北碚系统输出站的年减沙量为 3 250.0 万 t；1991～2005 年，流域已建和新建水库的总库容高达 105.73 亿 m^3，水库群年拦沙量为 4 037 万 m^3（5 248 万 t），拦沙作用系数取 0.74，嘉陵江水利拦沙对北碚系统输出站的年减沙量为 3 884.3 万 t。

同时，依据 1991～2001 年和 1991～2006 年系列数据，可计算得出 2002～2006 年流域水利拦沙对北碚系统输出站的年减沙量为 3 987.5 万 t。2007～2015 年，流域已建和新建水库的总库容高达 236.31 亿 m^3，按照水库年均淤积率为 0.38%（假定与 2002～2005 年保持平衡），水库群年拦沙量为 9 022.83 亿 m^3（11 729.7 万 t），拦沙作用系数为 0.74，可得嘉陵江流域水利拦沙对北碚系统输出站的年减沙量为 8 680.0 万 t，从而可以得出水土利用和水利工程对人类活动中流域输沙量减少的贡献率，结果见表 2.15。

表 2.15　降雨和人类活动对流域输沙量的影响结果

时段	实测年均输沙量/万 t	减少量/万 t	降雨因素		人类活动				
			年均影响量/万 t	贡献率/%	年均影响量/万 t	贡献率/%	水利工程影响量/万 t	水利工程贡献率/%	土地利用贡献率/%
1954～1965 年	16 200	—	—	—	—	—	—	—	—
1966～1990 年	13 664	2 536	1 304	51.4	2 059.2	48.6	710.0	57.6	42.4
1991～2001 年	4 115	12 035	3 400	28.3	8 634.6	71.7	3 250.0	37.4	62.6
2002～2006 年	2 128	14 072	2 184	15.5	13 423.7	84.5	3 987.5	33.5	66.5
2007～2015 年	3 104	13 096	1 637	12.5	11 459.2	87.5	8 680.0	75.7	24.3
1991～2015 年	3 354	12 846	2 522	19.6	10 328	80.4	5 352.0	51.8	48.2

与 1954～1965 年基准期相比，1990 年以前流域来沙整体小幅减少，其中降雨因素的影响占到了 51.4%，人类活动影响占 48.6%；在 1990 年以后流域来沙大幅减少，其中降雨因素影响只占 19.6%，人类活动影响占 80.4%，其中水利工程拦沙占 51.8%，土地利用及其他因素占 48.2%。如果将 1990 年以后按照水库建设历程统计划分阶段，可以看出，水库拦沙的作用整体是增大的，2006 年以来，其减沙作用可以占到整个人类活动的 75.7%，占全部减沙因素的 66.3%。

嘉陵江流域 1954～2015 年降水对流域输沙量的贡献率逐步降低，人类活动成为流域输沙量减少的主要驱动力（图 2.16）。人类活动中，1966～1990 年水利拦沙在人类活动中占主导地位，占比为 57.6%。这一时期也是流域内中小型水利工程的建设高潮，并在 1975 年建成了流域内第一个大型水库——碧口水库。各水利工程的蓄水拦沙，使河道输沙量显著减少。1991～2005 年，土地利用在北碚站减沙中的比例由 42.4%升至 66.5%，这主要是因为 1988 年起，国务院批准将嘉陵江中下游列为国家级水土流失重点防治区之

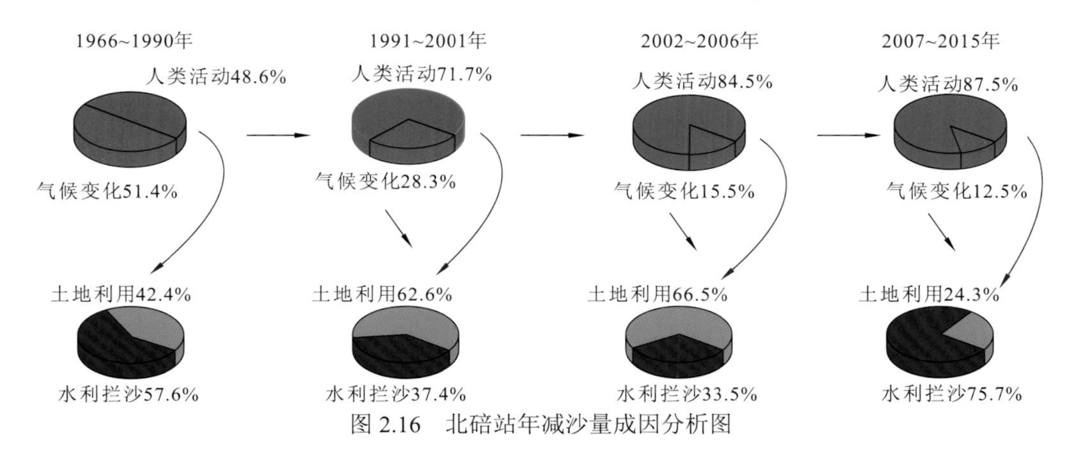

图 2.16　北碚站年减沙量成因分析图

一，开展重点防治（“长治”一期工程），1998 年特大洪水后又实施长江上游天然林资源保护工程和所有坡度在 25° 以上的坡耕地的退耕还林还草工程，说明土地侵蚀控制作用明显。2006～2011 年，建成水库库容为 236.31 亿 m^3，超过此前历史时期的总和，水利工程对流域产沙和输沙有长期的巨大影响，其在人类活动中占主导地位，占比为 75.7%。

3. 岷江水沙变化和机理分析

1）岷江水沙输运特征变化

根据高场站 1953～2017 年的水文泥沙资料，绘制来水来沙过程线（图 2.17）。从图 2.17 可以看出，岷江径流量总体呈下降趋势，变化不明显。年际径流量大多在 700 亿～1 000 亿 m^3，多年平均值为 841.8 亿 m^3，2009 年以来平均值为 783 亿 m^3。最高年径流量出现在 1954 年（1 089 亿 m^3），最低年径流量出现在 2006 年（635.2 亿 m^3），最高年径流量是最低年径流量的 1.71 倍。年际输沙量变化明显，整体呈显著下降趋势。年际输沙量大多在 0.16 亿～0.8 亿 t，多年平均值为 0.428 亿 t，2009 年以来平均值为 0.165 亿 t，2015 年最少，为 0.048 亿 t，1966 年最多，为 1.22 亿 t，相差 1.172 亿 t，最高年输沙量是最低年输沙量的 25.4 倍。

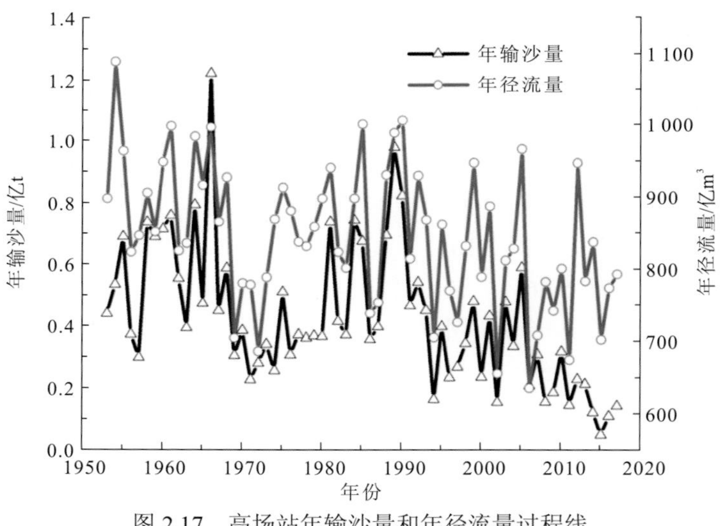

图 2.17　高场站年输沙量和年径流量过程线

通常来说，在大的时间尺度上，径流变化主要受气候变化影响，人类活动主要对径流的年内分布产生一定的影响，但近年来随着上游大型水利工程的修建及用水需求的增加，人类活动对年径流量的影响也在增大。岷江年径流量的变化特点与众多学者的研究成果相类似，但减少的具体情况略有不同。对 1950～2006 年岷江径流趋势的分析显示，岷江流域径流呈显著减少趋势，人类活动对它的贡献率接近一半，预计今后这一趋势会加强。然而，2006 年后岷江年径流量开始增加，之后的年份均大于 2006 年，但与总体相比仍为减少趋势。

径流量的变化对输沙量也有一定的影响，武旭同等（2016）用近60年的数据分析长江水沙特征时指出长江流域年径流量和年输沙量存在一定的相关关系，但受水利工程建设等人类活动的影响，相关关系不断变化。为进一步探究其中的关系，根据高场站水文泥沙资料点绘出岷江高场站径流量-输沙量累积曲线（图2.18）。如果岷江流域水沙特性发生变化，在水沙量累积关系线上将表现出明显的转折，即累积曲线斜率发生变化。岷江高场站径流量-输沙量累积曲线在总体平均线出现左右波动，但1993年后曲线斜率一直在减小，说明输沙量减少较为明显。2009年以来减少趋势愈加明显。从1953年到2017年，岷江高场站河段径流量-输沙量累积曲线发生了6次显著变化，有时增多，有时减少。岷江流域输沙量发生了数次旋回式变化，这种变化体现了岷江水沙系统对人类活动的复杂响应。岷江流域的这6次变化分别发生在1958年、1968年、1980年、1994年、2002年和2008年，输沙量变化不一。水库建设是出现这种复杂变化的重要原因之一。1958年出现第一次显著变化，拟合直线向左倾斜，斜率变大，由于年代久远，资料短缺，无法具体分析，1958年紫坪铺水库（后被拆除）、鱼嘴工程同时开工建设，大量的弃土以及落后的筑坝技术带来的水土流失，导致了输沙量的骤然增加；1968年出现第二个显著变化，拟合直线向右倾斜，斜率变小，输沙量的下降与1967年龚嘴水库的建成运行、开始拦沙有关；1980年出现第三次显著变化，拟合直线向左倾斜，斜率变大，龚嘴水库运行以来，不断淤积，达到淤积平衡后，1980年水库除沙增加了输沙量；1994年出现第四次显著变化，拟合直线向右倾斜，斜率变小，铜街子水库建成蓄水是这种变化的重要原因；2002年出现第五次变化，拟合直线略微向左倾斜，斜率变大，紫坪铺水库和瀑布沟水库等大量梯级水库的建设所带来的工程影响，直接导致了这种变化；2008年出现第六次显著变化，拟合直线向右倾斜，斜率变小，与2006年建成的紫坪铺水库、冶勒水库，2008年建成的瓦屋山、硗碛、龙头石等水库的运行有关。

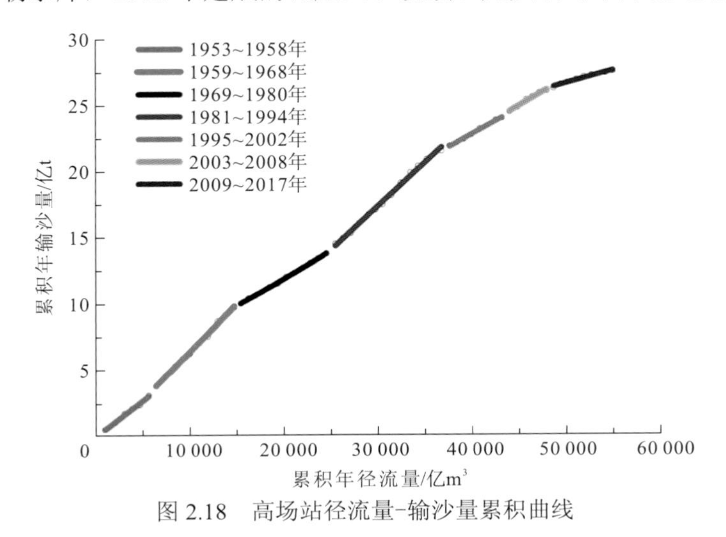

图2.18　高场站径流量-输沙量累积曲线

2）水库建设对泥沙输移的影响

为论证两者之间的关系，引入流域水库调控系数的概念。流域水库调控系数定义为流域某年兴建水库的累积库容与流域控制性水文站该年径流量的比值，也有学者称为实际径流调节系数。点绘年输沙量与流域水库调控系数的关系，如图 2.19 所示，可知：高场站年输沙量与岷江流域水库调控系数在 1953～2004 年、2005～2017 年的相关性系数 R^2 分别为 0.112 和 0.408。也就是说，两者在 2004 年以前没有良好的对应关系。有学者研究表明，这个阶段降雨变化可能在岷江流域年输沙量阶段性变化中的贡献率较大；但从 2005 年至今，相关性系数 R^2 开始增大，意味着年输沙量和流域水库调控系数的相关性开始增强。这可能与岷江的开发程度有关，岷江相较于长江其他支流，开发时间略晚，开发程度较低。截至 2017 年，岷江的水库库容仍为长江主要支流中最小的，开发程度较低，2004 年累积库容仅为 21.79 亿 m^3，不足 2017 年的 1/6，水库调控作用不显著，2005 年后，岷江流域水库库容明显提升，对年输沙量的影响越来越大。

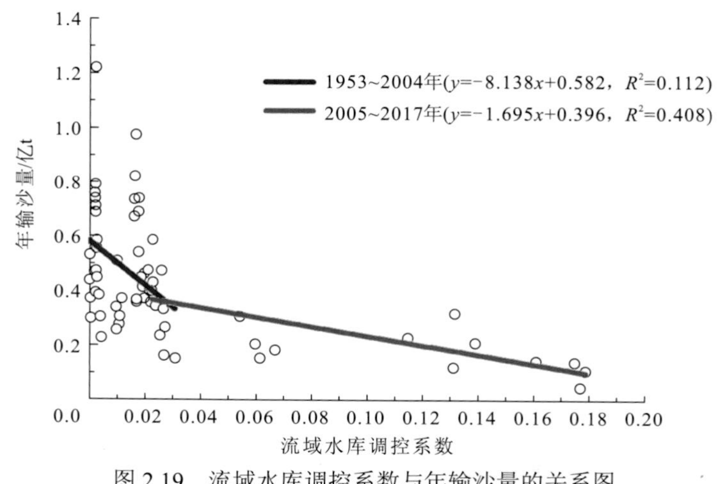

图 2.19　流域水库调控系数与年输沙量的关系图

因为汛期输沙量占全年输沙量的比例较大，所以可以点绘各年代汛期输沙量占比平均值与各年代流域水库调控系数平均值的关系曲线来探究两者之间的关系（图 2.20）。从图 2.20 中可以看到，两者呈现出较好的相关关系，相关性系数为 0.901，即随着流域水库调控系数的变大，汛期输沙量开始减少。汛期水库开始发挥调控作用，对输沙的影响增强，成了减沙的主要因素，起到了主导作用，故呈现出较强的相关性。

因此，高场站年输沙量变化与岷江的水库建设有着一定的负相关关系。预计，这种相关性随着岷江流域水库总库容的进一步增大而增强，且在汛期体现得更明显。

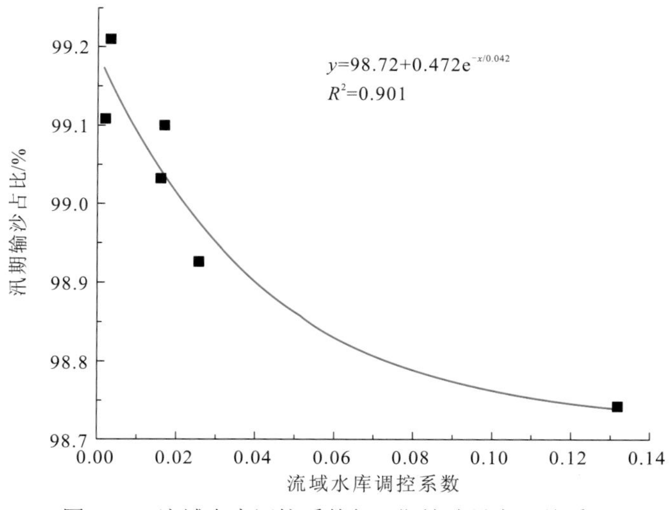

图 2.20　流域水库调控系数与汛期输沙量占比关系图

2.1.4　典型水库淤积调查及金沙江下游梯级和三峡水库入库沙量预测

1. 长江上游典型水库淤积调查

1）三峡水库淤积调查

根据三峡库区上下游水文站的实测资料，从上游（朱沱站+北碚站+武隆站）的输沙量中扣除下游（宜昌站）的输沙量，即可计算出水库的淤积量。如表 2.16 所示，2003～2017 年累积入库沙量为 21.916 亿 t，累积淤积量为 16.691 亿 t，年平均淤积量为 1.113 亿 t。2003～2017 年三峡水库平均排沙比为 23.8%。

表 2.16　年平均入库沙量、出库沙量、淤积量、淤积率、排沙比

年份	入库沙量/（亿 t/a）	出库沙量/（亿 t/a）	淤积量/（亿 t/a）	淤积率/%	排沙比/%
2003	2.081	0.841	124.0	59.6	40.4
2004	1.660	0.640	102.0	61.4	38.6
2005	2.540	1.030	151.0	59.4	40.6
2006	1.020	0.088	93.2	91.4	8.6
2007	2.205	0.510	169.5	76.9	23.1
2008	2.178	0.322	185.6	85.2	14.8
2009	1.830	0.360	147.0	80.3	19.7
2010	2.288	0.328	196.0	85.7	14.3
2011	1.016	0.069	94.7	93.2	6.8
2012	2.190	0.453	173.7	79.3	20.7
2013	1.268	0.328	94.0	74.1	25.9

续表

年份	入库沙量/（亿 t/a）	出库沙量/（亿 t/a）	淤积量/（亿 t/a）	淤积率/%	排沙比/%
2014	0.554	0.105	44.9	81.0	19.0
2015	0.320	0.042	27.8	86.9	13.1
2016	0.422	0.076	34.6	82.0	18.0
2017	0.344	0.033	31.1	90.4	9.6
2003～2017	21.916	5.225	1 669.1	76.2	23.8

从 2003 年到 2006 年，平均排沙比约为 32.0%；从 2007 年到 2017 年，平均排沙比下降到 16.8%，这只是早期研究值的一半左右。出现这一问题的原因可能是，在三峡工程论证阶段，0.01 mm 以下的细颗粒泥沙被认为是冲泻质，因此研究中没有考虑这部分泥沙的淤积。

2003～2017 年，三峡工程年库容损失为 0.3%，这与世界平均水平相比是非常低的。三峡库区年拦沙率（trap efficiency，TE）为 59%～93%，平均为 79%，从 2003～2006 年的 68%上升到 2007～2017 年的 83%。最高 TE 发生在 2011 年，这是三峡工程运用后期的极端干旱年份。观测到的 TE 高于三峡工程设计阶段对第一个十年运行期预测的淤积率（约 70%）。

三峡库区库容与年均径流量的比值（SC）和 TE 在经典的三条曲线（Brune、USDA-SCS 和 Harbor）两侧均呈近距离散射，符合三峡库区细粒黏土-粉砂淤积规律（图 2.21）。从图 2.21 中也可以看到，三峡工程设计阶段预测的 TE-SC 曲线远低于本书中观察到的，也低于三条曲线。在以前的研究中，TE 的低估可能部分归因于水文条件的变化。例如，以往研究中的预测基于 20 世纪 60 年代的入库流量，但由于气候变化和人类活动，在 2003～2017 年三峡水库入库流量比 20 世纪 60 年代低 11%（Yang et al., 2010）。上游来沙从 1960 年的 5.45 亿 t/a 下降到 2003～2017 年的 1.46 亿 t/a，也可能是一个主要原因。

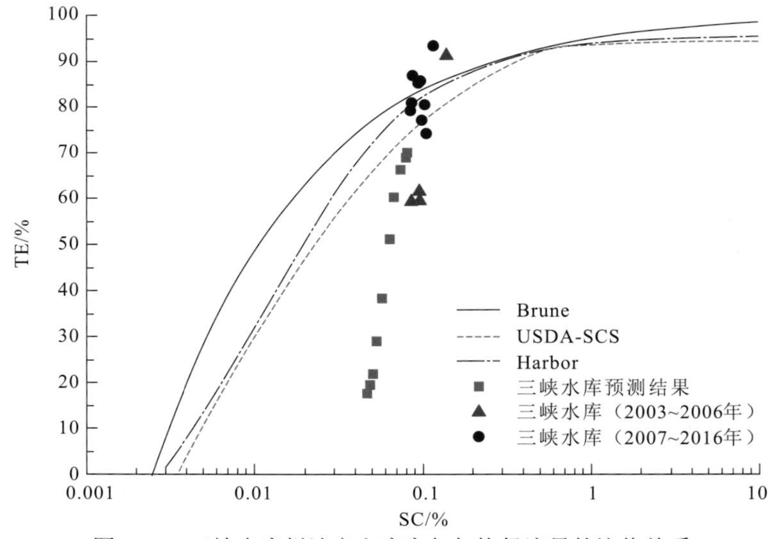

图 2.21　三峡水库拦沙率和库容与年均径流量的比值关系

2）嘉陵江流域典型水库淤积调查

（1）碧口水库。碧口水库是白龙江梯级开发中的第一座水库，是以发电为主的大（II）型水利枢纽工程。坝址上游有白水江、让水河和五库河等较大支流汇入。碧口水库坝址控制流域面积 26000 km^2，占全流域面积的 81.4%。碧口水库于 1975 年建成，大坝高 101 m，坝顶长 297 m，总库容为 5.21 亿 m^3，有效库容为 2.21 亿 m^3。碧口水库多年平均流量为 275 m^3/s，年平均径流量为 86.72 亿 m^3。

碧口水库的泥沙主要来自干流白龙江，且集中在汛期的几场洪水中，干流来沙占碧口站沙量的 90%，水量占 60%。水沙特性为丰水丰沙、枯水枯沙，沙峰与洪峰一致或稍后。输沙主要集中在 7～9 月，这三个月多年平均来沙量分别占年均来沙量的 36.8%、21.0%和 18.5%。

调查显示，碧口水库于 1975 年 12 月蓄水运行后，泥沙在库内大量淤积，至 1998 年底水库运用 23 年，共淤积泥沙 2.76 亿 m^3，年平均淤积量为 1212.8 万 m^3，总库容就已损失 53%。在 2002 年底库内淤积泥沙 2.855 亿 m^3，年平均淤积量为 1057.4 万 m^3，总库容损失 54.8%。

运行至 2008 年底，历时 33 年，经过多年的泥沙淤积，原校核洪水位 708.8m 以下剩余总库容为 2.20 亿 m^3，共损失库容 3.01 亿 m^3，库容损失占设计值的 57.77%。

到 2013 年（运行历时 38 年），库区泥沙淤积达 3.05 亿 m^3，剩余总库容仅为 2.16 亿 m^3，库容损失占设计值的 58.5%（表 2.17）。其中：白龙江干流为 1.16 亿 m^3，约占剩余总库容的 53.7%；支流白水江为 0.45 亿 m^3，约占 20.8%；支流让水河为 0.55 亿 m^3，约占 25.5%。干流淤积形态为三角洲淤积，三角洲顶点逐年向坝前推移。

表 2.17　碧口水库 2013 年库容分布

库容分布	高程分布/m	设计库容/亿 m^3	淤积库容/亿 m^3	剩余库容/亿 m^3
设计总库容	<708.8	5.21	3.05	2.16
防洪库容	695～708.8	1.91	0.24	1.67
有效库容	685～704	2.21	0.76	1.45
死库容	<685	2.29	2.23	0.06

2002～2013 年，水库库容损失 1872 万 m^3，年平均淤积速率为 156 万 m^3(图 2.22)。随着水库淤积量的逐年增加，形成的淤积三角洲也在逐步向水电站进水口推移，695 m 高程以下的库容损失速度加快，兴利库容逐渐减少，水库的调洪能力逐步减弱。

（2）宝珠寺水库。宝珠寺水库位于四川省广元市三堆镇，距上游碧口水库 87 km，是嘉陵江水系白龙江干流的第二个梯级，以发电为主，兼有灌溉、防洪、旅游和养殖等综合利用效益。水库控制流域面积 2.8 万 km^2，占全流域的 89%。水库正常高水位为 588 m，总库容为 25.5 亿 m^3，调节库容为 13.4 亿 m^3，具有不完全年调节能力。该水库属河道型水库，水面较宽，水深较大，其拦截了白龙江碧口水库以下的绝大部分泥沙。宝珠寺水库于 1996 年 12 月进入初期运用阶段。白龙江绝大部分来沙经过碧口水库、宝珠寺水库的拦截，下泄基本为清水。

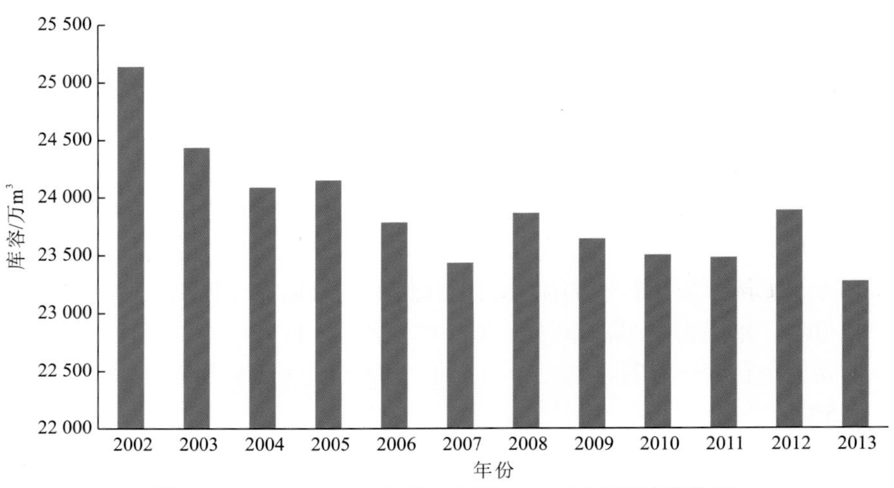

图 2.22　2002～2013 年碧口水库 710 m 以下库容变化图

为了解宝珠寺水库蓄水后的泥沙淤积情况，以 1995 年 7 月水库地形的测量为本底资料，于 2001 年 4 月对全库区纵横断面进行了测量。利用这两次地形测量的结果进行套绘和对比，两次测量对比的结果表明水库泥沙年平均淤积量为 1781 万 m^3，1997～2000 年 4 年水库淤积量为 7122 万 m^3。按延长至 1990 年的统计资料以年平均来沙量为 2370 万 t 计算，1997～2000 年 4 年共计入库沙量 9480 万 t（约 7292 万 m^3），因此宝珠寺水库运行初期泥沙的淤积率达到 97.67%。

3）岷江流域典型水库淤积调查

（1）龚嘴水库。龚嘴水库位于四川省乐山市境内的大渡河上，以发电为主。水库属河道型日-周调节水库，控制流域面积 7.613 万 km^2，占大渡河流域面积的 98%。龚嘴水库原始总库容为 3.737 亿 m^3，设计正常蓄水位高程为 528 m，相应的库容为 3.45 亿 m^3。

水库自 1971 年蓄水运用至 2007 年底，泥沙淤积总量为 2.483 6 亿 m^3，占原始总库容的 66.46%。其中，调节库容内淤积 0.177 6 亿 m^3，占总淤积量的 7.15%，占原始调节库容的 17.45%，尚余调节库容 0.840 2 亿 m^3。其上游修建的库容约为 53.9 亿 m^3 的大型瀑布沟水库在 2010 年投入运行，瀑布沟水库运行初期清水下泄，使得龚嘴水库来沙显著降低，水库淤积速率也相应下降。

（2）铜街子水库。铜街子水库位于大渡河下游河段，距乐山市 80 km，总库容 2.12 亿 m^3，调节库容 5 230 万 m^3，以发电为主，兼有漂木和改善下游通航效益功能。工程于 1985 年开工，1992 年 12 月第一台机组发电，1994 年 12 月竣工，坝区位于大渡河高山峡谷到丘陵宽谷的过渡带，坝址正处于峡谷出口处，河谷宽约 400 m，左岸岸坡平缓，右岸较陡，两岸冲沟发育。

截至 2016 年底，铜街子水库总库容剩余约 1 亿 m^3，调节库容为 4824 万 m^3，水库淤积造成的总库容损失超过 1 亿 m^3，调节库容减少 406 万 m^3，淤积仍在逐步增加。

4）乌江流域典型水库淤积调查

（1）乌江渡水库。乌江渡水库是乌江干流上第一座大型水库，于 1970 年 4 月开始兴建，整个工程于 1982 年 12 月 4 日全部建成。乌江渡水库控制流域面积 2.779 万 km^2，多年平均流量为 502 m^3/s，水库总库容为 23 亿 m^3。

乌江渡水库建成后，其拦沙作用显著。1962～1966 年乌江渡站和江界河站年均输沙量分别为 1 030 万 t、1 230 万 t；而乌江渡水库建成后，1980～1984 年两站年均输沙量分别减小为 126 万 t 和 272 万 t（乌江渡水库建成后，乌江渡站即由其上游迁至水库下游约 2 km 处），其减幅分别达 88%和 78%。根据库区 1973 年、1974 年、1983 年、1984 年和 1985 年实测断面与地形资料的分析统计，1980～1985 年水库库区淤积泥沙约 1.2 亿 m^3，占总库容的 5.2%，年均淤积量为 2 000 万 m^3。同时，根据实测资料的统计，1972～1988 年，水库总淤积量为 1.79 亿 m^3，年均淤积量为 1 050 万 m^3。因为上游东风水库 1993 年开始蓄水，乌江渡水库入库沙量大幅度减少，其上游鸭池河站 1994～2000 年年均输沙量仅为 36.7 万 t，所以水库淤积量也大幅度减少，乌江渡站 1994～2000 年年均输沙量为 13 万 t 左右，表明水库年均淤积量为 20 万 t 左右。根据以上分析和估算，1972～2000 年乌江渡水库共计淤积泥沙约 2.322 亿 m^3，年均淤积量约为 801 万 m^3。

（2）东风水库。东风水库于 1993 年蓄水，其下游约 5 km 处有鸭池河站。根据该水文站实测资料进行分析，水库蓄水运行前，1957～1993 年年均输沙量为 1 350 万 t，蓄水后 1994～2000 年减小为 36.7 万 t，减幅达到 97%。据此进行估算，东风水库建成后，1994～2000 年水库淤积泥沙约 7 800 万 t，年均淤积量为 1 300 万 t 左右，折合为约 1 125 万 m^3/a。

5）金沙江中下游干流梯级淤积调查

（1）金沙江中游梯级。金沙江中游梯级开发方案为“一库八级”方案。目前，除龙盘、两家人水库未动工外，其他 6 个梯级自 2010 年起相继建成和运行。金沙江中游石鼓站和攀枝花站分别位于梨园水库上游 114 km 与观音岩水库下游约 40 km 处，从两站水沙变化过程来看，金沙江中游石鼓站水沙量在年际无明显趋势性变化，多年平均径流量和输沙量分别为 424 亿 m^3 与 2 540 万 t。受水库蓄水拦沙影响，攀枝花站在径流量变化不大的情况下，输沙量大幅度减少，2011～2017 年攀枝花站年平均径流量、输沙量分别为 541 亿 m^3 和 807 万 t，较 1966～2010 年均值分别偏小 4.9%和 84.5%。为估算金沙江中游梨园、阿海、金安桥、龙开口、鲁地拉和观音岩水库建库后的拦沙量，依据石鼓站、攀枝花站 2010 年前年均输沙量和区间输沙模数，估算得到石鼓至攀枝花段年均来沙量约为 2 640 万 t。因此，2011～2017 年金沙江中游梯级年均淤积量约为 4 300 万 t。

（2）金沙江下游梯级。位于金沙江下游干流已建和在建的水库有乌东德、白鹤滩、溪洛渡和向家坝水库四座水库，如图 2.23 所示。受向家坝、溪洛渡水库蓄水影响，2012～2017 年，金沙江下游输沙量大幅减少，向家坝站年均径流量、输沙量分别为 1 318 亿 m^3、170 万 t，较 2012 年以前均值（1954～2012 年年均径流量和输沙量分别为 1 443 亿 m^3 和 2.36 亿 t）分别偏小 8.7%和 99%。实测地形资料表明，2008 年 2 月～2017 年 10 月溪洛渡、向家坝水库分别淤积泥沙 4.82 亿 m^3 和 0.53 亿 m^3，共淤积泥沙 5.35 亿 m^3。

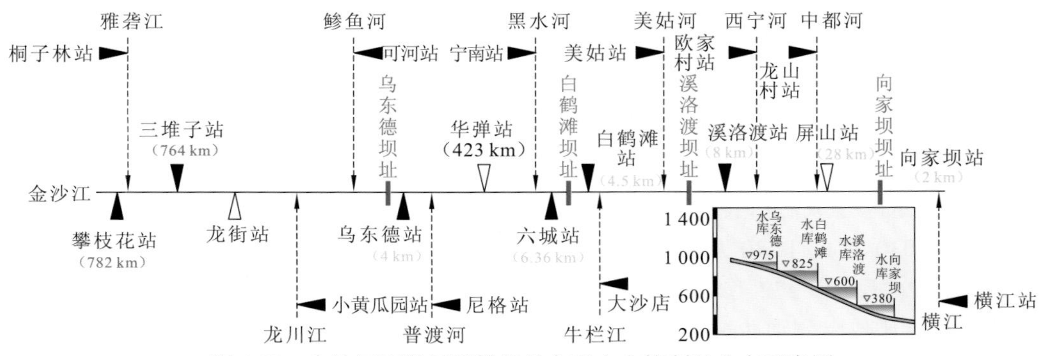

图 2.23　金沙江下游干流梯级及主要水文控制站分布示意图

攀枝花站、三堆子站、华弹站括号中数据为与宜宾的距离；乌东德站、六城站、白鹤滩站、溪洛渡站、屏山站、向家坝站括号中数据为与最近梯级的距离；“△”代表水位站；“▲”代表水文站

2. 金沙江下游梯级和三峡水库入库沙量预测

受气候（降雨因素）变化和人类活动（水库修建、水土保持等）的双重影响，长江上游地区产输沙条件发生了很大程度的改变，在径流量变化较小的情况下，输沙量明显减少。

1）金沙江下游梯级入库沙量预测

金沙江下游梯级入库沙量主要有三个来源，分别是：①金沙江中上游干流来沙，攀枝花站为控制站；②支流雅砻江来沙，桐子林站为控制站；③金沙江下游区间侵蚀产输沙。

近几十年来，金沙江攀枝花站输沙量呈明显下降趋势，1966～2018 年攀枝花站多年平均输沙量约为 4 600 万 t/a，而 2009 年以来平均输沙量减小为约 1 520 万 t/a，减小幅度为 59.6%，2015 年以来攀枝花站输沙量进一步减少到不足 500 万 t/a。

雅砻江桐子林站 1966～2018 年多年平均输沙量约为 1 300 万 t/a，2009 年以来平均输沙量减小为约 1 140 万 t/a，减小幅度较小，约为 12.3%，但是 2017 年开始桐子林站输沙量减少到不足 700 万 t/a。

金沙江下游区间侵蚀产输沙是金沙江下游梯级入库泥沙的主要来源。金沙江下游崩塌、滑坡、泥石流等重力侵蚀、混合侵蚀对土壤侵蚀总量的贡献非常大，根据以往的研究，金沙江下游坡面侵蚀量占土壤侵蚀总量的比重约为 68.1%。表 2.18 展示了金沙江下游 2000～2017 年土壤侵蚀产沙统计结果。从表 2.18 中可以看到，2000～2017 年金沙江下游土壤侵蚀模数整体呈减小趋势，但是减小幅度并不十分显著，18 年时间减小幅度约为 11.1%。这表明金沙江下游土壤侵蚀情况整体表现为稳定中有所减小的变化趋势。通过土壤侵蚀模数估算得到金沙江下游坡面侵蚀产沙量约为 1 亿 t/a，其中泥沙输移比取 0.8（景可，2002），2017 年坡面侵蚀产沙量为 9 421.02 万 t/a，考虑重力侵蚀的产沙总量达 13 830.04 万 t/a。

表 2.18　金沙江下游 2000～2017 年土壤侵蚀产沙统计表

年份	土壤侵蚀模数/[t/（km^2·a）]	年坡面侵蚀产沙量/万 t	产沙总量（坡面+重力）/万 t
2000	1 531.27	10 596.75	15 556.00
2001	1 502.82	10 399.87	15 266.99
2002	1 486.70	10 288.31	15 103.22
2003	1 492.27	10 326.85	15 159.80
2004	1 453.28	10 057.03	14 763.70
2005	1 468.19	10 160.22	14 915.18
2006	1 445.89	10 005.90	14 688.63
2007	1 423.01	9 847.56	14 456.19
2008	1 420.39	9 829.45	14 429.61
2009	1 440.02	9 965.30	14 629.04
2010	1 451.20	10 042.67	14 742.62
2011	1 448.17	10 021.70	14 711.83
2012	1 442.93	9 985.42	14 658.57
2013	1 404.50	9 719.46	14 268.14
2014	1 399.15	9 682.47	14 213.84
2015	1 384.11	9 578.38	14 061.05
2016	1 359.59	9 408.66	13 811.89
2017	1 361.37	9 421.02	13 830.04

从以上分析结果可以看到，金沙江下游侵蚀产沙（坡面侵蚀+重力侵蚀）远远超过金沙江攀枝花站和雅砻江桐子林站输沙量。因此，金沙江下游侵蚀产沙量基本决定了金沙江下游梯级入库沙量的大小。以 2011～2017 年平均土壤侵蚀模数 1 400 t/（km^2·a）为代表，可以估算得到金沙江下游坡面侵蚀产沙量约为 9688.4 万 t/a，进而可以估算得到重力侵蚀产沙量约为 4 538.3 万 t/a。取坡面侵蚀的泥沙输移比为 0.5，重力侵蚀的泥沙输移比为 0.7（景可，2002），可以得到坡面侵蚀和重力侵蚀产输沙量分别为 4 844.2 万 t/a、3 176.8 万 t/a，合计约为 8 021 万 t/a。加上攀枝花站和桐子林站的输沙量 1 200 万 t/a，则金沙江下游梯级入库沙量约为 9 221 万 t/a。

2）三峡水库入库沙量预测

2012 年以来金沙江中下游梯级（溪洛渡、向家坝水库）的陆续建成运用，使得长江上游形成了以三峡水库为核心的世界上规模最大的巨型水库群，其在流域防洪、发电、供水、航运和生态保护等方面发挥巨大作用的同时，改变了流域径流时空变化，还从宏观上改变了河流泥沙的时空分布，使三峡水库入库水沙特性发生了新的变化。

根据长江上游水库群（含已建、在建、拟建水库）拦沙效果的综合分析与研究，对三峡水库入库泥沙量进行了分析预测，采用拦沙率的分组方法对水库群拦沙进行分析计算。结果表明，上游水库群拦沙作用显著，主要干支流进入三峡水库的泥沙量约为 6 000 万 t/a。

为了进一步量化水库对泥沙输移的影响，并消除径流量的作用，对长江上游主要支流年均含沙量和流域累积库容进行了相关性分析（图 2.24）。从图 2.24 中可以看到，随着累积库容的增大，向家坝站、高场站、北碚站和武隆站年均含沙量呈显著下降趋势，两者相关性系数最低的为高场站（$R^2=0.51$），相关性系数最高的为向家坝站（$R^2=0.89$），表明支流控制站输沙量与水库累积库容之间具有较高的相关性。因此，基于多年数据拟合得到的相关曲线，考虑各支流近期水库建设运行情况，可以对各支流的未来输沙量进行预测。预测结果表明，随着干支流上一系列规划水库的建设运行，金沙江、岷江、嘉陵江和乌江控制站输出的含沙量分别为 7.5×10^{-5} kg/m^3、0.08 kg/m^3、0.11 kg/m^3 和 0.03 kg/m^3，以各支流多年（1950～2017 年）平均径流量为基础，可以估算得到向家坝站、高场站、北碚站和武隆站的年输沙量，分别为 1.1 万 t、715.5 万 t、689.4 万 t 和 144.1 万 t，输沙量总和约为 1 550.1 万 t。

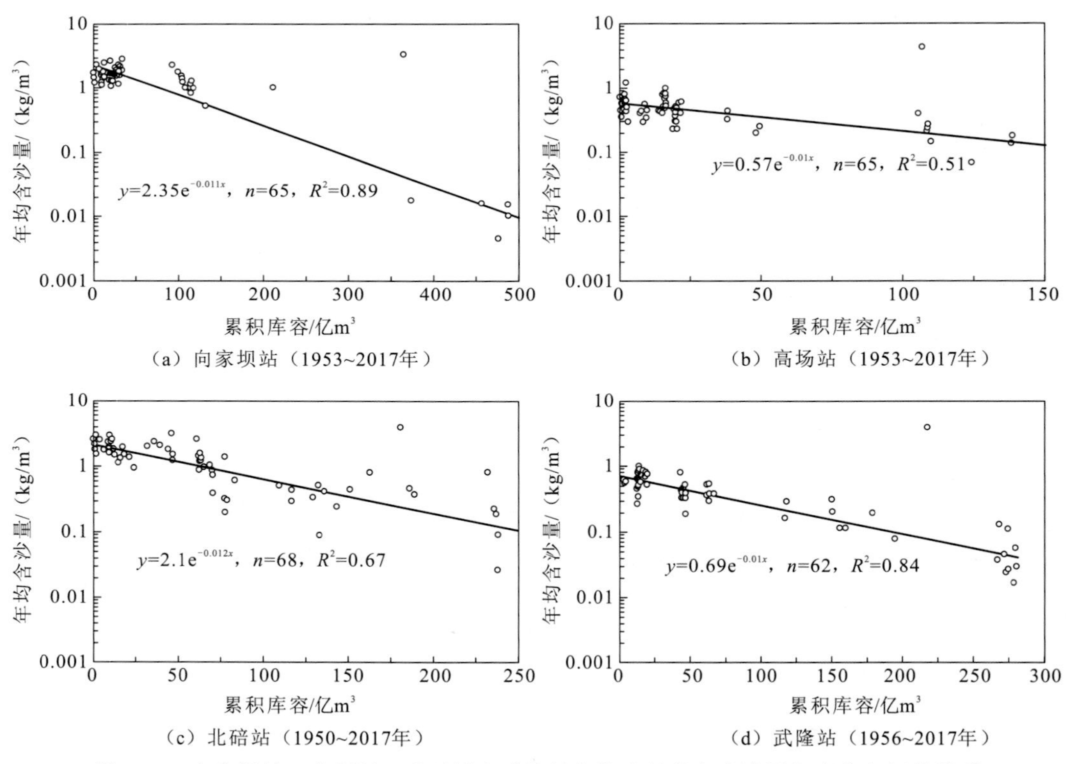

图 2.24 向家坝站、高场站、北碚站和武隆站年均含沙量与支流累积库容之间的关系

以上根据水库拦沙进行估算的方法基于由水库控制的主要干支流进入三峡水库的泥沙量，未考虑控制性水库以下未控区间侵蚀输沙量（不含三峡库区区间产沙，下同）。未控区间面积约为 950 000 km^2（寸滩站+武隆站）−458 800 km^2（向家坝站）−68 500 km^2（瀑布沟站）−22 700 km^2（紫坪铺站）−24 500 km^2（流滩坝站）−14 700 km^2（张窝站）−156 200 km^2（草街站）−69 000 km^2（彭水站）= 135 600 km^2。根据调查分析，当前川江干流、岷沱江下游和渠江下游区域平均土壤侵蚀模数分别为 303.3 t/(km^2·a)、430.3 t/（km^2·a）和 366.2 t/（km^2·a），取其平均值 366.6 t/（km^2·a）表征未控区间土壤侵蚀模数，则可以估算得到未控区间侵蚀产沙量约为 4 970 万 t/a。由已有的长江上游不同区域泥沙输移比的调查研究可知，长江上游干支流泥沙输沙比基本在 0.1～0.6 的范围内变化（张信宝和柴宗新，1996），上述未控区间产沙以坡面产沙为主，而且水量较为充足，泥沙较容易进入河道，因此取 0.4 作为该未控区间的输沙比（景可，2002；刘毅和张平，1991），进而可以估算得到未控区间输沙量约为 2 000 万 t/a。加上根据水库群拦沙估算得到的沙量，得到三峡水库入库沙量约为 8 000 万 t/a。

根据控制站年际输沙量与水库库容之间的关系推算三峡水库入库泥沙量时未考虑主要干支流控制站以下区间的侵蚀输沙量，该估算方法下未控区间面积约为 950 000 km^2（寸滩站+武隆站）−458 800 km^2（向家坝站）−135 400 km^2（高场站）−23 300 km^2（富顺站）−14 800 km^2（横江站）−156 700 km^2（北碚站）−83 000 km^2（武隆站）= 78 000 km^2。同前述估算方法，可以得到该未控区间产沙量约为 2 859 万 t/a，输沙量为 1 100 万 t/a。加上由控制站年输沙量与水库库容拟合关系得到的控制站沙量，得到三峡水库入库沙量约为 2 700 万 t/a。

通过两种方法估算得到的三峡水库入库沙量为 2 700 万～8 000 万 t/a。

对于金沙江下游梯级入库泥沙量的预测，考虑到金沙江中上游水库继续建设和运行及金沙江下游土地利用改变等对输沙的影响，预期该输沙量会有所减少，但是考虑到金沙江下游侵蚀产沙为主要输沙来源，而 2000～2017 年的年侵蚀产沙量仅仅减小 11.1%，按照 10%的减小幅度考虑，金沙江下游坡面和重力侵蚀产输沙量预计值为 7219 万～8 021 万 t/a。因此，预测得到正常情况下金沙江下游梯级入库输沙量为 8 419 万～9 221 万 t/a。但是需要注意的是，随着金沙江下游水土保持整治措施的实施，未来其土壤侵蚀产输沙可能大幅下降，从而将直接导致金沙江下游梯级入库沙量的显著减少。

考虑长江上游目前在建的水库情况，基于支流控制站年均含沙量与水库累积库容之间的拟合曲线预测得到主要控制站年输沙量总和约为 1 600 万 t。该预测值考虑了目前在建的水库建成运行后对主要干支流拦沙作用进一步增强的影响，但是未能反映随着水库淤积的发展，淤积速率及水库拦沙能力的逐渐减小，因此该预测值可以认为是最大化考虑水库拦沙作用情况下的一个较小值。

需要注意的是，以上估算只是基于通常情况，在特殊气候条件下，如暴雨集中在没有大型水库控制的重点产沙区（或刚好遭遇大洪水、水库泄洪），可能造成显著大于通常年份的输沙量。张有芷（1989）对长江上游暴雨与输沙量关系的分析结果表明，暴雨是影响输沙量年内与年际变化、地区分布和水沙关系的主要气候因子，流域输沙量集中在 7～9 月这个特点由暴雨年内分配的集中所致。1981～1985 年大沙期，在强产沙区，无论是年雨量还是暴雨日数的距平值均为正值，表明在强产沙区暴雨次数及年雨量均有明显的增加，暴雨对地面的侵蚀都比正常年份严重；而在非强产沙区，年雨量和暴雨却比正常年偏少。张有芷（1989）认为金沙江降水和暴雨的这种分布特性是金沙江 1981～1985 年径流量减少而输沙量增加的直接原因。金沙江流域下游段来沙大部分为滑坡、泥石流产沙，而泥石流、滑坡的发生，往往是由于受某一场日暴雨过程的激发作用。在较小的区域内，降雨落在滑坡和泥石流所在流域与否，其来沙结果有很大的差异，暴雨强度及落区在小范围内的变化对流域来沙量的变化也具有重要影响。当暴雨中心在主要产沙区或主要产沙区发生大面积集中降雨时，河流输沙量较大。例如，1954 年宜昌站径流量和输沙量分别为 5751 亿 m^3、7.54 亿 t，上游流域降雨范围广，主要雨区在乌江、金沙江下游和干流区间一带，降雨时间长，乌江降雨强度大。1981 年宜昌站径流量为 4420 亿 m^3，输沙量达 7.28 亿 t，7 月长江上游出现大面积暴雨，8 月又发生大面积强暴雨，笼罩嘉陵江、岷江、沱江等几条支流。

近年来，嘉陵江流域暴雨产输沙对三峡水库入库泥沙量的影响较大，2000 年以来，嘉陵江控制站北碚站年均输沙量为 2730 万 t，共有 4 个年份输沙量超过 4000 万 t，分别是 2005 年（4230 万 t）、2010 年（6220 万 t）、2013 年（5760 万 t）和 2018 年（7220 万 t），以 2018 年输沙量最大，是 2000 年以来北碚站平均年输沙量的 2.6 倍。从这几个显著高于平常年份的高输沙量组成来看，2005 年主要由渠江输沙量高引起（罗渡溪站为 2240 万 t），2010 年主要由嘉陵江干流和渠江输沙量高引起（干流武胜站为 3350 万 t，罗渡溪站为 2240 万 t），2013 年主要由涪江输沙量高引起（小河坝站为 3800 万 t），2018 年主要由涪江和嘉陵江干流输沙量高引起（小河坝站为 5170 万 t，干流武胜站为 2550 万 t）。由此分析可知，目前嘉陵江流域的涪江、干流及渠江在特定暴雨气候条件下，都有高输沙的可能性，从而也会导致嘉陵江进入三峡库区的输沙量显著高于平常年份。因此，在重点产沙区降雨量偏大、降雨集中在产沙区等特殊条件下，三峡水库入库泥沙量可能显著超过前述预测值。

以上两种预测方法，均未计算三峡库区的区间产输沙。

综合以上分析，预计在通常情况下，近期金沙江下游梯级入库沙量为 8419 万～9221 万 t/a，三峡水库入库沙量（不考虑三峡库区区间产输沙）为 2700 万～8000 万 t/a，而在重点产沙区降雨量偏大、降雨集中在产沙区等特殊条件下，三峡水库入库泥沙量可能显著超过预测值（图 2.25）。

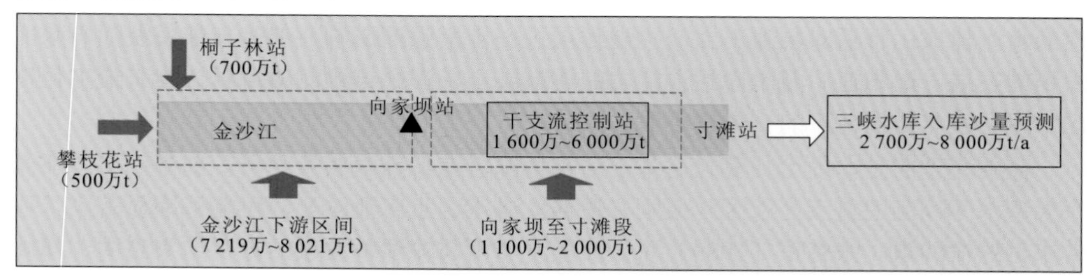

图 2.25　金沙江下游梯级和三峡水库入库泥沙量预测

2.2　三峡水库区间入库泥沙调查及规律

2.2.1　基于泥沙指纹识别的三峡水库区间重点产沙区域辨识

在三峡水库区间地貌图、土地利用图、坡度图、植被覆盖图的基础上，将三峡水库区间划分为如图 2.26 所示的 7 个区域，每个区域内均有一个有实测资料的典型小流域，然后根据每个区域内代表性小流域采集的泥沙指纹元素特征，利用泥沙指纹识别技术求解各个区域的入库泥沙贡献率。

图 2.26　三峡水库区间区域划分图

对五步河入江口上游段、五步河、御临河、龙河筛选出的 6 个指纹因子进行多元逐步判别分析，结果表明：Pb、Ca、Cr 和 Mg 4 个指纹因子入选时，整体的 Wilks 的 Lmabda 由 0.164 逐渐变小为 0.012，累积贡献率分别为 73.054%、82.048%、97.240%和 100.000%，累积贡献率超过 90%，符合分析要求，见表 2.19，因此，Pb、Ca、Cr 和 Mg 是五步河入江口上游段、五步河、御临河和龙河的最佳组合指纹因子。

表 2.19　五步河入江口上游段、五步河、御临河、龙河的最佳组合指纹因子

步骤	指纹因子	Wilks 的 Lmabda	累积贡献率/%
1	Pb	0.164	73.054
2	Ca	0.095	82.048
3	Cr	0.028	97.240
4	Mg	0.012	100.000

对磨刀溪入江口上游段、磨刀溪、澎溪河、大宁河、香溪河筛选出的 9 个指纹因子进行多元逐步判别分析，结果表明：Fe、Mg、Ca、Pb 和 Cr 5 个指纹因子入选时，整体的 Wilks 的 Lmabda 由 0.293 逐渐变小为 0.028，累积贡献率分别为 43.261%、52.108%、59.288%、84.092%和 100.000%，累积贡献率超过 90%，符合分析要求（表 2.20），因此，Fe、Mg、Ca、Pb 和 Cr 5 种元素是磨刀溪入江口上游段、磨刀溪、澎溪河、大宁河、香溪河的最佳组合指纹因子。

表 2.20　磨刀溪入江口上游段、磨刀溪、澎溪河、大宁河、香溪河的最佳组合指纹因子

步骤	指纹因子	Wilks 的 Lmabda	累积贡献率/%
1	Fe	0.293	43.261
2	Mg	0.217	52.108
3	Ca	0.171	59.288
4	Pb	0.043	84.092
5	Cr	0.028	100.000

磨刀溪入江口上游段、磨刀溪片区、澎溪河片区、大宁河片区、香溪河片区中的磨刀溪入江口上游段的泥沙贡献率是五步河入江口上游段、五步河片区、御临河片区、龙河片区综合作用的结果，故对其进行换算，以期得到整个三峡库区的产沙来源情况。

三峡库区上游泥沙的贡献率为 84.14%×72.72%=61.19%。

五步河片区的泥沙贡献率为 3.27%×72.72%=2.38%。

御临河片区的泥沙贡献率为 7.28%×72.72%=5.29%。

龙河片区的泥沙贡献率为 5.31%×72.72%=3.86%。

澎溪河片区的泥沙贡献率为 8.55%，磨刀溪片区的泥沙贡献率为 3.50%，大宁河片区的泥沙贡献率为 14.09%，香溪河片区的泥沙贡献率为 1.14%。

为了得到三峡水库区间各支流片区对入库泥沙的贡献，需将三峡水库区间看作一个独立的侵蚀产沙单元，对上述计算结果进行换算，得到各个支流片区入库泥沙量对区间总入库泥沙量的贡献。

五步河片区的泥沙贡献率为 2.38%÷38.81%=6.13%。

御临河片区的泥沙贡献率为 5.29%÷38.81%=13.63%。

龙河片区的泥沙贡献率为 3.86%÷38.81%=9.95%。

澎溪河片区的泥沙贡献率为 8.55%÷38.81%=22.03%。

磨刀溪片区的泥沙贡献率为 3.50%÷38.81%=9.02%。

大宁河片区的泥沙贡献率为 14.09%÷38.81%=36.31%。

香溪河片区的泥沙贡献率为 1.14%÷38.81%=2.94%。

2.2.2　三峡水库区间及主要支流入库泥沙量淤积特征

根据大宁河、香溪河、磨刀溪和龙河流域野外采样资料，依据泥沙各粒径组分所占比例，结合侵蚀量和泥沙输移比，计算得大宁河流域年均土壤侵蚀量为 840 万 t，其中 646.8 万 t 泥沙发生淤积。香溪河流域年均土壤侵蚀量为 543 万 t，其中 505 万 t 泥沙发生淤积。磨刀溪流域年均土壤侵蚀量为 739 万 t，其中 679.9 万 t 泥沙发生淤积。龙河流域年均土壤侵蚀量为 466 万 t，其中 447.4 万 t 泥沙发生淤积。

限于资料收集困难等，将三峡水库区间进行合理划分，划分过程中结合三峡水库区间地貌图、土地利用图、坡度图、植被覆盖图等图件，根据相似性原则，将三峡水库区间划分为 7 个区域（图 2.26），每个区域内均有一个有实测输沙资料的典型小流域，然后根据每个区域内代表性小流域的泥沙输移比，估算 7 个区域的泥沙输移比，根据 7 条支流的面积占所划分区域面积的比例，获取整个三峡水库区间入库泥沙量。估算结果见表 2.21，从表 2.21 中可见，整个三峡水库区间 2012 年、2014 年、2016 年和 2018 年计算的入库泥沙量分别为 1328.7 万 t、1578.8 万 t、1816.2 万 t、1246.1 万 t。

表 2.21　三峡水库区间典型支流片区入库泥沙量估算

区域	面积/km^2	支流面积占片区面积的比例/%	2012 年调整面积后入库泥沙量/万 t	2014 年调整面积后入库泥沙量/万 t	2016 年调整面积后入库泥沙量/万 t	2018 年调整面积后入库泥沙量/万 t
香溪河片区	8 393.70	50.8	76.9	81.9	62.4	103.2
大宁河片区	8 430.44	99.6	409.2	416.0	512.4	373.2
磨刀溪片区	5 712.58	50.6	112.9	183.6	339.6	104.2
澎溪河片区	8 266.97	74.8	328.7	325.5	417.2	247.2
龙河片区	9 746.61	28.5	142.5	170.2	208.8	131.2
御临河片区	10 875.31	36.9	185.7	293.1	167.1	202.8
五步河片区	6 878.58	13.5	72.8	108.5	108.7	84.3
合计	58 304.19		1 328.7	1 578.8	1 816.2	1 246.1

2.2.3　典型流域年输沙量估算模型

1. 年降雨量与年输沙量的关系

利用龙河流域 1963～1989 年和 1990～2018 年两个时段共 56 年的年降雨量、汛期降雨量和石柱站年输沙资料，建立流域年降雨量和年输沙量的关系，如图 2.27 所示。龙河流域两个时段年降雨量与年输沙量关系的显著性检验见表 2.22。

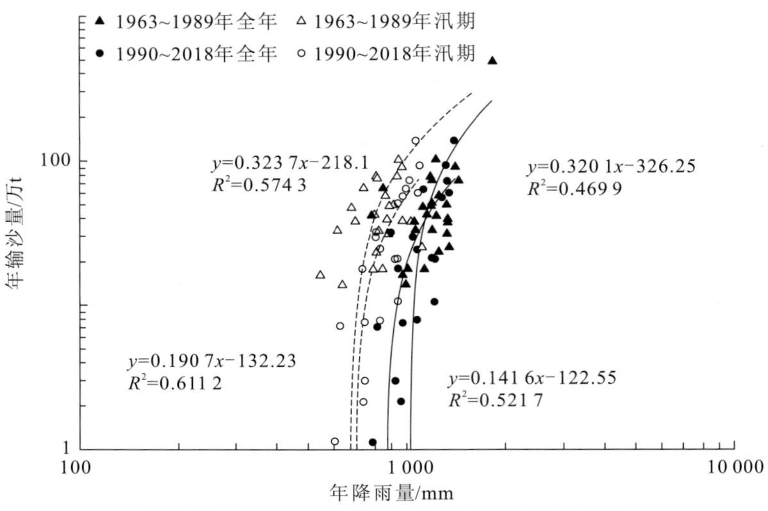

图 2.27　龙河流域年降雨量与年输沙量关系图

表 2.22　龙河流域年降雨量与年输沙量关系的显著性检验统计表

站名	时段		模型	决定性系数
石柱站	1963～1989 年	全年降雨	$y=0.320\,1x-326.25$	0.469 9**
		汛期降雨	$y=0.323\,7x-218.10$	0.574 3**
	1990～2018 年	全年降雨	$y=0.141\,6x-122.55$	0.521 7**
		汛期降雨	$y=0.190\,7x-132.23$	0.611 2**

**表示信度为 0.01。

利用香溪河流域 1974～1989 年和 1990～2018 年两个时段的年降雨量、汛期降雨量数据和兴山站年输沙量资料，分段建立年降雨量和年输沙量的回归关系，如图 2.28 所示，可以看出，两个时段年降雨量和年输沙量关系的相关性明显，分别通过了 0.01 和 0.001

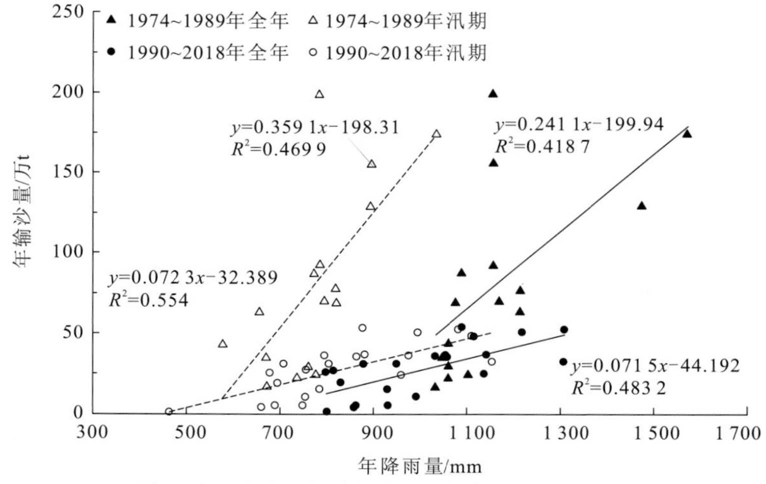

图 2.28　香溪河流域年降雨量与年输沙量关系图

水平下的显著性检验。在 1974～1989 年和 1990～2018 年两个时段内，年降雨量和年输沙量的关系差异明显，即在同样的降雨条件下，2000 年之后的年输沙量明显小于 1990 年之前的年输沙量。年降雨量每增加 10 mm，1990～2018 年时段比 1974～1989 年时段年输沙量减少 1.700 万 t；在汛期年输沙量的变化就更大，汛期年降雨量每增加 10 mm，1990～2018 年时段比 1974～1989 年时段年输沙量减少 2.857 万 t。香溪河流域两个时段的年降雨量与年输沙量关系的显著性检验见表 2.23。

表 2.23　香溪河流域年降雨量与年输沙量关系的显著性检验统计表

站名	时段	模型		相关系数
兴山站	1974～1989 年	全年降雨	$y=0.2411x-199.94$	0.418 7**
		汛期降雨	$y=0.3591x-198.31$	0.469 9**
	1990～2018 年	全年降雨	$y=0.0715x-44.192$	0.483 2***
		汛期降雨	$y=0.0723x-32.389$	0.554***

、*表示信度分别为 0.01、0.001。

利用磨刀溪流域 1970～1989 年和 1990～2018 年两个时段的年降雨量、汛期降雨量和龙角站年输沙量资料，分段建立年降雨量和年输沙量的回归关系，如图 2.29 所示，从图 2.29 中可见年降雨量和年输沙量的关系与香溪河、龙河流域年降雨量和年输沙量的关系一致，即在同样的降雨条件下，20 世纪 90 年代之后的年输沙量明显小于 90 年代之前的年输沙量。年降雨量每增加 10 mm，1990～2018 年时段比 1970～1989 年时段年输沙量减少 10.354 万 t；在汛期年输沙量的变化和全年变化一致，汛期年降雨量每增加 10 mm，1990～2018 年时段比 1970～1989 年时段年输沙量减少 8.319 万 t。磨刀溪流域两个时段的年降雨量与年输沙量关系的显著性检验见表 2.24。

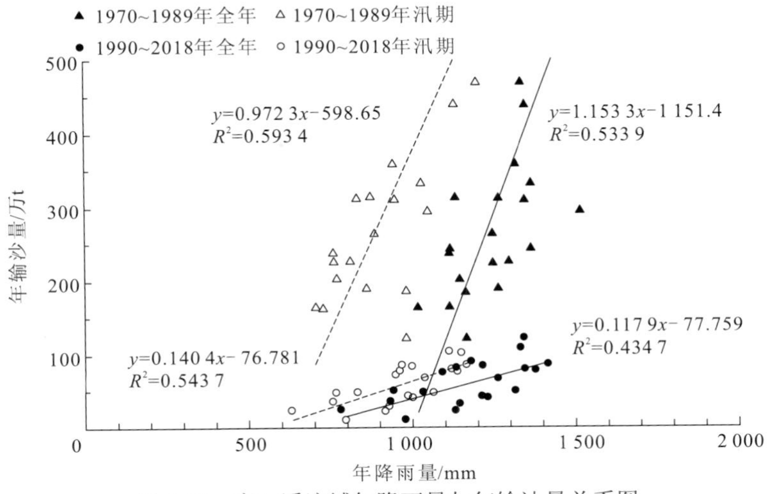

图 2.29　磨刀溪流域年降雨量与年输沙量关系图

表 2.24　磨刀溪流域年降雨量与年输沙量关系的显著性检验统计表

站名	时段		模型	相关系数
龙角站	1970～1989 年	全年降雨	$y=1.1553x-1151.94$	0.533 9**
		汛期降雨	$y=0.9723x-598.65$	0.593 4**
	1990～2018 年	全年降雨	$y=0.1179x-77.759$	0.434 7**
		汛期降雨	$y=0.1404x-76.781$	0.543 7**

**表示信度为 0.01。

2. 年径流量与年输沙量的关系

自 20 世纪 90 年代以来，三峡库区进行了大规模的水土流失综合治理，流域年径流量-年输沙量关系也相应发生了改变，为反映不同时段的流域年径流量-年输沙量关系，本小节将龙河流域 1963 年以来的年输沙量和年径流量分为两个时段加以分析，图 2.30 为 1963～1989 年和 1990～2018 年两个时段的全年与汛期年径流量-年输沙量关系。从图 2.30 中可见，在两个时段内，汛期年径流量与年输沙量的相关系数都超过了年径流量与年输沙量的相关系数，且都通过了 0.001 水平下的显著性检验。

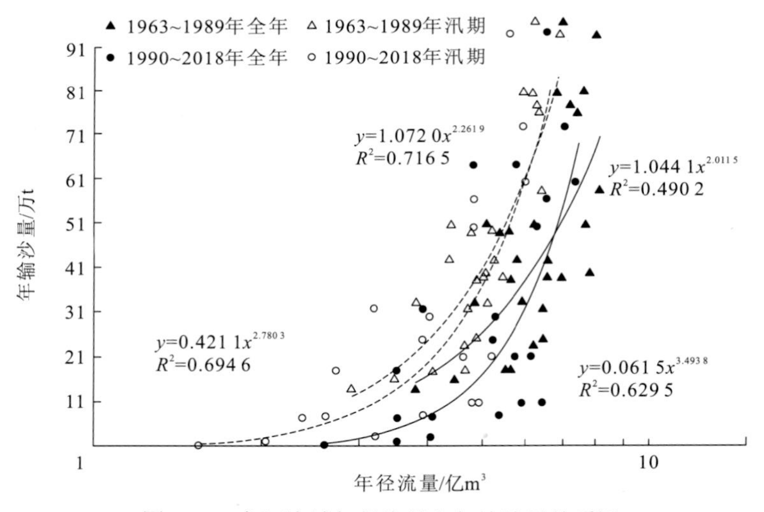

图 2.30　龙河流域年径流量和年输沙量关系图

按照和龙河流域一样的时段划分原则，分析了香溪河、磨刀溪流域年径流量和年输沙量的相关性，如图 2.31 和图 2.32 所示，拟合情况表明，两流域不同时段的全年输沙量与全年径流量和汛期径流量的相关关系均通过了 0.05 显著性水平的检验。龙河、香溪河、磨刀溪流域两个时段的年径流量与年输沙量关系的显著性检验见表 2.25。

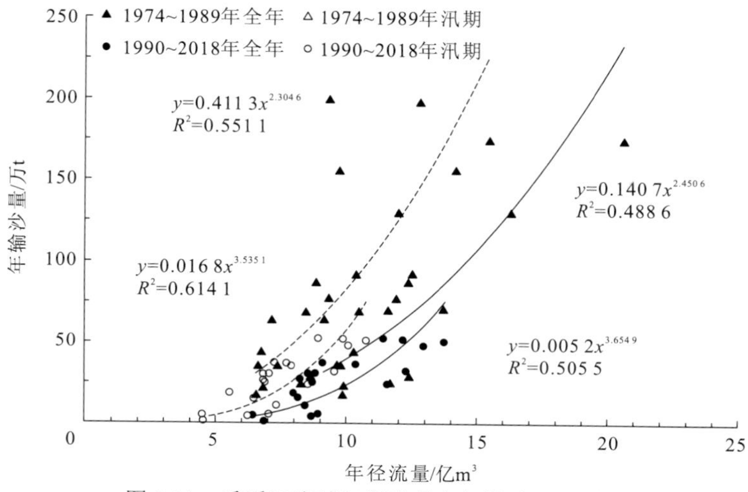

图 2.31　香溪河流域年径流量和年输沙量关系图

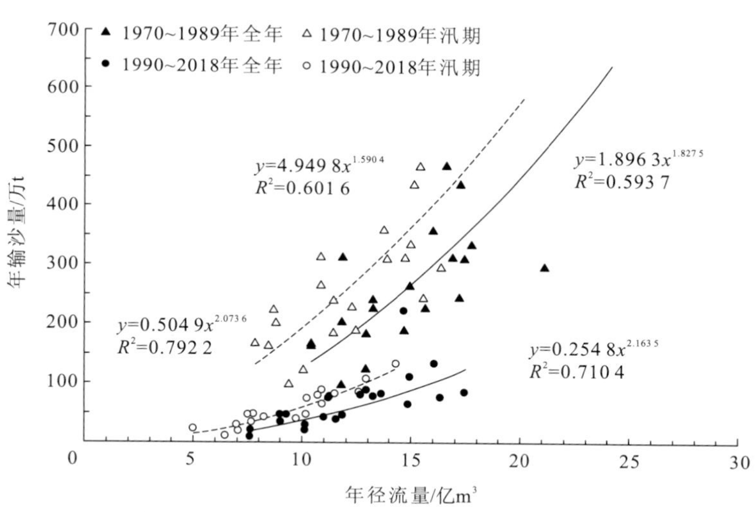

图 2.32　磨刀溪流域年径流量和年输沙量关系图

表 2.25　三峡库区龙河、磨刀溪、香溪河流域利用年径流量预报年输沙量统计表

站名	时段	模型		相关系数
石柱站	1963～1989 年	全年径流	$y=1.044\,1x^{2.011\,5}$	0.490 2***
		汛期径流	$y=1.072\,0x^{2.261\,9}$	0.716 5***
	1990～2018 年	全年径流	$y=0.061\,5x^{3.493\,8}$	0.629 5***
		汛期径流	$y=0.421\,1x^{2.780\,3}$	0.694 6***

续表

站名	时段		模型	相关系数
兴山站	1974～1989 年	全年径流	$y=0.1407x^{2.4506}$	0.488 6**
		汛期径流	$y=0.4113x^{2.3046}$	0.551 1***
	1990～2018 年	全年径流	$y=0.0052x^{2.6549}$	0.505 5***
		汛期径流	$y=0.0168x^{3.5351}$	0.614 1***
龙角站	1970～1989 年	全年径流	$y=1.8963x^{1.8275}$	0.593 7***
		汛期径流	$y=4.9498x^{1.5904}$	0.601 6**
	1990～2018 年	全年径流	$y=0.2548x^{2.1635}$	0.710 4***
		汛期径流	$y=0.5049x^{2.0736}$	0.792 2***

、*表示信度分别为 0.01、0.001。

第3章

梯级水库泥沙实时预报与冲淤观测关键技术

本章针对新水沙和上游水库联合调度条件下溪洛渡、向家坝、三峡水库入库泥沙实时预报技术、水库泥沙冲淤观测关键技术与控制指标开展研究。研究提出溪洛渡、向家坝、三峡水库入库泥沙实时监测技术，建立溪洛渡、向家坝库区区间产输沙模型和新水沙条件下溪洛渡、向家坝、三峡水库联合调度一维水沙数学模型，研究新水沙和水库群联合调度条件下溪洛渡、向家坝、三峡水库入库泥沙实时预报技术。开展三峡水库及上游大型水库泥沙冲淤观测关键技术与控制指标研究，提出高效率水库地形获取技术、高精度水库大水深测深技术，开展水库淤积物密实沉降试验性观测，完成三峡水库水文泥沙实时监测及在线整理，进行三峡水库及上游大型水库泥沙冲淤观测控制指标研究。

3.1　溪洛渡、向家坝、三峡水库入库泥沙实时预报技术

3.1.1　溪洛渡、向家坝、三峡水库入库泥沙实时监测技术

传统的悬移质含沙量测量方法具有耗时、耗人力及物力的特点，需经过取样、沉淀、烘干称重等环节，一般5～7天才能获取含沙量资料，资料的时效性不能满足三峡水库科学调度的要求，需寻求新的方法。采用浊度仪在测量现场实测水体浊度，利用回归转换模型推算含沙量，可以大大提高含沙量分析的时效性。

浊度和含沙量都能表征水样中泥沙的物理特性，它们如果存在某一稳定的关系，就可以通过测量水样的浊度来测量水样的含沙量，从而简化含沙量的测量，提高含沙量测验的工作效率。寻求浊度和含沙量的关系，可以通过在不同的河流、不同的水流条件及环境下收集试验资料来实现。

选定三峡库区主要干支流的朱沱站、寸滩站、清溪场站、白鹤滩站、横江站、高场站、富顺站、北碚站、武隆站等9个控制性水文站开展浊度与含沙量的比测试验，构建三峡水库入库泥沙监测站网，并进行泥沙实时监测，可控制库区主要干支流的入库泥沙。

根据收集的比测资料，对前期各水文站提出的含沙量非线性回归模型进行了验证，运用三项检验对回归模型是否合理给出科学的判断，并对模型确定性系数、模型推算单沙的精度、模型推算沙峰含沙量的误差范围及报汛合格率等几个方面综合考虑进行模型优选。采用数理统计公式计算误差精度指标，通过推算点含沙量对比精度、沙峰含沙量对比精度对精度评价如下：9个测站中有6个站点推算的单点含沙量能达到乙级以上报汛精度，可用于正式报汛。另外，寸滩站、横江站和富顺站3个站点的报汛精度为丙级及以下，只可用于参考性估报。9个测站中有7个站点的主要沙峰含沙量平均系统相对误差在10.0%以内，报汛精度达到甲级。但富顺站和北碚站两站的沙峰含沙量推算误差较大，平均相对误差约为30%，报汛精度等级为丙级及以下，只可用于参考性估报。这说明利用浊度仪推算单点含沙量和沙峰含沙量在大部分站点能满足相应的报汛精度要求，是可行的。

3.1.2　溪洛渡、向家坝、三峡水库洪峰沙峰传播特性

采用河流动力学的方法，建立溪洛渡、向家坝、三峡水库一维水沙数学模型。模型计算同时考虑了干支流水沙运动，结合了区间产输沙模型的成果，加入了区间来水来沙的影响，并且考虑了动水泥沙絮凝影响。实测资料验证结果表明：模型计算的水位、流量及含沙量过程与实测结果基本符合，模型可在实际泥沙预报中使用，且提供了一种实时水沙调度的快速测算方法。

对于溪洛渡水库而言：当入库流量小于 10000 m^3/s 时，库区沙峰传播时间大于 9 天；当入库流量为 10000～22000 m^3/s 时，库区沙峰传播时间为 3～9 天；当入库流量为 22000～30000 m^3/s 时，库区沙峰传播时间为 2～3 天；当入库流量大于 30000 m^3/s 时，库区沙峰传播时间基本为 2 天。

对于向家坝水库而言：当入库流量小于 10000 m^3/s 时，库区沙峰传播时间大于 5 天；当入库流量为 10000～22000 m^3/s 时，库区沙峰传播时间为 2～5 天；当入库流量大于 22000 m^3/s 时，库区沙峰传播时间基本为 2 天。

对于向家坝至朱沱段而言：当流量小于 10000 m^3/s 时，沙峰传播时间为 2 天；当流量为 10000～20000 m^3/s 时，沙峰传播时间为 1.5～2 天；当流量为 20000～30000 m^3/s 时，沙峰传播时间为 1～1.5 天；当流量大于 30000 m^3/s 时，沙峰传播时间基本为 1 天。

水库库区沙峰传播时间不仅与库区滞洪库容有关，而且与水库入、出库流量，库尾和坝址水深差有关。基于理论推导和实测数据拟合得到三峡库区寸滩至坝址段的沙峰传播时间公式[式（3.1）]，公式相较于以往研究精度更高，更适合于实际应用。

$$T_{沙}=\frac{1.33\times V}{0.5\times(h_1+h_2)}\frac{h_1h_2}{Q_2h_1-Q_1h_2}\ln\left(\frac{Q_2h_1}{Q_1h_2}\right) \tag{3.1}$$

式中：V 为水库库容；h_1 为库尾水深；h_2 为坝前水深；Q_1 为入库流量；Q_2 为出库流量。

基于实测资料，研究提出了三峡水库汛期水库排沙比、沙峰过程平均含沙量输移比、沙峰过程沙峰峰值输移比公式。

汛期水库排沙比公式为

$$\eta=1.26e^{\frac{-0.0088V}{[0.5(Q_{寸}+Q_{黄})]}} \tag{3.2}$$

式中：$Q_{寸}$为寸滩站流量；$Q_{黄}$为黄陵庙站流量。

沙峰过程平均含沙量输移比公式为

$$\frac{S_{黄平}}{S_{寸平}}=1.30e^{\frac{-0.0094V}{[0.5(Q_{寸}+Q_{黄})]}} \tag{3.3}$$

式中：$S_{黄平}$为黄陵庙站沙峰过程平均含沙量；$S_{寸平}$为寸滩站沙峰过程平均含沙量。

沙峰过程沙峰峰值输移比公式为

$$\frac{S_{黄峰}}{S_{寸峰}}=1.18e^{\frac{-0.0090V}{[0.5(Q_{寸}+Q_{黄})]}} \tag{3.4}$$

式中：$S_{黄峰}$为黄陵庙站沙峰过程沙峰峰值；$S_{寸峰}$为寸滩站沙峰过程沙峰峰值。

3.1.3　溪洛渡、向家坝、三峡水库泥沙实时预报体系

本小节以一维水沙数学模型为主干，以边界控制站水沙预报模型为输入条件，结合水沙数学模型、区间产输沙模型、水文学预报模型、水沙关系模型等多种模型，建立泥沙实时预报体系。与一维水沙数学模型计算分块相对应，体系分为溪洛渡库区、向家坝库区、向家坝至朱沱段、三峡库区四个预报模块，各模块之间相互关联，构成一套完整的泥沙预报体系（图 3.1）。基于该泥沙实时预报体系，在 2018 年和 2019 年汛期开展了

泥沙预报工作，为溪洛渡、向家坝、三峡水库的科学调度提供技术支撑。

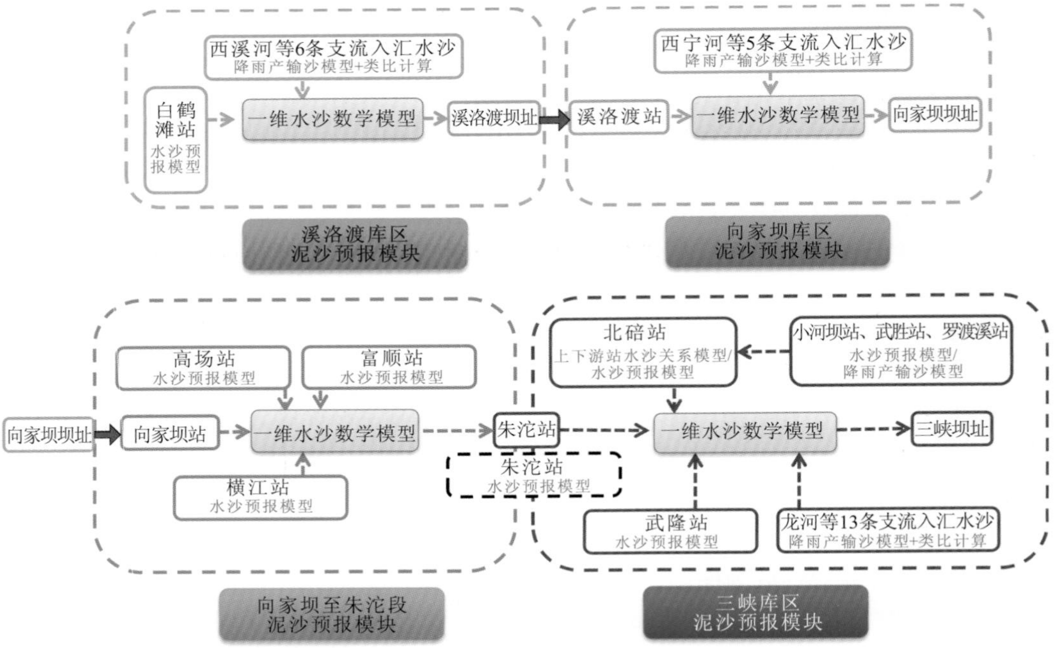

图 3.1　溪洛渡、向家坝、三峡水库泥沙实时预报体系示意图

基于目前降雨及水情预报预见期情况，对不同泥沙预报方法的预见期进行了分析研究。区间产输沙预报主要根据降雨预报，预见期一般为 3 天；单站泥沙预报根据短期水情预见期一般仍为 3 天，在需要时可根据水情中期预报适当延长预见期，但精度下降较大；上下游站泥沙预报预见期为上游控制站本身预见期（一般为 3 天）加上沙峰传播时间；水沙数学模型预报在输入条件中适当考虑中期预报成果，在保证坝前泥沙预报精度的同时，有利于延长坝前泥沙预报的预见期。

从计算结果精度上来看，流域产输沙模型计算精度较高，其主要根据降雨资料预报流域产流产沙，适合于流域面积较小、雨量站点个数适中、河道水沙输移未受水利工程影响的区域。对于无水文站和无泥沙实时报汛站的支流，仍主要采用降雨产输沙模型，填补无资料地区的空白。

3.1.4　联合调度下三峡水库沙峰过程排沙调度的“蓄清排浑”新模式

在深入研究泥沙实时预报技术的基础上，对沙峰调度因素和不同调度方案进行了研究，针对沙峰从库尾至坝前的输移特点和调度情况，结合上游梯级水库的适时增泄调度，提出了联合调度下的三峡水库沙峰过程排沙调度的“蓄清排浑”新模式，为三峡水库制订更科学、合理的调度方案提供技术支撑。

（1）采用不同典型年的水沙过程，计算、分析了不同水位运用方式对三峡水库排沙效果的影响。结果表明，对于一些入库沙量较少的年份，汛期水位适当上浮，与初步设计调度方案相比，库区增加的泥沙淤积量并不大。例如，2016 年、2017 年（汛期入库泥沙分别为 3960 万 t、3037 万 t）汛期水位分别上浮至 155 m，与初步设计调度方案相比，仅增加淤积泥沙 287 万 t、63 万 t。而对于入库泥沙较多的年份，汛期水位上浮，库区增加的泥沙淤积量较大。例如，2012 年、2018 年（汛期入库泥沙分别为 20711 万 t、14000 万 t）汛期水位分别上浮至 155 m，与初步设计调度方案相比，增加淤积泥沙达到了 1576 万 t、1526 万 t。对于入库泥沙较多的年份，通过沙峰调度可在一定程度上缓解库区泥沙淤积风险。

（2）考虑沙峰从三峡库尾演进至坝前的调度，根据沙峰输移特点和调度情况，可分为拦洪削峰、库区拉沙和坝前排沙三个时期：拦洪削峰主要在洪峰和沙峰入库时进行洪水削峰拦蓄；库区拉沙主要是使沙峰能顺利传播至坝前河段；坝前排沙是在沙峰将至坝前时加大下泄以达到多排沙的目的。

对典型水沙过程的多种方案的计算结果表明：在拦洪削峰期和库区拉沙期加大下泄流量，增加了库区流速，也降低了库区运行水位，可减小沙峰在库区传播的衰减速度，坝前输沙量增大。在坝前排沙期由于前期下泄流量较大，库区运行水位较低，库区流速较大，库区沙峰传播衰减较小，坝前含沙量较高，后期用于排沙的下泄流量虽然变小，但输沙量仍较大。

考虑整个输沙过程情况，主要在拦洪削峰期和库区拉沙期加大下泄流量，以减小沙峰在库区传播的衰减速度，而在坝前排沙期利用剩余水量进行排沙，沙峰排沙效果较好。以 2018 年为例，如在拦洪削峰期，三峡水库加大泄量至 50000 m^3/s，与坝前排沙期以 47000 m^3/s 下泄相比，出库输沙量增加 1013 万 t，占总出库沙量的 31%，沙峰过程水库排沙比增加了 9 个百分点。

从库区沿程分布来看，由于拦洪削峰期和库区拉沙期加大下泄流量，寸滩至奉节段的泥沙淤积减少明显，对于减少库尾航道、港口通航及库尾洪水位抬高的影响是有利的，而坝前河段泥沙淤积将增多，如 2018 年汛期不同方案的计算结果表明，巴东至坝址段最大增加淤积 448 万 t，占该河段淤积量的 28%，占库区总淤积量的 4.4%，坝前河段泥沙淤积增多是否对水电站产生影响仍需进一步研究。

（3）提出了三峡水库沙峰过程排沙调度的启动条件和控制指标。启动沙峰排沙调度时的入、出库沙量指标如下：不同坝前水位预报的寸滩站流量应不小于表 3.1 的取值，且沙峰达到 2.0 kg/m^3，平均含沙量不小于 1.4 kg/m^3，沙峰过程持续 7 天以上，入库沙量不小于 3500 万 t；出库黄陵庙站沙峰达到 0.5 kg/m^3，平均含沙量不小于 0.3 kg/m^3，沙峰过程应持续 11 天以上，出库沙量不小于 1000 万 t。坝前沙峰排沙应在沙峰达坝前 2 天至沙峰过后 3 天（共计 5 天）的时间段内，下泄流量应不小于 35000 m^3/s。

表 3.1　不同坝前水位下沙峰过程排沙调度启动条件

序号	沙峰传播期坝前平均水位/m	最小入库流量/（m^3/s）
1	145	25 000
2	150	30 000
3	155	35 000
4	160	40 000

（4）当三峡水库入库沙量较大且入库流量不足时，可通过上游溪洛渡和向家坝水库增加下泄流量，以满足三峡水库沙峰过程排沙调度启动条件，三峡水库开展沙峰过程排沙调度后，上游溪洛渡和向家坝水库在三峡水库库区拉沙和坝前排沙期加大下泄流量，将有利于增加三峡水库出库沙量，考虑到向家坝坝址至三峡坝址的洪水传播时间，溪洛渡、向家坝水库增加下泄的时间应较三峡水库库区拉沙期或坝前排沙期提前 2～3 天。例如，2018 年三峡水库坝前排沙期（7 月 16～26 日），溪洛渡、向家坝水库在现状下泄流量 8 500 m^3/s 基础上分别增加下泄 4 000 m^3/s 和 8 000 m^3/s，增加下泄量分别为同期三峡水库下泄流量（35 000 m^3/s）的 11%和 23%，三峡水库 6 月 27 日～8 月 7 日出库输沙量将较不考虑上游水库增泄的方案（4 247 万 t）分别偏多 11%和 23%，沙峰过程排沙比分别偏多 4 个和 9 个百分点。

3.2 三峡及上游大型水库泥沙冲淤观测关键技术与控制指标

3.2.1 船载动态三维激光水库消落带地形扫描系统研发

由于三峡及上游大型水库库区消落带存在着线长面广，观测时机性强，技术及时效性要求高，并且作业风险大的问题，引入船载三维激光陆上陡岸地形精密扫测技术，以测船为搭载平台，通过多源数据采集软件将全球导航卫星系统（global navigation satellite system，GNSS）、姿态传感器、三维激光扫描仪进行一体化集成，是解决消落带（岸坡地形）观测难、效率低的一个可行的方法。船载动态三维激光水库消落带地形扫描系统（以下简称船载三维测量系统）以其独特的视角，能够采集到其他平台不能采集到的数据，从而提高消落带（岸坡地形）数据采集时的自动化程度，提高效率与质量，降低测量人员的危险性，如图 3.2 所示。

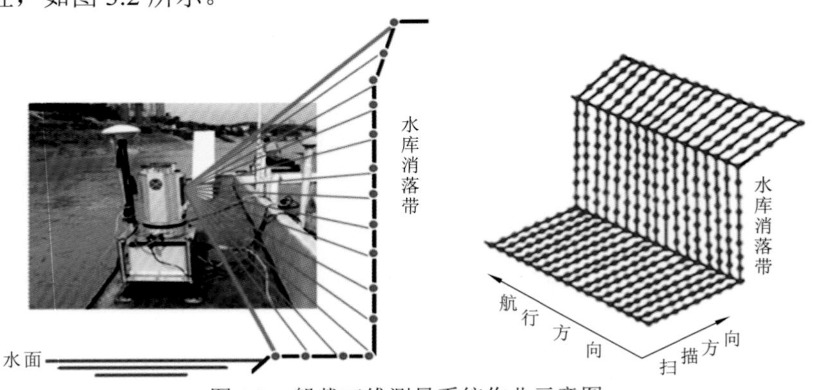

图 3.2 船载三维测量系统作业示意图

研究团队开展了大量资料收集、整理、预研工作，并与武汉大学等单位开展了合作，经过设备测试、联合调试等，利用自有设备，攻克了“刚性支架制作、多端口调试、参数精确标定、坐标系统转换、时间与空间配准”等难题，初步完成了第一套适用于三峡水库消落带观测的三峡水库船载动态三维激光水库消落带高精度、高效率观测系统的集成、组装、测试工作。

系统主要由定位定姿系统（GNSS/INS 组合）、三维激光扫描仪、高清全景相机、载体平台、计算机及数据采集与存储软件等组成，主要仪器设备见表 3.2。系统集成方案如图 3.3 所示，系统外观如图 3.4 所示。

表 3.2　主要仪器设备一览表

名称	数量	精度
Tri mble R10 GNSS	2 台	5 mm+1 ppm①/10 mm+1 ppm
Riegl VZ2000 三维激光扫描仪	1 套	测距 5 mm，垂直扫描角度分辨率优于 0.000 7°，水平扫描角度分辨率优于 0.000 5°
OCTANS 运动传感器	1 套	横摇/纵摇 0.01°
QINSY 软件	1 套	
计算机	1 台	

注：在测量过程中，1 km 的距离产生 1 mm 的误差，则精度指标为 1 ppm。

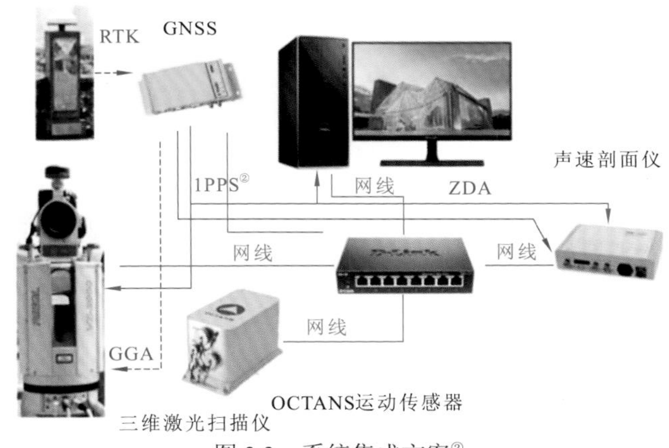

图 3.3　系统集成方案②

RTK 为实时动态载波相位差分技术；ZDA 为区域配线区；GGA 为导航系统 GGA 格式的数据

图 3.4　系统外观

① 1 ppm $=1\times10^{-8}$

② 1 PPS=1 Hz=1 次/秒

3.2.2　三峡水库大水深测量精度提升方法

1. 三峡水库高精度水下基准建设

三峡水库高精度水下基准由 3 个校准场和 2 个坝前基准点构成。2019 年 8 月，在汛限水位（145 m）附近进行建设，并采用陆上测量的方式精确测量其空间位置。蓄水后，通过淹没在水下的已知精确位置开展相关测深误差研究。其主要用于测深误差、定位误差、水位改正误差研究，包括：测深仪标称精度、测深方式、测深实际深度、动吃水影响；定位精度、GNSS 数据更新率、不同坐标系间坐标转换、差分方法影响等；水位观测精度、水位推算模型、高程基准转换影响等。建设的 3 个水下校准场分别位于沙湾、隔流堤及伍相庙（图 3.5）。

图 3.5　伍相庙校准场测量

两个基准点建在靖江西口外江中小岛顶部，由 SJD1 与 SJD2 构成（SJD 为三峡基准点，1、2 为编号）。单个基准点由多组悬空横置管状声波增强型反射器（以下简称反射器）与钢支架等组成，样式如图 3.6 所示。

图 3.6　基准点空间位置测量

2. 新型宽带单波束测深仪研发

1）新型宽带单波束测深仪设计

新型宽带单波束测深仪针对传统的单波束测深仪存在的问题，采用了全新的设计方案，力求通过姿态和单波束探头一体化，以及超宽带换能器和信号处理算法的应用，彻底解决姿态/传感器补偿和时间同步问题，并在一定程度上降低波束角效应的影响，为波束角效应的补偿提供可能。与此同时，还要保持单波束系统造价较低、作业便捷的优势。重点设计方向和预期工作目标包括：①换能器、电子系统、姿态测量、吃水深度测量等一体化设计，用户免校准，快速安装使用；②GNSS、姿态传感器、声呐系统时间对准设计，避免多传感器系统出现时间错位，从而影响测量精度；③采用超宽带技术为波束角效应修正提供新的可能，降低波束角效应的影响；④利用超宽带单波束测深仪，同时提供水深和声学影像数据。

2）主要技术指标

①工作频率：150～250 kHz。②波束开角：4°@ 200 kHz。③信号形式：CW、LFM。④姿态精度：0.1°（由姿态传感器保证精度）。⑤时间精度：GNSS、姿态传感器、声呐系统三种数据源时标精度优于 100 ms。

3）主要技术特点

①时间同步：实现 GNSS、姿态传感器、水深时间同步，水深数据必须考虑声波信号发射至水底的时间延迟，GNSS、姿态传感器具备插值算法后与水深时刻匹配，误差在 100 ms。②姿态传感器：通过姿态传感器、GNSS 耦合数据实现船体横摇、纵摇实时改正，姿态测角精度为 0.1°，最高数据频率不低于 100 Hz。③波束角效应：通过先验断面数据，尝试利用数据模型改正波束角。如效果良好，第二阶段编制后处理软件改正。④动吃水：通过压力传感器或 GNSS 高程实现动吃水改正，精度要求为±5 cm，在第二阶段实现。⑤数据输出：能提供水深和声学影像数据。

3. 水库水温跃层观测及数据处理方法

1）水温跃层观测

水体中声速剖面的测量通常采用声速剖面仪。为了得到较高的声速测量精度，通常测量声波在已知距离内往返多次的时间，即用接收到的反射回波信号去触发发射电路，再发射下一个脉冲，这样不断地循环下去，这种方法称为环鸣法或脉冲循环法（图 3.7）。采用环鸣法直接测量声信号在固定的已知距离内的传播时间，进而得到声速；同时

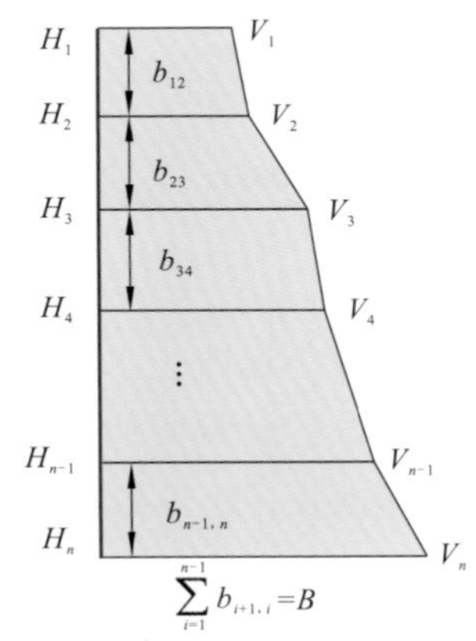

图 3.7　声速剖面测量示意图

V_n 为不同深度的声速；
H_n 为不同深度；
$b_{n-1,n}$ 为第 n 层水层厚度

通过温度及压力传感器测量温度和垂直深度。它能快速、有效、方便地为测深仪、声呐、水下声标等水声设备校正测量误差提供实时的声速剖面数据。

2）存在水温跃层时水深测量数据处理方法

观测声速改正水深，是指根据声速剖面仪测量的垂线水体分层声速剖面数据进行声速改正，获得相应的水深数据，其改正公式如下：

$$\bar{V}=\frac{\left(\frac{v_1+v_2}{2}\right)b_{12}+\left(\frac{v_2+v_3}{2}\right)b_{23}+\cdots+\left(\frac{v_{n-1}+v_n}{2}\right)b_{n-1,n}}{\sum_{i=1}^{n-1}b_{i+1,i}} \tag{3.5}$$

式中：$\bar{V}$ 为垂线平均声速；V_n、V_{n-1} 为第 H_n、H_{n-1} 水深处观测的声速；$b_{n-1,n}$ 为第 n 层水层厚度。

实测声速改正水深，就是指利用声速剖面仪测量的声速剖面数据进行声速改正，获得相应的水深数据。图 3.8 为对某断面的声速剖面数据的统计，可以看出，随着深度的增加，声速是不断变化的。

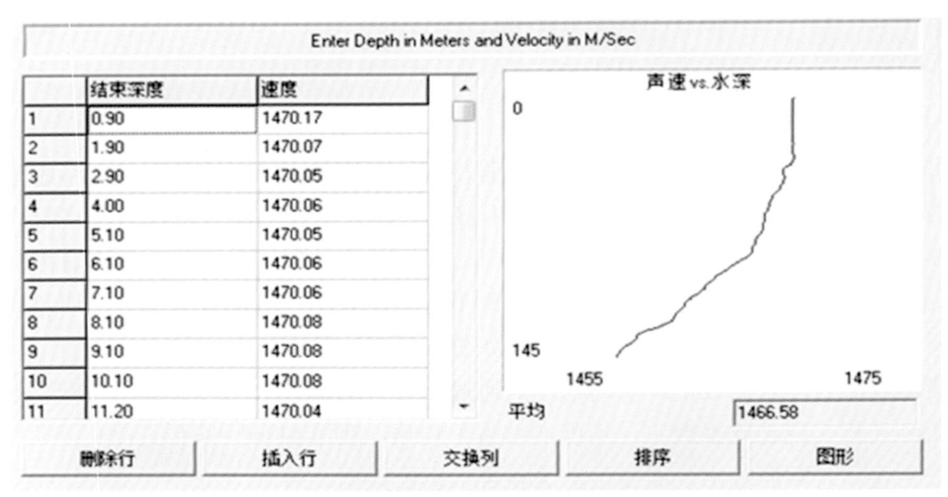

图 3.8　对某断面的声速剖面数据的统计

计算声速改正水深，是指根据声速剖面仪测量的垂线水体分层水温数据，运用经验公式分层计算声速，得到一个新的声速剖面数据，然后用这个新的声速剖面数据进行声速改正，获得相应的水深数据。其中，依据水利部 2017 年发布的《水道观测规范》（SL 257—2017）中的声速经验公式 $V=1410+4.21T-0.037T^2$ 来计算声速。

用两种声速改正方法计算断面同一起点距处的水深，发现计算声速改正后的水深比实测声速改正后的水深偏大，并且水越深的地方，差值越大。统计两者之间差值的最大值得到表 3.3 中的数据。其中，H_a 表示计算声速改正后的水深，H_b 表示实测声速改正后的水深，水深都为正。

表 3.3　断面计算声速改正后的水深与实测声速改正后的水深的差值的最大值统计

断面名称	H_a-H_b 的最大值/m
S1	0.20
S2	0.19
S3	0.17
S4	0.22
S5	0.14
S6	0.15
S7	0.30
S8	0.12

表 3.3 中的数据反映出，在同一起点距处，H_a-H_b 的最大值为 0.30 m，即用两种声速改正方法改正后得到的水深相差较小。其中，S1、S8 断面计算声速改正后的水深与实测声速改正后的水深的差值示意图如图 3.9 所示。

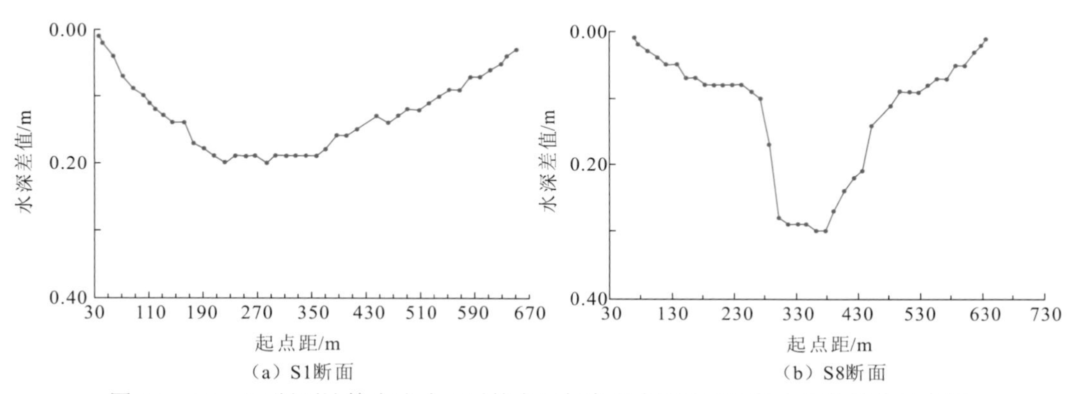

（a）S1断面　（b）S8断面

图 3.9　S1、S8 断面计算声速改正后的水深与实测声速改正后的水深的差值示意图

以上数据表明：计算声速改正后的水深比实测声速改正后的水深偏大，主要是由于通过水温计算的声速大于实测声速，水深普遍偏深，而且水深越大，其差值越大。一般情况下，声速剖面仪实测声速要优于通过经验公式计算的声速。因此，在工作时，应优先采用声速剖面仪进行声速实测。

3.2.3　三峡及上游大型水库淤积物密实沉降观测

选取三峡库区坝前段、常年回水区万州河段典型断面进行泥沙密实沉降观测初探。选取的断面分别为坝前段的庙河断面（S39-2）、万州河段的万县站大断面。

1）坝前段庙河断面

2019 年 10 月 29 日、2019 年 12 月 30 日、2020 年 4 月 20 日和 2020 年 6 月 23 日在

庙河断面 S39-2 以 1∶500 的比例尺开展了高频次的断面观测，同步采用声速剖面仪量测一条垂线的水温。同期，在断面上淤积部位的表层开展干容重观测，观测表明淤泥泥沙干容重无明显变化。

2019 年 10 月 29 日～2020 年 4 月 20 日，断面平均密实沉降了约 1.0 m。2020 年 4 月 20 日～2020 年 6 月 23 日，断面平坦区域未见明显的泥沙密实沉降现象。各次观测的断面成果套绘如图 3.10 所示。

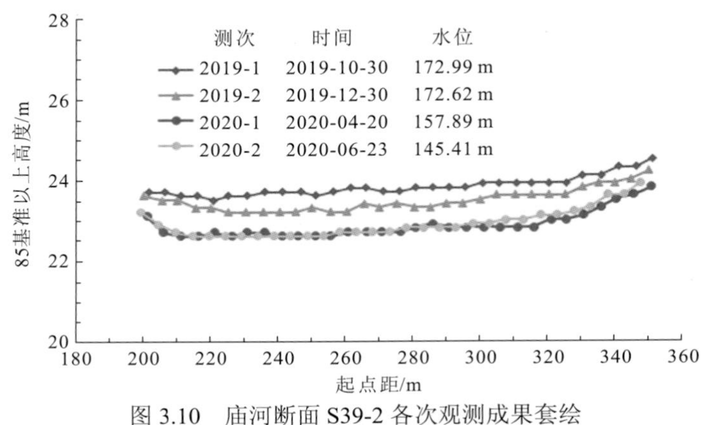

图 3.10　庙河断面 S39-2 各次观测成果套绘

2）常年回水区万州河段万县站大断面

利用万州固定断面 S168 的资料进行密实沉降观测，断面成果套绘如图 3.11 所示。

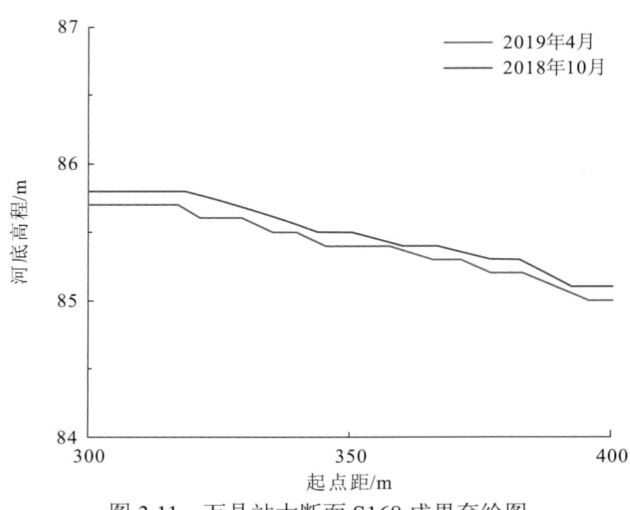

图 3.11　万县站大断面 S168 成果套绘图

固定断面 S168 上游 6 km 的万县站该时间段含沙量过程线如图 3.12 所示。

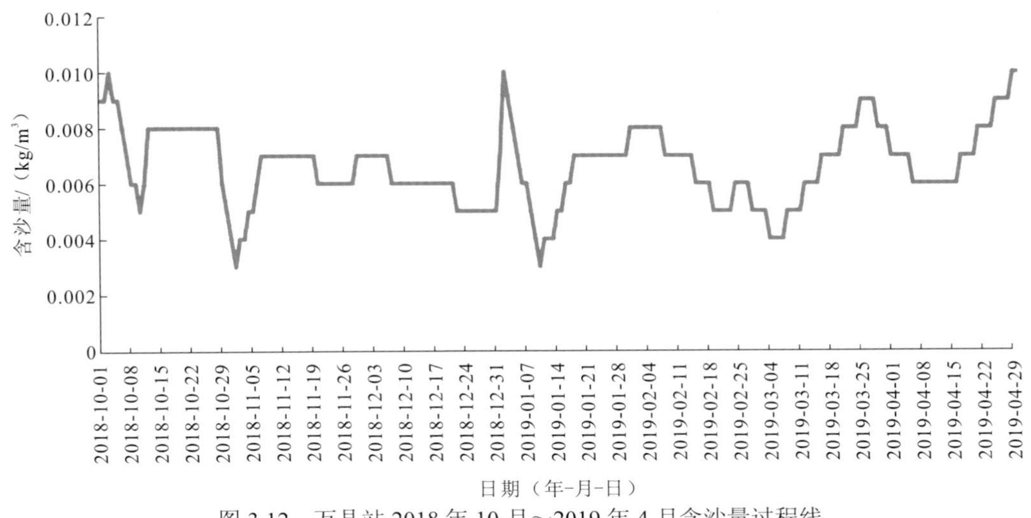

图 3.12　万县站 2018 年 10 月～2019 年 4 月含沙量过程线

由图 3.12 可知，从 2018 年汛后至 2019 年汛前，在万县站来沙量极少（小于 0.01 kg/m^3）的情况下，万州河段 S168 断面表现为下沉约 0.1 m，表明万州河段存在泥沙密实沉降现象。

3）库区基本水文站悬移质情况

库区 2020 年沿程基本水文站寸滩站、清溪场站、万县站悬移质含沙量过程线如图 3.13 所示。

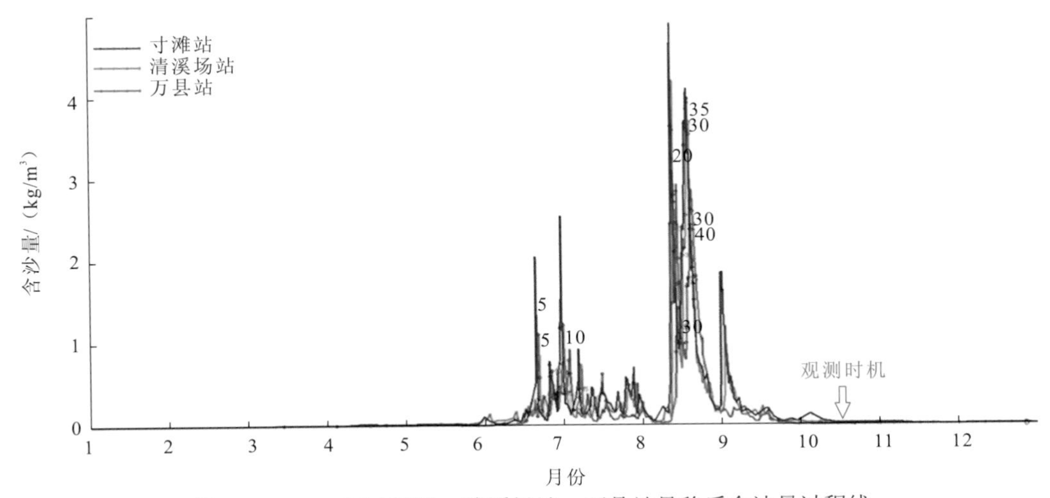

图 3.13　2020 年寸滩站、清溪场站、万县站悬移质含沙量过程线

库区 2020 年庙河站悬移质含沙量过程线如图 3.14 所示。

由库区水文站悬移质含沙量过程线可知，库区 5 月底前及 10 月中旬以后含沙量小于 0.1 kg/m^3。

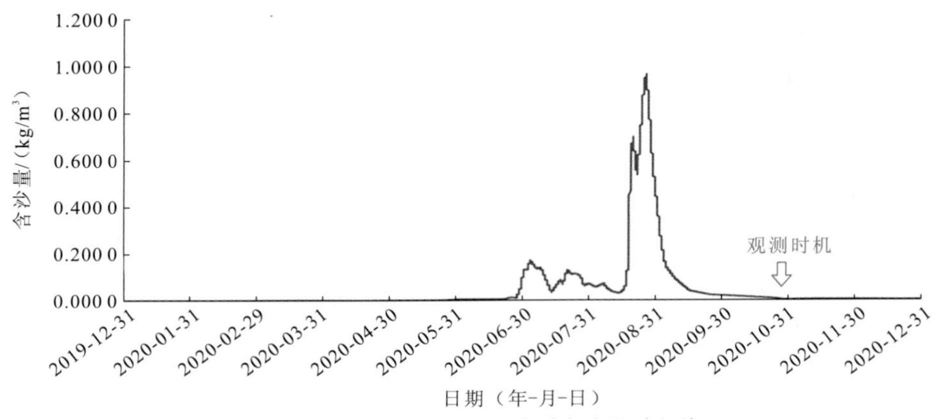

图 3.14　2020 年庙河站悬移质含沙量过程线

通过水库泥沙淤积物沉降观测，验证了三峡水库消落期间，常年回水区存在淤积物沉降现象，并初步掌握了其规律。

2019 年 10 月底～2020 年 6 月底，没有大的来水来沙过程，坝前段主泓河床平均高程下沉了近 1 m，沉降速率最大可达 0.2 m/月，并呈现先快后慢，并趋于稳定的趋势。2018 年 10 月～2019 年 4 月，没有大的来水来沙过程，万州河段 S168 断面主泓河床高程下沉了 0.1～0.3 m。

2009～2017 年近坝河段，每年 11 月～次年 4 月平均沉降量为 0.2～0.6 m。坝前段沉降量大于奉节河段，随坝前距离的增加逐步趋缓。

根据本次三峡水库淤积物沉降的观测情况，水库库区固定断面观测时机宜选在 10 月中旬～11 月下旬，并且根据当年来水来沙的情况进行适当优化。

3.2.4　三峡水库水文泥沙实时监测及在线整编

1. 三峡水库悬移质含沙量特征

为定性判断各类泥沙在线监测设备的适用性，本小节对三峡库区主要控制站 2010～2020 年的悬移质含沙量特征值进行了统计，结果见表 3.4。

表 3.4　三峡库区主要控制站 2010～2020 年的悬移质含沙量特征值表

测站	最大含沙量/（kg/m³）	最大含沙量出现时间	最小含沙量/（kg/m³）	最小含沙量出现时间
朱沱站	8.38	2013-07-12 14:00	0.004	2019-12-13 07:00
北碚站	14.6	2013-07-12 02:00	0.001	2013-04-15 06:00
武隆站	4.37	2016-06-02 08:00	0.001	2017-02-19 05:00
庙河站	1.23	2018-07-18 19:00	0.002	2010-11-22 10:00

由表3.4可知，2010～2020年，三峡库区及主要入库控制站中，朱沱站最大含沙量为8.38 kg/m^3，北碚站最大含沙量为14.6 kg/m^3，武隆站最大含沙量为4.37 kg/m^3，庙河站最大含沙量为1.23 kg/m^3，各站最小含沙量为0.001～0.004 kg/m^3。

2. 主要泥沙监测方式的优缺点

目前的悬移质泥沙测验方式主要有传统取样分析法、光学法、声学法、同位素法、称重法、振动法等。其中：同位素法存在辐射风险，安全管理风险大；称重法、振动法主要适用于高浓度泥沙测验。在此主要介绍传统取样分析法、光学法、声学法。

（1）传统取样分析法：通过瞬时式、积时式采样器采集泥沙水样，经过处理后利用烘干法、沉降法等方法测得含沙量，是国家标准推荐的方法，也是所有测沙仪的基准。其缺点是无法实时获取数据，耗时费力，外业工作量大。但目前其仍是测量悬移质泥沙的主流方法。

（2）光学法：光学法主要为光学散射法，其对点含沙量的测量精度较为可靠，操作方便、成本较低。其缺点是不能够获得剖面数据，同时电子元件漂移等各方面的原因，会造成测量结果的偏移，为保证测量的准确度，需要定期进行校准。同时，设备易受生物附着。

（3）声学法：基于声学反向散射原理的悬移质泥沙测量技术具有无侵入、高时空分辨率、低成本和剖面测量等特点，同时不易受生物附着，不影响水流结构，可实现流量、含沙量同步测验。其缺点是尚无成型产品，数据处理程序复杂，必须进行本底噪声校正和近场声强校正。另外，反向散射声强会受悬浮物粒径的影响。声学多频悬沙通量剖面仪可同步测量悬浮泥沙浓度、剖面流速流向、泥沙粒径大小等。但目前无成熟产品，也尚无成功应用案例。

3. 光学测沙

1）研究与试验方案

为提高泥沙监测现代化水平，2019年开始，水利部长江水利委员会水文局在大量调研基础上，引进新型泥沙传感器TES-91，研究其在长江中上游的适用性。通过分析比选，确定在枝城站开展光学测沙仪的测验精度、稳定性、可靠性比测试验，确定仪器测量值与单点含沙量的关系，进而分析仪器测量值与测验断面含沙量之间的关系，寻求实现断面平均含沙量在线监测的路径。

比测试验分为稳定性试验和正式比测试验两个阶段。

稳定性试验阶段：在枝城站水文趸船尾部进行，比测时间为2019年7～8月。

比测研究方案：利用TES-91测沙仪示值和同位置点含沙量样本（横式采样器采样，烘干法）建立模型，检验模型精度及推算含沙量过程的精度。

正式比测试验阶段：将在线测沙传感器安装在测流断面起点距约930 m的下游1 km处的固定浮标船尾部，TES-91测沙仪的泥沙传感器的入水深度为1.30 m，传感器镜头面朝向水底。

安装现场如图 3.15 所示。

图 3.15　安装现场图

比测研究方案：建立 TES-91 测沙仪示值和同位置点含沙量样本模型，分析精度；对 TES-91 在线测沙仪示值与断面平均含沙量建立相关关系，并分析精度。

2）比测试验开展情况

第一阶段仪器稳定性分析期间，共收集同位置点含沙量样本 50 份。对测沙仪示值与同位置点含沙量建立相关关系。结果显示：两者相关性显著，相关系数为 0.980 2，三项检验 u=0.14，U=0.86，$|t|$=0.97（u 为符号检验统计值，U 为适线检验统计值，t 为偏离数值统计值），均合格；随机不确定度为 16.4%，系统误差为 1.6%，满足规范要求，如图 3.16 所示。

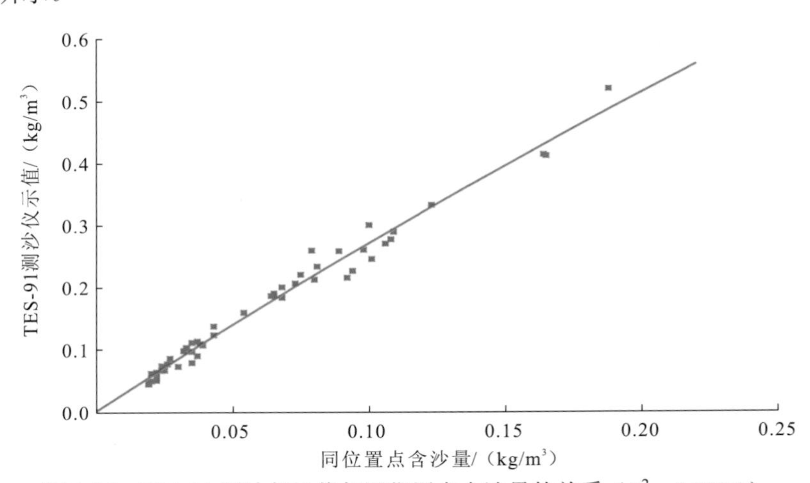

图 3.16　TES-91 测沙仪示值与同位置点含沙量的关系（R^2 = 0.980 2）

进一步对测沙仪示值与同位置点含沙量过程进行对照分析，如图 3.17 所示。通过对照分析发现，测沙仪示值与同位置点含沙量的变化趋势均吻合，两者之间关系良好。

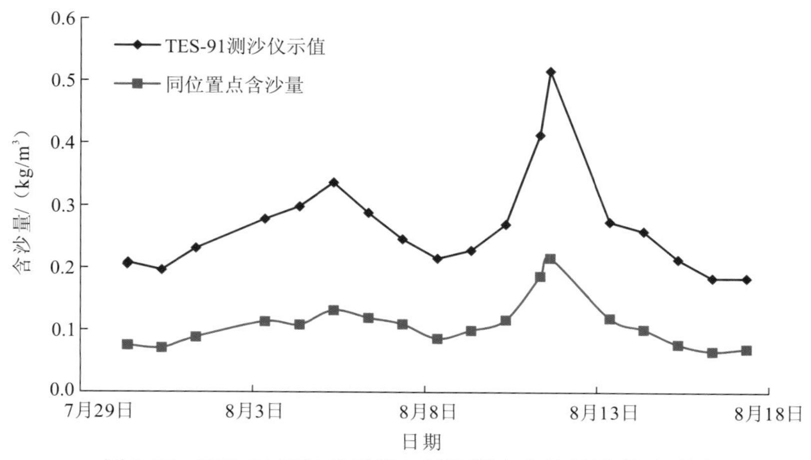

图 3.17 TES-91 测沙仪示值与同位置点含沙量过程对照图

第二阶段，正式比测试验期间，2020 年 1 月 1 日～2020 年 9 月 30 日，共收集同位置点含沙量样本 111 份，断面平均含沙量样本 67 份。

试验期间测沙仪示值最大为 1.158 kg/m^3，最小为 0.003 kg/m^3，断面平均含沙量最大为 0.972 kg/m^3，最小为 0.003 kg/m^3。

3）误差分析

为验证含沙量在线监测系统测沙的代表性，将 2020 年 9 月 30 日前所有测沙仪示值通过率定的模型计算在线断面含沙量，并进行整编，生成逐日含沙量、逐日输沙率，与实测含沙量整编成果进行对照分析，如图 3.18 所示。

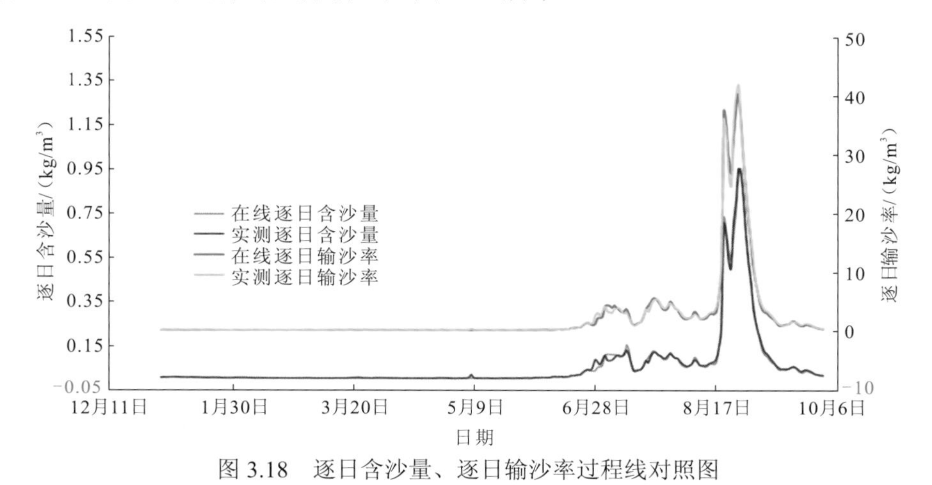

图 3.18 逐日含沙量、逐日输沙率过程线对照图

从图 3.18 可以看出，在线逐日含沙量、逐日输沙率与实测逐日含沙量、逐日输沙率趋势一致，吻合程度高。

对实测含沙量、在线含沙量各月特征值及相对误差进行统计，当含沙量小于0.05 kg/m^{3}时，采用绝对误差进行计算，具体统计情况见表3.5。

表3.5 含沙量特征值及误差统计表

整编方法	项目	月份									年统计
		1	2	3	4	5	6	7	8	9	1～9月
实测含沙量/（kg/m^3）	最大含沙量	0.008	0.005	0.006	0.004	0.028	0.129	0.139	0.992	0.415	0.992
在线含沙量/（kg/m^3）	最大含沙量	0.009	0.005	0.006	0.006	0.008	0.062	0.171	0.997	0.377	0.997
相对误差/%或绝对误差/（kg/m^3）	最大含沙量	0.001	0.00	0.00	0.002	−0.020	−51.94	23.02	0.50	−9.16	0.5
实测含沙量/（kg/m^3）	最小含沙量	0.004	0.003	0.003	0.003	0.003	0.004	0.035	0.056	0.018	0.003
在线含沙量/（kg/m^3）	最小含沙量	0.004	0.003	0.003	0.003	0.003	0.004	0.039	0.053	0.012	0.003
相对误差/%或绝对误差/（kg/m^3）	最小含沙量	0.00	0.00	0.00	0.00	0.00	0.00	0.004	−5.36	−0.006	0
实测含沙量/（kg/m^3）	平均含沙量	0.006	0.003	0.004	0.003	0.005	0.028	0.092	0.341	0.090	0.119
在线含沙量/（kg/m^3）	平均含沙量	0.005	0.004	0.003	0.004	0.004	0.023	0.096	0.338	0.084	0.117
相对误差/%或绝对误差/（kg/m^3）	平均含沙量	−0.001	0.001	−0.001	0.001	−0.001	−0.005	4.35	−0.88	−6.67	−1.68

从表3.5可以看出，各月最小含沙量、平均含沙量基本吻合，最大含沙量5月、6月、7月相对误差较大，5月绝对误差为−0.020 kg/m^3，6月、7月相对误差分别为−51.94%、23.02%，分析原因为：5月、6月测沙仪因漂浮物缠绕或电压等问题，需要维护，维护期间数据缺失；7月由实测含沙量测次不够所致。

统计实测含沙量、在线含沙量两种方法在1～5月、6～9月和1～9月的输沙量及占比，见表3.6。可以看出，两种方法推算的1～5月、6～9月和1～9月输沙量相当，输沙量相对误差分别为−1.30%、−1.00%和−1.00%。最大输沙量主要集中在6～9月，输沙量的占比达99.05%。

表3.6 各月输沙量及占比统计表

整编方法	项目	1～5月	6～9月	1～9月输沙量
实测含沙量	输沙量/万t	51.54	5 383	5 434.54
	占比/%	0.95	99.05	
在线含沙量	输沙量/万t	50.86	5 327	5 377.86
	占比/%	0.95	99.05	
输沙量相对误差/%		−1.30	−1.00	−1.00

为了进一步分析含沙量在线监测设备的准确性，选取2020年最大沙峰过程实测数据（时间段为8月18日10:07～9月5日9:43）进行在线断面平均含沙量和实测断面平均含沙量过程的对照分析，如图3.19所示。

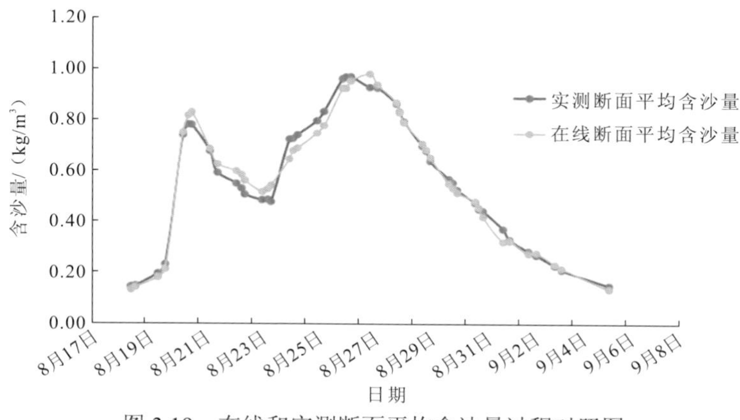

图 3.19 在线和实测断面平均含沙量过程对照图

通过对照分析发现：实测与在线断面平均含沙量的变化趋势吻合，过程基本一致，表明在枝城站，TES-91 测沙仪能较为准确地监测断面平均含沙量过程。

本次比测实测含沙量范围为 0.003～0.972 kg/m^3。在此范围内建立的测沙仪示值与枝城站水文测验断面平均含沙量的关系良好，相关系数为 0.9933，通过了三项检验和误差分析，满足《水文资料整编规范》（SL/T 247—2020）的精度要求。

4. 声学测沙

近年来，在万县站、监利站等开展了 ADCP 悬移质泥沙同步测验及分析工作，提出了实现 ADCP 测沙的技术架构，通过试验验证了 ADCP 测沙的可行性和提出的技术架构的适用性，并统计了试验误差。

1）万县站

万县站共收集有效比测测次 8 次，其中有 5 次误差在 20%以内，另外 3 次误差在 25%以内。

2）监利站

监利站共收集有效比测测次 31 次，统计误差如下：±5%内，6 次，占 19.4%；±10%内，15 次，占 48.4%；±20%内，25 次，占 80.6%。

总体来看，ADCP 测沙有一定的精度保证，大部分测次的含沙量的计算误差在 20%以内。ADCP 可在测流的同时施测含沙量，并能测得含沙量剖面数据，可以作为一种测沙补充手段，具有很好的发展前景。但受到比测条件、频率不可调、算法不完善、不可控因素多等影响，距投入生产仍有一定差距。

5. AI 泥沙推算模型

1）数据收集及技术框架

（1）数据收集。为了实时获取三峡水库入库泥沙，本次拟采用机器学习算法进行泥沙推算模型构建，利用机器学习模型实时推算入库泥沙。

模型数据集资料为 2010～2020 年朱沱站、北碚站、武隆站、庙河站等的水沙整编资料，数据时间间隔为 1 h，共计 96421 条样本数据，共 12 个水文要素，分别为朱沱站水位（zhutuo_z）、朱沱站流量（zhutuo_q）、朱沱站悬沙（zhutuo_s）、北碚站水位（beibei_z）、北碚站流量（beibei_q）、北碚站悬沙（beibei_s）、武隆站水位（wulong_z）、武隆站流量（wulong_q）、武隆站悬沙（wulong_s）、庙河站水位（miaohe_z）、庙河站流量（miaohe_q）、庙河站悬沙（miaohe_s），如图 3.20 所示。

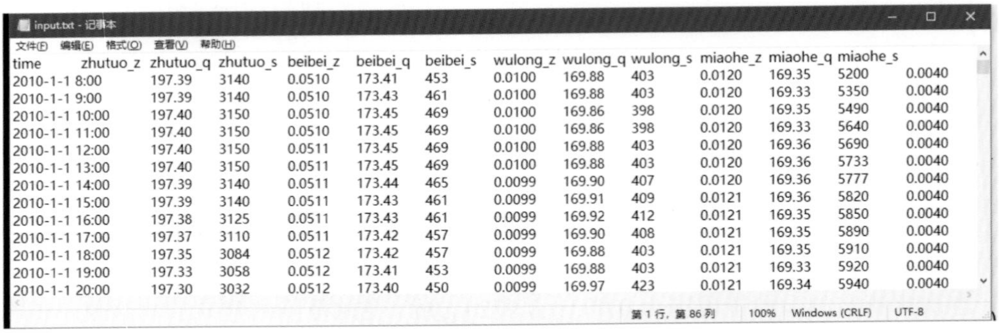

input.txt - 记事本

文件(F)　编辑(E)　格式(O)　查看(V)　帮助(H)

time	zhutuo_z	zhutuo_q	zhutuo_s	beibei_z	beibei_q	beibei_s	wulong_z	wulong_q	wulong_s	miaohe_z	miaohe_q	miaohe_s
2010-1-1 8:00	197.39	3140	0.0510	173.41	453	0.0100	169.88	403	0.0120	169.35	5200	0.0040
2010-1-1 9:00	197.39	3140	0.0510	173.43	461	0.0100	169.88	403	0.0120	169.33	5350	0.0040
2010-1-1 10:00	197.40	3150	0.0510	173.45	469	0.0100	169.86	398	0.0120	169.35	5490	0.0040
2010-1-1 11:00	197.40	3150	0.0510	173.45	469	0.0100	169.86	398	0.0120	169.33	5640	0.0040
2010-1-1 12:00	197.40	3150	0.0511	173.45	469	0.0100	169.88	403	0.0120	169.36	5690	0.0040
2010-1-1 13:00	197.40	3150	0.0511	173.45	469	0.0100	169.88	403	0.0120	169.36	5733	0.0040
2010-1-1 14:00	197.39	3140	0.0511	173.44	465	0.0099	169.90	407	0.0120	169.36	5777	0.0040
2010-1-1 15:00	197.39	3140	0.0511	173.43	461	0.0099	169.91	409	0.0121	169.36	5820	0.0040
2010-1-1 16:00	197.38	3125	0.0511	173.43	461	0.0099	169.92	412	0.0121	169.35	5850	0.0040
2010-1-1 17:00	197.37	3110	0.0511	173.42	457	0.0099	169.90	408	0.0121	169.35	5890	0.0040
2010-1-1 18:00	197.35	3084	0.0512	173.42	457	0.0099	169.88	403	0.0121	169.35	5910	0.0040
2010-1-1 19:00	197.33	3058	0.0512	173.41	453	0.0099	169.88	403	0.0121	169.33	5920	0.0040
2010-1-1 20:00	197.30	3032	0.0512	173.40	450	0.0099	169.97	423	0.0121	169.34	5940	0.0040

第 1 行，第 86 列　100%　Windows (CRLF)　UTF-8

图 3.20　模型数据集

考虑到模型建立后，实际使用时，朱沱站、北碚站、武隆站等的悬沙还未实现在线监测，故在建模时不将这些因子作为输入因子。因此，将 8 个水文要素作为模型输入因子（自变量，又称为特征变量），分别为朱沱站水位、朱沱站流量、北碚站水位、北碚站流量、武隆站水位、武隆站流量、庙河站水位、庙河站流量。模型输出因子（因变量，又称为标签变量）为庙河站悬沙。

（2）技术框架。浊度、声发射信号和含沙量都可以表征水样中泥沙的物理特性，流量与含沙量也存在相关关系，这些要素与含沙量之间如果存在某一稳定的关系，可用于推算含沙量。传统方法大部分采用回归分析建立输入要素与含沙量的转换模型，这种方法泛化能力有限；本次拟采用机器学习算法，采用集成学习的方法开展 AI 泥沙推算模型研究，将物理模型与数学统计模型进行有机耦合，进一步提高含沙量监测的精度与自动化水平，如图 3.21 所示。

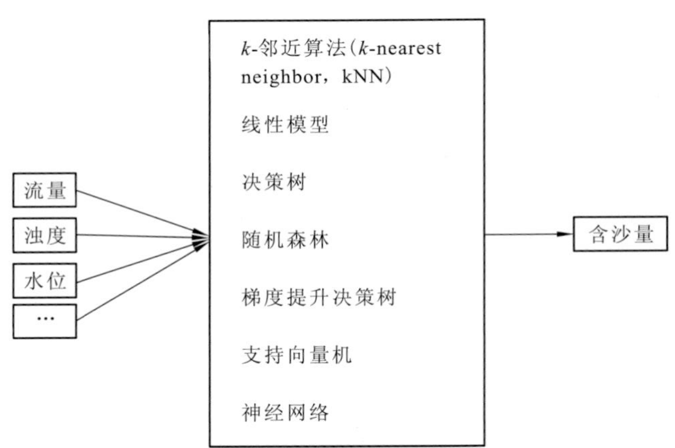

图 3.21　AI 泥沙推算模型研究思路

利用成熟的机器学习库 scikit-learn 和深度学习框架 TensorFlow，构建机器学习模型，拟采用 Keras.NET 或 TensorFlow.NET 等框架实现模型的生产部署。

2）技术路线

基于机器学习算法的构建泥沙推算模型的技术路线如下。

（1）选择特征变量。本次根据三峡水库泥沙实际情况，分别将朱沱站、北碚站、武隆站的水位、流量、悬沙及庙河站的水位、流量等作为特征变量，将庙河站悬沙作为标签变量。

（2）构建数据集。本次选定了 2010～2020 年的逐时数据作为数据源。拟将数据系列分为两大部分。2010～2019 年样本资料作为模型构建样本，2020 年的样本资料作为模型精度分析样本。构建的样本系列中，又分为两部分，随机选取 70%的样本用于模型构建，随机选取 30%的样本用于模型调整。精度分析样本在模型构建过程中不会使用，它们作为全新样本资料，用于分析精度指标。

（3）构建机器学习模型。将国家标准开源库 scikit-learn 中的算法作为基础模型，按照机器学习建模的标准流程，采用 Python 3 数据科学编程语言，结合三峡泥沙测验分析实际，构建泥沙模型。

（4）分析模型精度。将构建的机器学习模型，用 2020 年的资料进行推算，统计误差，参照泥沙测验规范的有关精度指标要求，分析统计精度。

（5）提出下一步工作建议。根据模型推算结果，提出下一步工作计划或建议。

3）AI 泥沙推算模型构建

（1）数据初探。首先对模型数据集进行描述性统计，整体了解模型数据集的基本情况。为了便于对原始数据进行直观的理解，采用直方图、密度图及散点矩阵图等形式，对模型数据集进行数据可视化。

（2）描述性统计。模型数据集的描述性统计详见表 3.7。描述性统计可以给出一个直观、清晰的视角，以加强对数据的理解。表 3.7 中包括各输入因子 8 个方面的信息：样本总数、平均值、标准差、最小值、下四分位数、中位数、上四分位数、最大值。

表 3.7　模型数据集描述性统计表

变量	描述性统计项目							
	样本总数	平均值	标准差	最小值	下四分位数	中位数	上四分位数	最大值
zhutuo_z	87 640	199.98	2.74	196.44	197.82	198.87	201.81	217.04
zhutuo_q	87 640	8 245	5 681	2 170	4 064	5 700	11 377	55 800
zhutuo_s	87 640	0.144 8	0.331 3	0.004 0	0.016 4	0.039 6	0.107 0	8.380 0
beibei_z	87 640	175.64	2.97	172.22	173.94	174.84	176.33	199.31
beibei_q	87 640	2 116	3 131	117	626	1 136	2 360	35 700
beibei_s	87 640	0.078 7	0.410 6	0.001 0	0.007 0	0.010 1	0.020 7	14.600 0
wulong_z	87 640	173.32	2.88	168.53	171.11	173.39	175.06	196.43

续表

变量	描述性统计项目							
	样本总数	平均值	标准差	最小值	下四分位数	中位数	上四分位数	最大值
wulong_q	87 640	1 422	1 210	201	576	1 050	1 958	15 800
wulong_s	87 640	0.022 7	0.084 2	0.001 0	0.003 4	0.007 2	0.018 7	4.370 0
miaohe_z	87 640	162.24	10.17	144.95	152.73	163.94	172.25	175.15
miaohe_q	87 640	1314 8	7 697	4 720	6 990	10 526	17 440	45 800
miaohe_s	87 640	0.024 1	0.081 0	0.002 0	0.003 1	0.004 9	0.011 9	1.230 0

需要说明的是，2010～2020 年总样本数据为 96421 个，表 3.7 中显示的 87640 个样本数据为 2010～2019 年总样本数，这些样本用于模型构建，剩余的 2020 年的样本用于精度验证，共 8781 个。

（3）直方图。利用直方图检查数据的分布情况，模型数据系列直方图如图 3.22 所示。

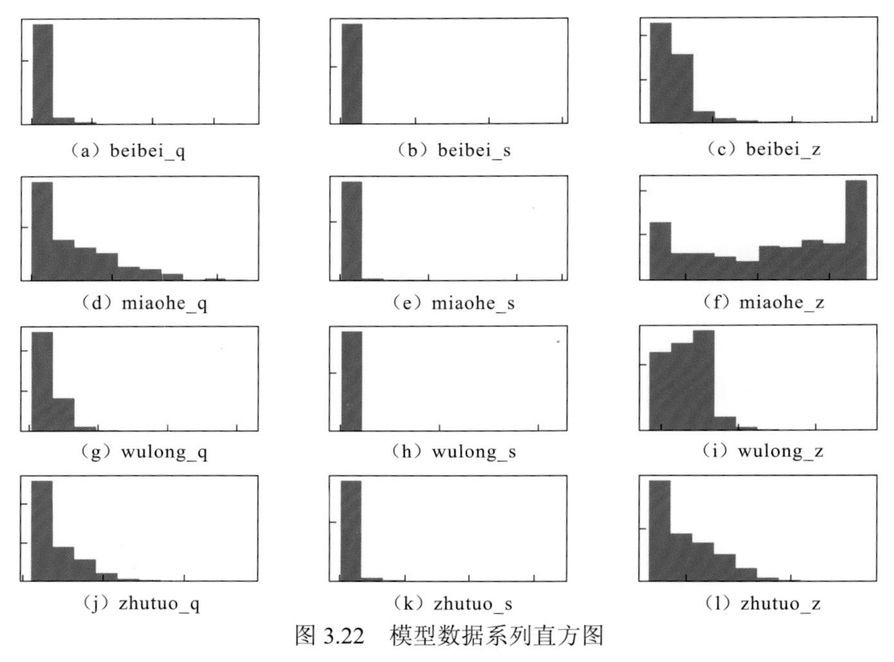

图 3.22　模型数据系列直方图

该图为示意图，无坐标，用于显示数据的分布情况，如正态、偏态等

由图 3.22 可见，从各数据系列分布来看，各数据系列并非正态分布，各站流量为偏态分布，悬沙分布变幅很小，水位大部分也呈偏态分布，庙河站水位分布趋于均匀分布（水位受水库调蓄影响）。另外，水位、流量、悬沙的量纲相差很大，对于建模而言极其不利。因此，需要对这些建模数据进行数据标准化等预处理。

（4）密度图。各数据系列密度分布表现出与直方图相似的特征，所有数据均不呈正态分布，且量纲不统一，再次说明需要对模型数据进行均值方差归一化（标准化）处理，模型数据系列密度图如图 3.23 所示。

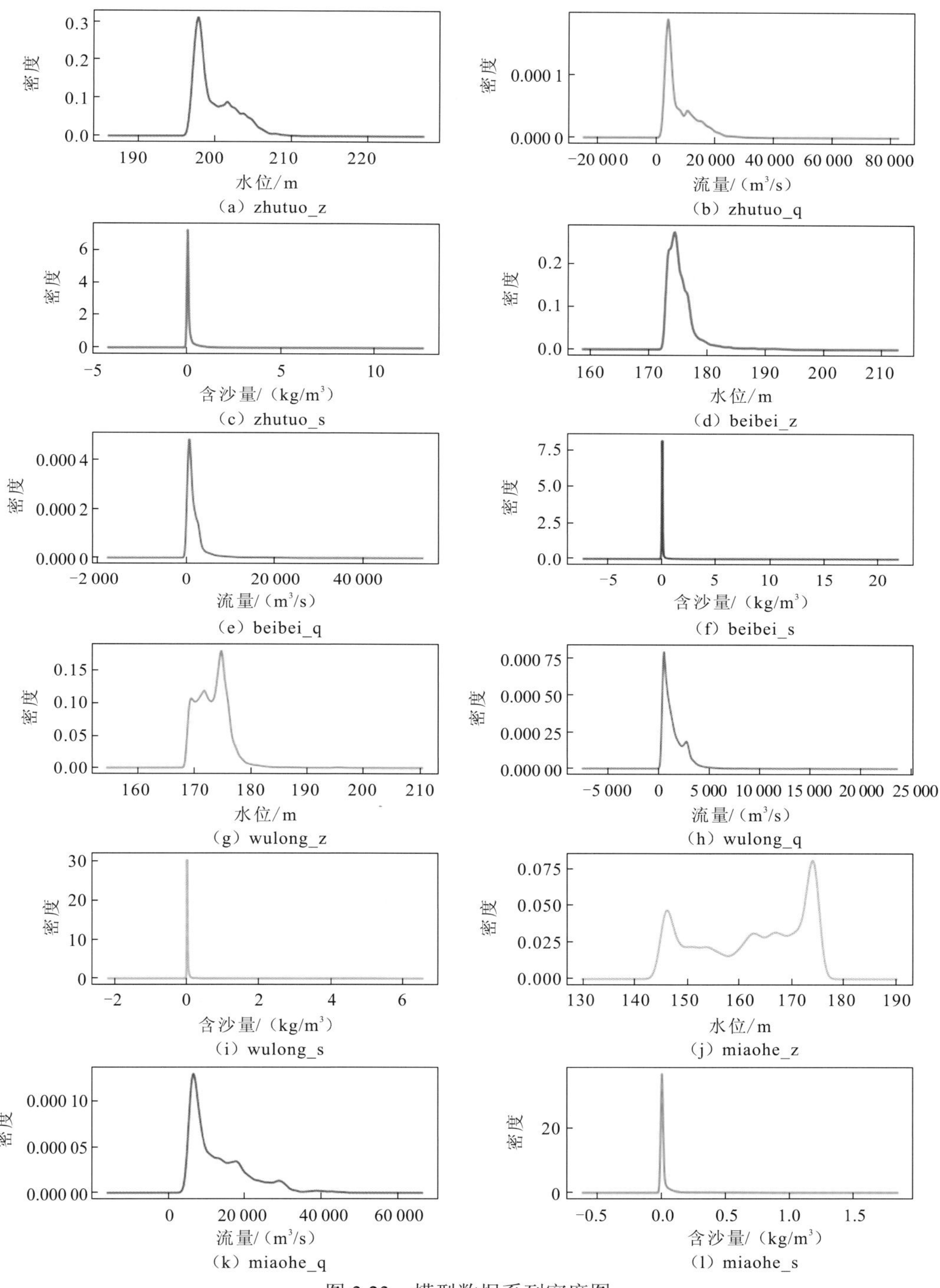

图 3.23　模型数据系列密度图

（5）散点矩阵图。利用散点矩阵图表示因变量随自变量变化的大致趋势，通过坐标点的分布，判断变量之间的关联模式，模型数据系列散点矩阵图如图 3.24 所示。

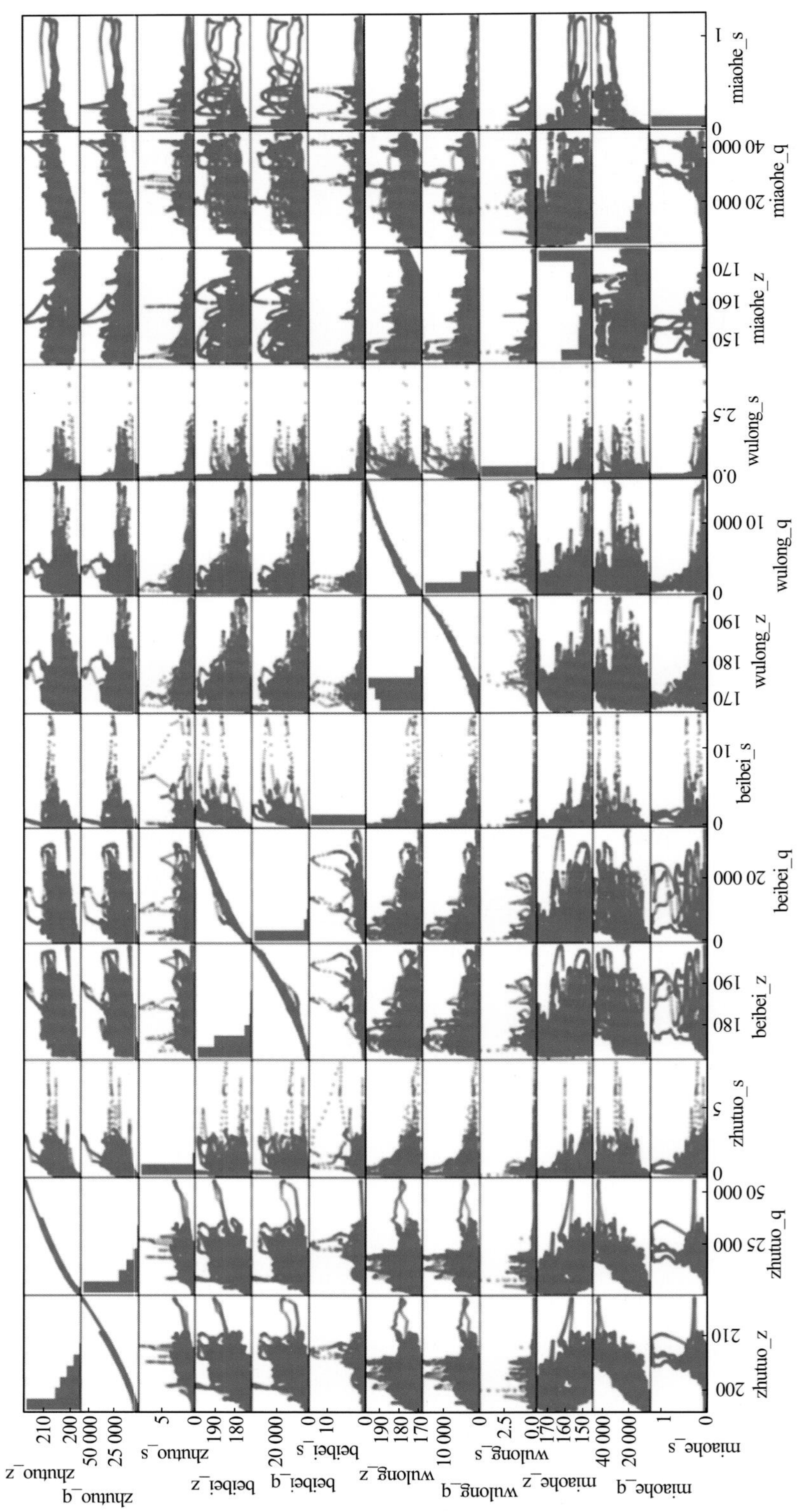

图3.24　模型数据系列散点矩阵图

由图 3.24 可见，庙河站悬沙与自变量之间存在一定的相关关系，但如果采用单一的简单线性相关模型，相关性欠佳。因此，要考虑采用更加复杂的机器学习算法进行模型构建。

4）模型初选

初选线性回归（linear regression，LR）、拉索（least absolute shrinkage and selection operator，LASSO）回归、岭回归、弹性网络（elastic net，EN）回归、分类与回归树（classification and regression trees，CART）、支持向量机（support vector machine，SVM）、随机森林（random forest，RFR）、梯度提升回归（gradient boosting regression，GBR）、极端随机树（extremely randomized trees，ETR）等模型，采用 10 折交叉验证来分离数据，通过均方误差来比较模型的准确度。对所有的模型使用默认参数，并比较模型的准确度，此处比较的是均方误差的均值和方差。均方误差越趋近于 0，表示模型准确度越高。通过箱线图展示模型的准确度，以及 10 折交叉验证中每次验证结果的分布状况。统计结果见表 3.8 与图 3.25。由此可见，ETR 精度最高。因此，初选 ETR 作为本次建模的基准模型。

表 3.8　不同模型均方误差统计表

模型	均方误差		模型	均方误差	
	均值	方差		均值	方差
LR	−0.004 10	−0.000 66	SVM	−0.002 29	−0.000 15
LASSO 回归	−0.006 79	−0.001 08	RFR	−0.000 15	−0.000 07
岭回归	−0.004 10	−0.000 66	GBR	−0.001 19	−0.000 20
EN 回归	−0.006 79	−0.001 08	ETR	−0.000 05	−0.000 01
CART	−0.000 40	−0.000 18			

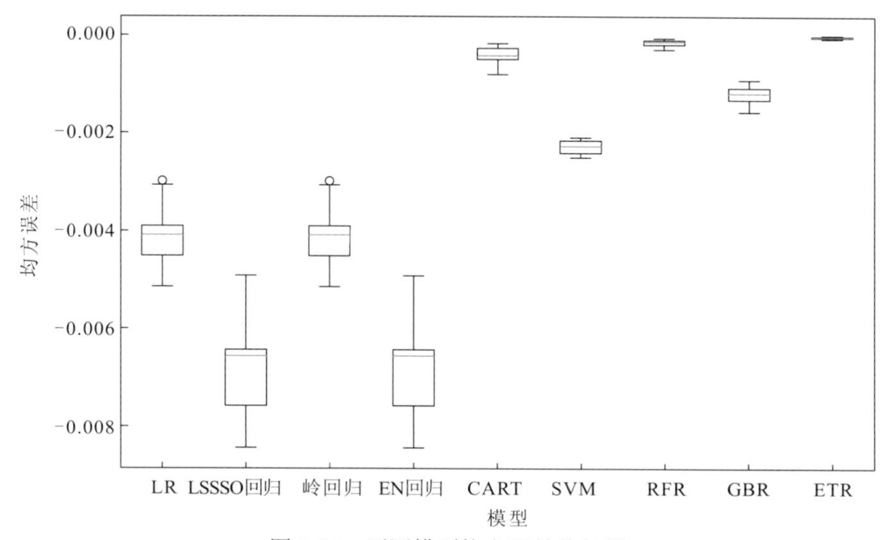

图 3.25　不同模型均方误差统计图

5）模型参数优化结果

ETR 的基准模型是决策树，是一种基于 Bagging 方法的集成算法，常用超参数有 n_estimators、max_features、max_depth 等。采用交叉验证网格搜索方法 GridSearchCV，获取最佳的模型超参数：n_estimators＝1 000，max_features＝'auto'，max_depth＝10。将这组参数作为建模的最佳超参数，见表 3.9。

表 3.9　优化参数取值

超参数名称	超参数取值
n_estimators	500、1 000、2 000、5 000
max_features	'auto'、'sqrt'、'log2'
max_depth	5、10、20、'None'

6）模型推沙精度

采用构建的最优参数模型推算 2020 年庙河站含沙量，模型推算的含沙量过程图如图 3.26 所示。

由图 3.26 可以看出：

（1）经优化训练的模型整体上具有较好的推沙精度，能较为准确地推算含沙量过程。

（2）对于小沙量和大沙峰过程的推算较为准确，但对于中等沙峰过程的推算精度欠佳，特别是 0.1～0.3 kg/m^3 这个量级，会推算出假沙峰过程，模型有待进一步增加输入因子，优化模型及参数。

（3）统计模型推算误差，推算 2020 年含沙量，系统误差为 5.32%，随机不确定度为 25.6%，具有一定的可靠性，可作为泥沙推算的辅助手段，为三峡水库入库泥沙的推算及预报提供新的技术手段和技术支撑。

3.2.5　三峡及上游大型水库泥沙冲淤观测控制指标

1. 控制指标现状

目前水库泥沙冲淤观测技术标准主要为《水库水文泥沙观测规范》（SL 339—2006），该技术标准主要介绍水库水文泥沙观测布局、内容、一般性的技术要求。然而，这些是基于传统的水库冲淤观测能力与技术方法，而近年来新的技术手段不断涌现并得到了长足发展，因此亟须将新的观测方法纳入标准化范畴，从而进一步提升对水库泥沙的观测能力与水平。

对于水库冲淤观测的断面测量，测绘工程相关技术标准极少涉及水道断面测量内容，主要参照《水道观测规范》（SL 257—2017）执行，该技术标准对断面布设、观测比例尺、测点密度、精度均有相应的规定。然而，引入一些新的技术手段，其对技术指标等未做规定，对水库泥沙冲淤观测的针对性也不强。

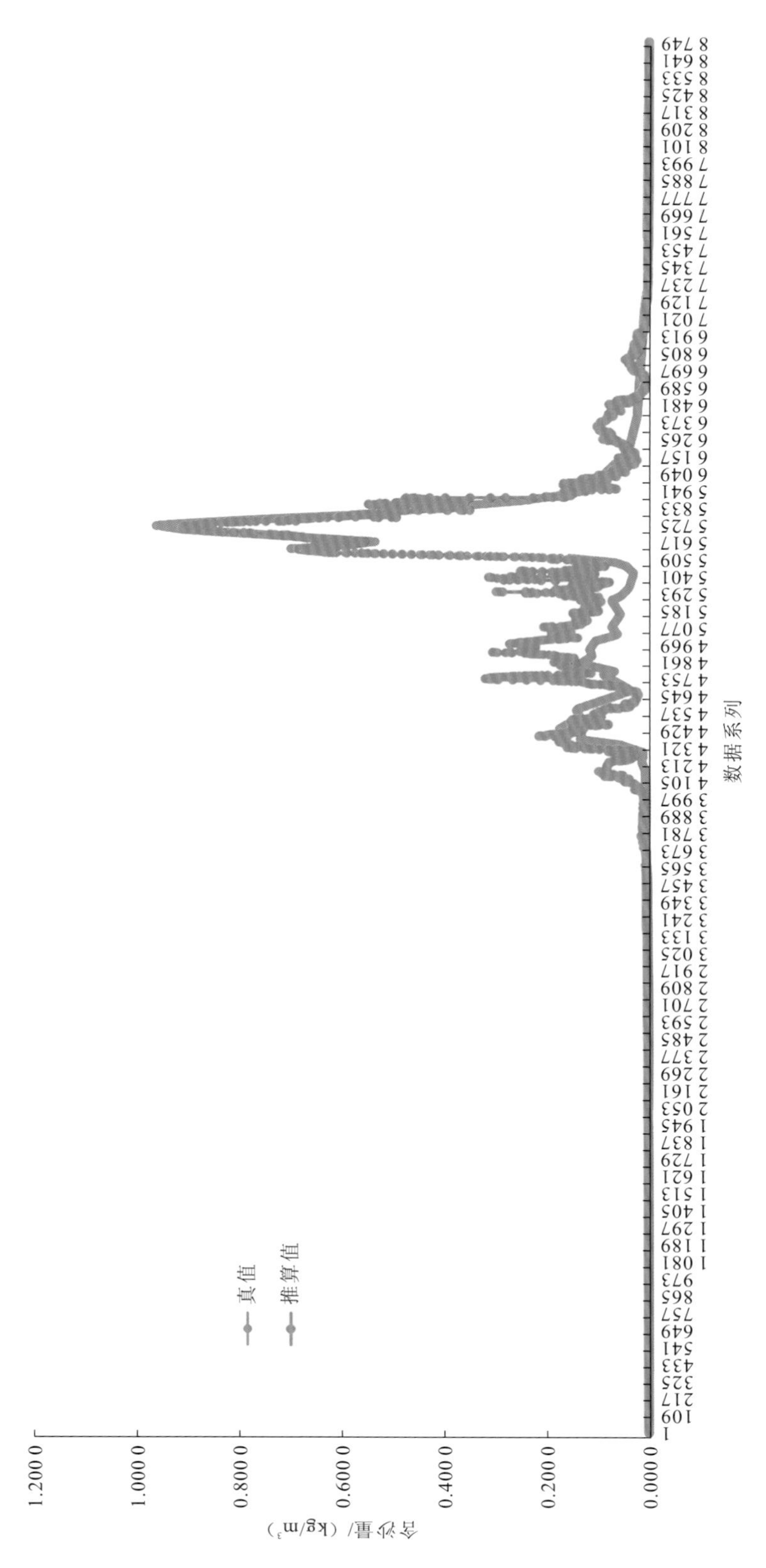

图3.26　模型推算含沙量过程图

水库冲淤观测的地形测量主要参照工程测量相关技术标准执行，陆上地形测量主要的规范包括《水利水电工程测量规范》（SL 197—2013）、《工程测量标准》（GB 50026—2020）等；水下地形测量主要的规范包括《水道观测规范》（SL 257—2017）、《水运工程测量规范》（JTS 131—2012）等。上述技术标准主要对测点密度、精度等技术指标进行规定。然而，它们对新的水库冲淤观测方法、精度指标、作业规程等方面未做出规定，因此有必要将这些新的水库冲淤观测方法纳入标准化范畴，为三峡及上游大型水库泥沙冲淤观测技术的发展与应用打好基础。

2. 观测布局指标

1）三峡水库固定断面观测

三峡水库固定断面观测是开展三峡水库冲淤观测的重要手段之一。目前，三峡水库固定断面的平均间距约 2 km，重点河段加密布置，基本满足冲淤观测的密度要求。三峡水库入库泥沙主要集中在汛期，也是常年回水区主要的泥沙淤积期，观测时机在每年的10～11 月，使体积法与输沙法计算的冲淤量具备可比性，可掌握三峡水库年际冲淤情况。

历年观测资料表明，常年回水区在每年汛后至次年汛前存在不同程度的淤积物沉降密实现象。为进一步掌握库床演变规律，建议在水库消落期布置常年回水区固定观测断面。

2）三峡水库地形观测

水库库容及库容曲线是水库科学调度的重要指标之一。水库地形成果为复核库容、率定库容曲线提供了基础的地理信息资料，也是水库泥沙演变规律研究、减灾防灾、水生态保护与修复、水资源管理、水库岸线综合利用与保护、航运、科学研究模型率定等的重要基础资料。

与断面法相比，地形资料更加真实、全面地反映库区地形变化，地形法计算的库区泥沙淤积量及分布更为准确、可靠。三峡水库地形观测宜按照 5 年/次的频次开展，特大洪水年份增加观测频次。观测比例尺干流取 1∶5000、支流取 1∶2000。

3）三峡水库床沙干容重观测

床沙干容重是水库泥沙演变规律研究的重要指标之一，是体积法和输沙法计算量转换的重要参数。目前，三峡水库采用的体积法和输沙法计算量存在差异，需在清溪场站、万县（二）站、巴东站、庙河站常年开展床沙干容重观测，其中汛期按照 1 次/月的频次开展，其他时期按照 1 次/季的频次开展。如遇特殊水情、沙情，应加密观测。

4）三峡水库声速剖面观测

三峡水库常年回水区每年 4～6 月存在水体温跃层，汛后水体温跃层现象不明显。庙河站已常年开展水温监测，为全面掌握三峡水库常年回水区水体温度场特性，增加巴东站、万县站、清溪场站全年水温监测。另外，在进行水库断面或地形观测时，增加水体声速剖面监测，确保声速改正方法的严密性。

3. 观测技术指标

（1）水库泥沙冲淤观测测深装备应保持相对一致，装备更新时，应对高精度装备与以往装备进行精度比对。采用的观测布局应与历史测次保持一定的延续性。

（2）三维激光技术测图最大测距长度见表 3.10。

表 3.10　地物点和地形点最大测距长度

测图比例尺	最大测距长度/m	
	地物点	地形点
1∶200、1∶500	300	500
1∶2 000	450	700
1∶5 000	600	1 000

（3）船载、机载三维激光地形测量点云密度指标见表 3.11。

表 3.11　水库冲淤观测地形测量点云密度指标

测图比例尺	水库冲淤观测地形测量点云密度/（点/m）	《机载激光雷达数据获取技术规范》（CH/T 8024—2011）点云密度指标（点/m^2）
1∶200、1∶500	≥20	≥16
1∶1 000	≥8	≥4
1∶2 000	≥4	≥1
1∶5 000	≥2	≥1

注：对于植被覆盖度高的区域，点云密度在上述数据的基础上还应增加 1 倍；《机载激光雷达数据获取技术规范》（CH/T 8024—2011）为测绘行业标准。

库区地形测量的点云密度指标均高于测绘行业标准，其中 1∶2 000 的点云密度比测绘行业高了近 3 倍。

（4）船载、机载三维激光固定断面测量点云密度指标见表 3.12。

表 3.12　水库冲淤观测固定断面测量点云密度指标

测图比例尺	点云密度/（点/m）	备注
1∶200、1∶500	≥10	
1∶1 000、1∶2 000	≥4	
1∶5 000	≥1	

注：点云密度为距离断面线方向单位长度（1 m）两侧 0.2 m 范围内的点云密度；对于植被覆盖度高的区域，点云密度根据点云滤波的情况在上述数据的基础上还应增加 1 倍及以上。

4. 控制性指标

1）水库精密测深控制性指标

水库精密测深应包括声速改正、姿态改正、延迟改正等，测深相对精度由 10‰的相对水深提升至 5‰，详情见表 3.13。

表 3.13　水库精密测深主要控制性指标

序号	项目	精密测深控制性指标	一般水下测量控制性指标
1	测深相对精度	优于（0.15+5‰D）m	（0.15+10‰D）m
2	时间同步精度	优于 10us	—
3	测姿精度	优于 0.1°	—
4	定向精度	优于 0.1°	—

注：D 为观测水深。

2）三维激光扫描库岸观测技术控制性指标

船载、机载三维激光水库冲淤观测地形测量精度指标见表 3.14。

表 3.14　水库冲淤观测地形测量点云高程中误差

测图比例尺	水库冲淤观测地形测量点云高程中误差/m	《机载激光雷达数据获取技术规范》（CH/T 8024—2011）点云高程中误差/m
1∶500	±0.30	±0.35
1∶1 000	±0.35	±0.50
1∶2 000	±0.67	±0.85
1∶5 000	±1.00	±1.75

注：在植被覆盖密集等区域，点云数据高程中误差可放宽 1 倍；《机载激光雷达数据获取技术规范》（CH/T 8024—2011）为测绘行业标准。

适用于水库冲淤观测地形测量点云高程中误差指标，均高于《机载激光雷达数据获取技术规范》（CH/T 8024—2011）的规定，见表 3.15。

表 3.15　山区水库冲淤观测地形测量点云数据中误差

测图比例尺	平面中误差/m	高程中误差/m
1∶200	0.17	±0.20
1∶500	0.20	±0.30
1∶1 000	0.30	±0.35
1∶2 000	0.60	±0.67
1∶5 000	1.25	±1.00

注：在植被覆盖密集的区域，点云数据高程中误差可放宽 1 倍。

3）泥沙实时监测技术控制性指标

（1）泥沙实时监测满足《河流悬移质泥沙测验规范》（GB/T 50159—2015）、《水文资料整编规范》（SL/T 247—2020）等规范要求。

（2）泥沙实时监测同步比测样本数量应达到30个以上。

（3）推沙模型随机不确定度不应超过18.0%，系统误差不应超过2%。

4）冲淤观测关键技术指标

冲淤观测关键技术指标包括船速控制指标、固定断面重复面积较差限差控制指标、DEM体积较差限差控制指标。

对于船速控制指标，在综合考虑船速对测深精度的影响及测量效率的情况下，三峡水库测量船速宜采用4～6节。

水库泥沙冲淤观测重复断面面积相对较差限差控制指标见表3.16。

表3.16　水库泥沙冲淤观测重复断面面积相对较差限差控制指标表

图上面积 S/mm^2	允许误差/%	备注	图上面积 S/mm^2	允许误差/%	备注
$S \leqslant 100$	6		$1\,000 < S \leqslant 3\,000$	1.4	
$100 < S \leqslant 400$	4		$3\,000 < S \leqslant 5\,000$	1.0	
$400 < S \leqslant 1\,000$	2		$S > 5\,000$	0.8	

对于DEM体积较差限差控制指标，由点云构建的DEM与传统方法生成的DEM体积相对较差不大于5%。

第4章

新水沙条件下梯级水库泥沙淤积与坝下游河道冲淤变化响应

本章针对变化环境下长江上游梯级水库和坝下游河段的泥沙动力过程响应开展研究，分析三峡水库泥沙沉降机理，改进三峡水库及长江上游梯级水库水沙数学模型，预测新的入库水沙和溪洛渡、向家坝、三峡水库三库联合优化调度条件下三库泥沙淤积的长期变化趋势和向家坝、三峡水库出库水沙过程。分析三峡水库蓄水前后不同时期长江中下游河床冲淤变化规律，研究河道强烈冲刷的主要影响因素，建立宜昌至大通长河段一维水沙数学模型，预测上游干支流梯级水库运用后不同时期长江中下游水沙情势与河道冲淤的变化趋势，利用平面二维水沙数学模型，预测新水沙条件下典型河段的滩槽演变趋势，研究新水沙条件下河床冲淤对坝下游主要控制站水位流量关系、各河段槽蓄量的影响。

4.1　溪洛渡、向家坝、三峡水库三峡库区泥沙淤积

4.1.1　三峡库区泥沙沉降机理

1. 静水沉降

在三峡水库近坝段，由于水深较大，断面较宽，断面流速很小，同时其受到坝前三维特性的影响，泥沙呈现出静水沉降特性。在断面淤积形态上，表现为主槽平淤（如坝前 S31+1 断面、S34 断面）和沿湿周淤积（如坝前 S32+1 断面）。主槽平淤主要出现在窄深型河段，沿湿周淤积一般出现在宽浅型、滩槽差异较小的河段，主槽在前期很快淤平，之后淤积沿湿周发展。位于常年回水区中下段的部分断面，由于过水面积较大，水面较宽，也存在主槽平淤和沿湿周淤积现象。细颗粒泥沙在静水中自由沉降是全断面水平抬高的一个重要原因，同时，近坝段细颗粒泥沙淤积形成浮泥，浮泥状淤积物受重力作用向河底滑动，会在河底深槽聚集，使得近坝段深槽呈水平淤积、抬高形态。浮泥状淤积物向低处（包括纵向的低处和横向的低处）运动，其动力主要来源于自身重力，而非水流拖曳力，因此其淤积形态呈现出泥沙静水沉降淤积形态，而非一般的泥沙动水沉降淤积形态。在常年回水区中下段的部分断面，受河道形态和断面形态影响，也同样会出现这种现象。

2. 动水沉降

在三峡水库变动回水区和常年回水区上段，由于水深较小，断面流速较大，大部分淤积断面呈现出泥沙动水沉降特性。在断面淤积形态上，表现为主槽相对稳定，以一侧淤积和滩地淤积为主，淤积断面形态向高滩深槽方向发展。

3. 絮凝沉降

根据三峡水库实测资料及已有研究，三峡水库存在泥沙絮凝现象。相对而言，单颗粒泥沙在静水中的沉降特性已基本明确，而群体颗粒的沉降规律则相当复杂，对其沉降规律还认识不透。由于絮凝作用和网状结构的存在，三峡水库泥沙颗粒的沉降特性会发生很大变化，远比清水情况和单颗粒泥沙情况复杂。此时，泥沙颗粒下沉时不是彼此互不干扰以单颗粒形式下沉，而是互有干扰，部分颗粒或全部颗粒成群下沉。细颗粒泥沙发生絮凝沉降时与粗颗粒泥沙的沉降过程和沉降特性相差很大，机理极为复杂。泥沙絮凝后，絮网结构体整体缓慢下沉，同时，细沙絮网结构还会影响不发生絮凝的粗颗粒泥沙的沉速，钱宁、张红武等均开展了泥沙群体沉速计算研究，群体沉速计算复杂，现有研究成果仍然有限。三峡水库泥沙絮凝沉降受到自身颗粒级配、含沙量、流速、水质、水温、阳离子种类等众多因素影响，其沉降特性具有自身的特点。

4. 淤积物密实沉降

根据水利部长江水利委员会水文局实测及分析研究结果，三峡水库蓄水运用以来，库区年际呈持续淤积态势，常年回水区各河段同样呈持续淤积状态。近年来，随着上游来水量的减少，常年回水区部分河段特别是坝前段部分年份出现了淤积量很小甚至转变为冲刷的现象。因为坝前段水深大、流速小，且不具备大幅度冲刷的水流条件，所以三峡水库应该存在淤积泥沙密实沉降，进而造成“伪冲刷”现象。三峡水库试验性蓄水以来，汛前大坝至奉节段（大坝至 S118 段）均存在不同程度的“伪冲刷”，且大部分冲刷位于 145 m 水面线下，该水面线下占总体“冲刷”的 62%～93%。试验性蓄水初期，2009 年汛前和 2010 年汛前大坝至奉节段“冲刷”均达 2 600 万 m^3 以上，随着入库泥沙的减少，以及河床泥沙沉降后密实度的增加，该段汛前“伪冲刷”呈减小趋势。根据实测断面对比，在 2015 年汛前坝前段多数断面均有一定的沉降，且沉降断面均为以往淤积较大断面，其中 2014 年 10 月～2015 年 4 月大坝至奉节段、云阳至万州段、忠县至丰都段由于河床泥沙沉降固结，“伪冲刷”分别为 1 545 万 m^3、30 万 m^3 和 519 万 m^3。蓄水以来（2003 年 3 月～2016 年 11 月）大坝至秭归段累积淤积泥沙 1.899 5 亿 m^3，其中 145 m 水面线以下累积淤积泥沙占该河段淤积量的 95%。2015 年 10 月～2016 年 11 月，该河段由于前期淤积的泥沙密实沉降，呈现“伪冲刷”，大坝至秭归段河床“冲刷”量为 932 万 m^3，“冲刷”主要位于 145 m 水面线以下，占该河段总“冲刷”量的 92%，145～175 m 水面线内的“冲刷”占该河段总“冲刷”量的 8%，从坝前段深泓情况来看，主槽部分“冲刷”，使得深泓点降低。

5. 三峡水库泥沙沉降机理的室内水槽试验研究

通过室内环形水槽试验，结合高倍摄像系统，定量地研究了不同水体紊动强度（10～65 cm^2/s^2）对絮团发育过程中絮团粒径和絮团结构特性的影响。结果表明，絮团中值粒径和中值沉速的变化范围分别为 38～66 μm、0.3～1.4 mm/s，絮团中值粒径为组成絮团的分散态基本颗粒的 3～6 倍，中值沉速是分散颗粒的 3～16 倍。

从影响絮凝过程的因素来看，水体紊动强度对絮团发育起主要控制作用。最大絮团粒径受到紊流柯尔莫哥洛夫（Kolmogorov）微尺度的限制，并且两者基本呈正相关关系。随着水体紊动强度的增大，絮团中值粒径呈先增大后减小的变化趋势，淡水环境中临界值为 40 μm。在临界值以下，水体紊动强度增大对絮团发育的促进作用大于破坏作用；但是超过临界值后，其进一步增大导致的絮团破坏占主导。

絮团有效密度及结构特性也受到絮凝环境的影响。淡水中形成的絮团有效密度（800 kg/m^3）仅为分散态泥沙颗粒有效密度的一半，并且絮团有效密度均随着粒径的增大呈幂函数减小趋势。表征絮团结构特性的分形维数平均为 1.9～2.6，水体紊动强度的变化对絮团结构特性能够产生显著的影响，水体紊动强度 $G=65\ cm^2/s^2$ 时的絮团平均分形维数比水体紊动强度 $G=10\ cm^2/s^2$ 时大 37%，即紊动剪切作用越强，所形成的絮团整体的分形维数越大，结构越密实。

4.1.2　三峡水库及长江上游梯级水库水沙数学模型改进

1. 三峡水库水沙数学模型改进

库容闭合计算改进：本书在以往考虑库区嘉陵江和乌江两大支流的基础上，进一步增加了其他一些库区支流断面地形进行水沙输移计算，如綦江、木洞河、大洪河、龙溪河、渠溪河、龙河、小江、梅溪河、大宁河、沿渡河、清港河、香溪河等其他共 12 条支流，以尽可能多地反映支流库容的影响。对于剩下的库容不闭合的差值部分，则根据水位逐步补齐并按静库容计算，需要补齐的这部分库容根据水位的不同形成一个水位库容修正曲线，并将这个修正库容作为一个装水的“水塘”放在位于坝前 6.5 km 的左岸太平溪处，其水位和进出流量通过与干支流整体耦合求解得出。

区间流量计算改进：本模型通过将区间流量分配到各入汇支流上加入计算河段，各入汇支流流量根据进出库控制站已有实测水文资料计算得到。

恢复饱和系数计算改进：根据三峡水库蓄水运用以来入库泥沙偏少偏细、细沙落淤比例较高、坝前深水区淤积速度较快等特点，通过数学模型反复模拟比较，本书最终确定对各粒径组泥沙的恢复饱和系数不再取一个定值（0.25），而是提出一个经验公式，通过公式计算确定各粒径组泥沙的恢复饱和系数，公式形式为

$$\alpha_L = 0.25\left(\frac{\omega_5}{\omega_L}\right)^{\frac{0.833\times10^{-10}\overline{Q}}{J}}$$

式中：ω_L 为第 L 粒径组泥沙的沉速，m/s；ω_5 为第 5 粒径组泥沙的沉速，m/s；$\overline{Q}$ 为坝址处多年平均流量，m^3/s；J 为水力坡度，由曼宁公式求出。

絮凝计算改进：本书以三峡水库泥沙沉降机理分析与室内水槽试验成果为基础，结合以往研究成果，研究提出了新的絮凝沉速计算公式，公式形式为

$$\omega_{Lf} = \omega_{L0}[\beta_1 D_L^n \ln(1.0+S)+\beta_2]$$

式中：ω_{L0} 和 ω_{Lf} 为第 L 粒径组泥沙的无絮凝沉速和絮凝修正沉速，m/s；D_L 为第 L 粒径组泥沙粒径，m；S 为粒径小于 0.02 mm 的各粒径组泥沙含沙量之和，kg/m^3；β_1，β_2，n 是待定系数和指数，需要在参考以往研究成果的基础上结合模型率定确定，本书取值为 $\beta_1 = 1.0\times10^{-5}$，$\beta_2 = 0.0$，$n = -1.1$。

库容闭合计算改进和区间流量计算改进属于计算边界条件的改进，恢复饱和系数计算改进和絮凝计算改进属于模型模拟技术的改进。分别计算、比较了库容闭合计算改进、区间流量计算改进、恢复饱和系数计算改进、絮凝计算改进等不同改进对三峡水库泥沙冲淤模拟计算精度提升的影响（表 4.1～表 4.7）。图 4.1 为模型改进前后三峡水库淤积过程模拟结果对比图。

表 4.1　库容闭合计算改进前后三峡水库泥沙冲淤模拟精度变化（2003～2017 年，输沙量法）

实测/亿 t	仅库容闭合计算不改进		库容闭合、区间流量、恢复饱和系数、絮凝计算都改进		计算误差减小/%
	计算/亿 t	误差/%	计算/亿 t	误差/%	
17.921	17.949	0.2	17.998	0.4	-0.2

表 4.2　区间流量计算改进前后三峡水库泥沙冲淤模拟精度变化（2003～2017 年，输沙量法）

实测/亿 t	仅区间流量计算不改进		库容闭合、区间流量、恢复饱和系数、絮凝计算都改进		计算误差减小/%
	计算/亿 t	误差/%	计算/亿 t	误差/%	
17.921	19.048	6.3	17.998	0.4	5.9

表 4.3　恢复饱和系数计算改进前后三峡水库泥沙冲淤模拟精度变化（2003～2017 年，输沙量法）

实测/亿 t	仅恢复饱和系数计算不改进		库容闭合、区间流量、恢复饱和系数、絮凝计算都改进		计算误差减小/%
	计算/亿 t	误差/%	计算/亿 t	误差/%	
17.921	12.956	-27.7	17.998	0.4	27.3

表 4.4　絮凝计算改进前后三峡水库泥沙冲淤模拟精度变化（2003～2017 年，输沙量法）

实测/亿 t	仅絮凝计算不改进		库容闭合、区间流量、恢复饱和系数、絮凝计算都改进		计算误差减小/%
	计算/亿 t	误差/%	计算/亿 t	误差/%	
17.921	17.724	-1.1	17.998	0.4	0.7

表 4.5　恢复饱和系数和絮凝计算都改进时改进前后三峡水库泥沙冲淤模拟精度变化（2003～2017 年，输沙量法）

实测/亿 t	仅恢复饱和系数和絮凝计算不改进		库容闭合、区间流量、恢复饱和系数、絮凝计算都改进		计算误差减小/%
	计算/亿 t	误差/%	计算/亿 t	误差/%	
17.921	12.842	-28.3	17.998	0.4	27.9

表 4.6　库容闭合、区间流量、恢复饱和系数、絮凝计算都改进时改进前后三峡水库泥沙冲淤模拟精度变化（2003～2017 年，输沙量法）

实测/亿 t	库容闭合、区间流量、恢复饱和系数、絮凝计算都不改进		库容闭合、区间流量、恢复饱和系数、絮凝计算都改进		计算误差减小/%
	计算/亿 t	误差/%	计算/亿 t	误差/%	
17.921	13.447	-25.0	17.998	0.4	24.6

表 4.7　模型改进前三峡水库淤积过程模拟计算结果表（2003～2017 年，输沙量法）

年份	实测值/亿 t	计算值/亿 t	绝对误差/亿 t	相对误差/%
2003	1.481	1.250	-0.231	-15.60
2004	1.284	1.092	-0.192	-14.95
2005	1.745	1.476	-0.269	-15.42
2006	1.111	0.669	-0.442	-39.78
2007	1.883	1.379	-0.504	-26.77
2008	1.992	1.345	-0.647	-32.48

续表

年份	实测值/亿 t	计算值/亿 t	绝对误差/亿 t	相对误差/%
2009	1.469	1.001	−0.468	−31.86
2010	1.963	1.402	−0.561	−28.58
2011	0.947	0.704	−0.243	−25.66
2012	1.733	1.344	−0.389	−22.45
2013	0.940	0.797	−0.143	−15.21
2014	0.449	0.320	−0.129	−28.73
2015	0.278	0.201	−0.077	−27.70
2016	0.334	0.252	−0.082	−24.55
2017	0.312	0.215	−0.097	−31.09
合计	17.921	13.447	−4.474	−24.97

注：2003 年为 2003 年 6 月 1 日～2003 年 12 月 31 日。

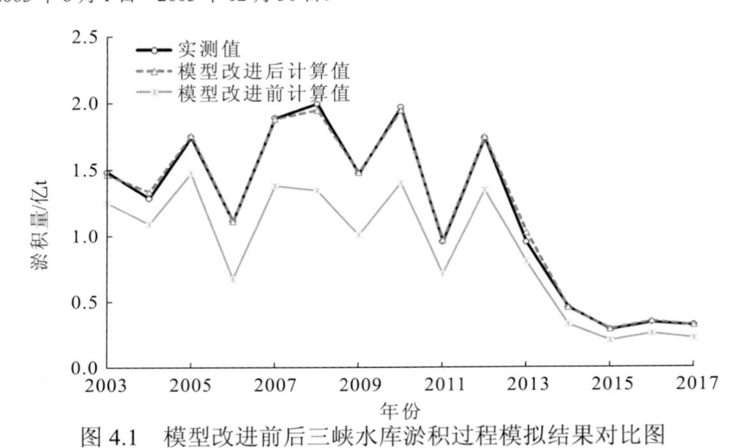

图 4.1　模型改进前后三峡水库淤积过程模拟结果对比图

从 2003～2017 年计算结果看，库容闭合计算改进、区间流量计算改进、恢复饱和系数计算改进、絮凝计算改进后三峡水库泥沙冲淤模拟计算精度分别提高了−0.2%、5.9%、27.3%、0.7%，各改进技术合计提高三峡水库泥沙冲淤模拟精度 24.6%。可见：库容闭合计算改进后库容增大使得库区淤积量的计算结果相应有所增大；区间流量计算改进后流量增大使得库区淤积量的计算结果相应有所减小；恢复饱和系数计算改进和絮凝计算改进后细沙更易落淤，使得库区淤积量的计算结果相应增大，其中恢复饱和系数计算改进对本模型计算精度的提升最大。

从计算结果看，库容闭合计算改进对三峡水库 2003～2017 年库区泥沙冲淤的数学模型的模拟精度影响很小。分析认为，2003～2017 年库区泥沙冲淤计算水库坝前按水位控制是模型库容闭合计算改进前后计算结果较小的主要原因，如果坝前按水库下泄流量控制，库容不闭合对泥沙冲淤的影响将会突显出来，同时考虑到库容闭合问题直接关系到水库水量调蓄计算的精度和库容保留问题，且从更长时间的水库冲淤对库容的影响角度看，尽可能地让计算库容与实际库容保持闭合无疑是很重要的。

2. 长江上游梯级水库水沙数学模型改进

对溪洛渡、向家坝、三峡水库水沙数学模型在库容闭合计算、区间流量计算等方面进行改进，三峡水库的相应改进前面已经介绍，这里主要介绍溪洛渡、向家坝水库的相关改进。

溪洛渡水库计算中考虑了尼姑河、西溪河、牛栏江、金阳河、美姑河、西苏角河共 6 条支流，以尽可能多地反映支流库容的影响。对于剩下的库容不闭合的差值部分，则根据水位逐步补齐并按静库容计算，需要补齐的这部分库容根据水位的不同形成一个水位库容修正曲线，并将这个修正库容作为一个装水的“水塘”放在位于坝前 9.7 km 的左岸小支流处，其水位和进出流量通过与干支流整体耦合求解得出。

向家坝水库计算中考虑了团结河、细沙河、西宁河、中都河、大汶溪共 5 条支流，以尽可能多地反映支流库容的影响。对于剩下的库容不闭合的差值部分，则根据水位逐步补齐并按静库容计算，需要补齐的这部分库容根据水位的不同形成一个水位库容修正曲线，并将这个修正库容作为一个装水的“水塘”放在位于坝前 18.1 km 的左岸小支流处，其水位和进出流量通过与干支流整体耦合求解得出。

溪洛渡、向家坝水库采用与三峡水库一样的计算方法计算区间流量。与三峡水库恢复饱和系数计算改进一样，在溪洛渡、向家坝、三峡水库水沙数学模型计算中，同样对溪洛渡、向家坝水库恢复饱和系数计算进行了改进。溪洛渡、向家坝水库恢复饱和系数计算方法与三峡水库相同，不同之处在于，将坝址处多年平均流量 $\overline{Q}$ 取为屏山站多年平均流量。溪洛渡和向家坝水库絮凝计算改进采用了与三峡水库一样的公式。

分别计算、比较了库容闭合计算改进、区间流量计算改进、恢复饱和系数计算改进、絮凝计算改进等不同改进对溪洛渡、向家坝水库泥沙冲淤模拟计算精度提升的影响（表 4.8、表 4.9）。表 4.10、表 4.11 及图 4.2、图 4.3 为模型改进前后计算结果的对比。

表 4.8　库容闭合、区间流量、恢复饱和系数、絮凝计算都改进时改进前后溪洛渡水库泥沙冲淤模拟精度变化（2014～2017 年，输沙量法）

实测/亿 t	库容闭合、区间流量、恢复饱和系数、絮凝计算都不改进		库容闭合、区间流量、恢复饱和系数、絮凝计算都改进		计算误差减小/%
	计算/亿 t	误差/%	计算/亿 t	误差/%	
4.352 7	2.995 1	−31.2	4.352 4	0.0	31.2

表 4.9　库容闭合、区间流量、恢复饱和系数、絮凝计算都改进时改进前后向家坝水库泥沙冲淤模拟精度变化（2014～2017 年，输沙量法）

实测/亿 t	库容闭合、区间流量、恢复饱和系数、絮凝计算都不改进		库容闭合、区间流量、恢复饱和系数、絮凝计算都改进		计算误差减小/%
	计算/亿 t	误差/%	计算/亿 t	误差/%	
0.208 9	0.146 8	−29.7	0.218 9	4.8	24.9

表 4.10　模型改进前溪洛渡水库 2014～2017 年库区淤积量及过程计算（输沙量法）

年份	实测值/亿 t	计算值/亿 t	绝对误差/亿 t	相对误差/%
2014	0.898 0	0.903 6	0.005 6	0.6
2015	1.096 8	1.106 2	0.009 4	0.9
2016	1.209 2	1.198 6	−0.010 6	−0.9
2017	1.148 7	1.144 0	−0.004 7	−0.4
合计	4.352 7	4.352 4	−0.000 3	0.0

表 4.11　模型改进前向家坝水库 2014～2017 年库区淤积量及过程计算（输沙量法）

年份	实测值/亿 t	计算值/亿 t	绝对误差/亿 t	相对误差/%
2014	0.078 4	0.075 0	−0.003 4	−4.3
2015	0.047 4	0.042 4	−0.005 0	−10.5
2016	0.037 8	0.051 1	0.013 3	35.2
2017	0.045 3	0.050 4	0.005 1	11.3
合计	0.208 9	0.218 9	0.010 0	4.8

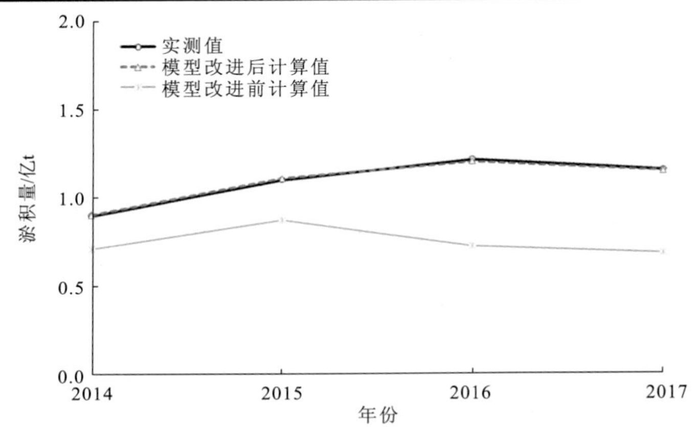

图 4.2　模型改进前后溪洛渡水库淤积过程模拟结果对比图

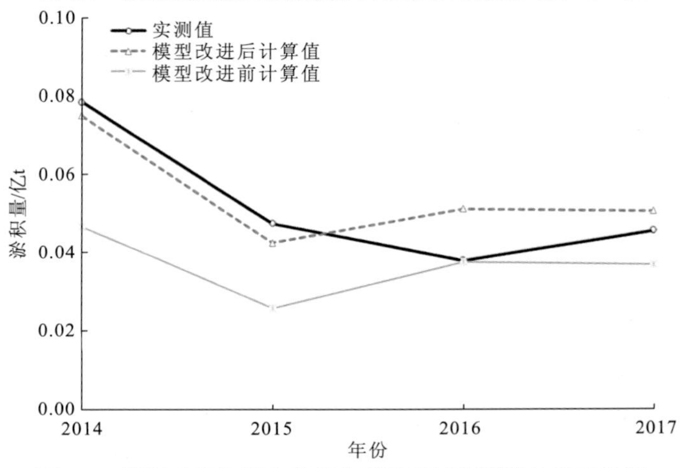

图 4.3　模型改进前后向家坝水库淤积过程模拟结果对比图

从 2014～2017 年计算结果看，库容闭合计算改进、区间流量计算改进、恢复饱和系数计算改进、絮凝计算改进合计提高溪洛渡水库泥沙冲淤模拟精度 31.2%，合计提高向家坝水库泥沙冲淤模拟精度 24.9%。

4.1.3　三峡水库泥沙淤积长期预测

1. 河床边界

长江上游干流具有巨大的防洪、发电等综合效益的巨型水库主要是三峡、向家坝、溪洛渡、白鹤滩和乌东德水库，其中三峡水库已于 2003 年开始蓄水运用，金沙江下游的 4 个大型水库中，向家坝和溪洛渡水库已分别于 2012 年和 2013 年开始蓄水运用。

本书长江上游梯级水库联合调度泥沙冲淤计算范围为乌东德水库库尾攀枝花至三峡坝址段，长约 1 800 km。其中：乌东德库区计算河段长约 214.9 km，计算断面 106 个，平均间距为 2.05 km；白鹤滩库区计算河段长约 183.84 km，计算断面 95 个，平均间距为 1.96 km；溪洛渡库区计算河段长约 195 km，计算断面 221 个，平均间距为 0.88 km；向家坝库区计算河段长约 147 km，计算断面 159 个，平均间距为 0.92 km；干流向家坝坝址至朱沱段计算河段长 267.7 km，计算断面 151 个，平均间距为 1.77 km；朱沱至三峡坝址段干流长约 760 km，计算断面 368 个，断面平均间距约为 2.06 km。乌东德、白鹤滩水库采用建库前空库大断面地形进行计算，溪洛渡水库、向家坝水库、向家坝坝址至朱沱段、三峡水库采用 2015 年实测大断面。本模型在乌东德水库库尾攀枝花至三峡坝址 1 800 km 的长河段实现了计算范围的“全连通”，这也为在计算范围内开展乌东德、白鹤滩、溪洛渡、向家坝、三峡水库联合调度条件下的水沙输移同步模拟计算奠定了基础。

入汇支流中，三峡库区嘉陵江、乌江、綦江、木洞河、大洪河、龙溪河、渠溪河、龙河、小江、梅溪河、大宁河、沿渡河、清港河、香溪河等 14 条支流掌握断面地形，故在计算中将这 14 条支流以支流入汇方式纳入水沙输移计算范围，其中较大支流嘉陵江和乌江的计算范围分别长约 70 km、87 km；攀枝花至三峡坝址段其他较大支流由于不掌握断面地形，故均以节点入汇方式参与水沙计算，其中乌东德库区考虑雅砻江、龙川江等支流节点入汇，白鹤滩库区考虑普渡河、小江、以礼河、黑水河等支流节点入汇，溪洛渡库区考虑西溪河、牛栏江、美姑河等支流节点入汇，向家坝库区考虑西宁河、中都河、大汶溪等支流节点入汇，向家坝坝址至朱沱段考虑支流横江、岷江、沱江及赤水等支流节点入汇。

2. 入库水沙边界

本书所用水沙系列针对的将不再是某一个水库，而是整个长江上游梯级水库和长江中下游，需要在更大的时空尺度上去考虑其整体的合理性。因此，在前人研究的基础上，本书设计了长江上游 1991～2000 年天然水沙系列、1991～2000 年沙量修正系列、1991～

2010 年沙量修正系列共三个比选系列，并将其中的 1991～2000 年沙量修正系列作为本书的最终推荐系列，研究中不仅对乌东德、白鹤滩、溪洛渡、向家坝、三峡水库 5 座水库进行了水沙计算，还考虑了金沙江中游、雅砻江、岷江、嘉陵江、乌江 5 个流域上 25 座水库的拦沙影响。

1991～2000 年天然水沙系列，金沙江干流攀枝花站、雅砻江桐子林站、金沙江下游干流华弹站、金沙江下游干流屏山站、三峡水库入库（朱沱站+北碚站+武隆站）年均沙量分别为 0.660 亿 t、0.441 亿 t、2.233 亿 t、2.945 亿 t、3.685 亿 t。1991～2000 年沙量修正系列，金沙江干流攀枝花站、雅砻江桐子林站、金沙江下游干流华弹站、金沙江下游干流屏山站、三峡水库入库（朱沱站+北碚站+武隆站）年均沙量分别为 0.508 亿 t、0.4295 亿 t、1.5705 亿 t、1.8975 亿 t、3.0555 亿 t。需要强调的是，这里 1991～2000 年天然水沙系列和 1991～2000 年沙量修正系列对应的各站沙量都是梯级水库蓄水拦沙前的干支流沙量，是开展长江上游梯级水库泥沙冲淤计算时需要用到的基础值，模型计算时长江上游梯级水库将针对这些沙量进行蓄水拦沙计算。

与 1991～2000 年天然水沙系列相比，1991～2000 年沙量修正系列沙量有所减少。其中：金沙江中游干流控制站攀枝花站沙量年均减少 0.152 亿 t，相对减少 23%；雅砻江桐子林站沙量年均减少 0.0115 亿 t，相对减少 3%；金沙江下游干流华弹站沙量年均减少 0.6625 亿 t，相对减少 30%，华弹站沙量变化可反映乌东德、白鹤滩水库入库沙量修正情况；金沙江下游干流屏山站沙量年均减少 1.0475 亿 t，相对减少 36%，屏山站沙量变化可反映乌东德、白鹤滩、溪洛渡、向家坝水库入库沙量修正情况；三峡水库入库（朱沱站+北碚站+武隆站）沙量年均减少 0.6295 亿 t，相对减少 17%。

3. 溪洛渡、向家坝、三峡水库三库联合优化调度方式设计

本书初步考虑溪洛渡、向家坝、三峡水库三库联合优化调度的计算方案组合为：溪洛渡水库汛后蓄水起蓄时间分别考虑 8 月 21 日、8 月 26 日、9 月 1 日三种工况，且三种工况均在 9 月底蓄至正常蓄水位 600 m，汛期运行水位考虑 560 m 不变、550 m 不变、575 m 不变三种工况；向家坝水库汛后蓄水起蓄时间分别考虑 8 月 26 日、9 月 1 日、9 月 5 日三种工况，且三种工况均在 9 月中旬蓄至正常蓄水位 380 m，汛期运行水位考虑 370 m 不变、375 m 不变两种工况；三峡水库 9 月 10 日起蓄，起蓄水位为 150～155 m，9 月底控制蓄水位分别考虑 162 m 和 165 m 两种工况，10 月底蓄至 175 m，汛期运行水位考虑 145～146.5 m 变动、150 m 不变、155 m 不变、汛期中小洪水调度等多种工况。拟定的计算方案见表 4.12。各方案的拟定目的具体如下。

表 4.12　计算方案统计表

水沙系列	调度方案	方案说明
1991～2000 年天然水沙系列	方案 1	乌东德、白鹤滩、溪洛渡、向家坝水库均采用规划设计调度方式，三峡水库采用 2015 年水利部批复的《三峡（正常运行期）—葛洲坝水利枢纽梯级调度规程》规定的调度方式，三峡水库 9 月底控制蓄水位为 162 m

续表

水沙系列	调度方案	方案说明
1991～2000 年沙量修正系列	方案 2-1	同方案 1
	方案 2-2	溪洛渡水库起蓄时间提前到 9 月 1 日，9 月 30 日蓄满，汛期水位按 560 m 控制；向家坝水库起蓄时间提前到 9 月 5 日，9 月 20 日蓄满，汛期水位按 370 m 控制；三峡水库 9 月 10 日起蓄，9 月底控制水位由 162 m 提高到 165 m，10 月底蓄满，汛期水位按 145～146.5 m 控制。其余同方案 2-1
	方案 2-3	溪洛渡水库起蓄时间提前到 8 月 26 日，向家坝水库起蓄时间提前到 9 月 1 日。其余同方案 2-2
	方案 2-4	溪洛渡水库起蓄时间提前到 8 月 21 日，向家坝水库起蓄时间提前到 8 月 26 日。其余同方案 2-2
	方案 2-5	溪洛渡水库汛期控制水位为 550 m。其余同方案 2-2
	方案 2-6	三峡水库汛期控制水位为 150 m 不变。其余同方案 2-2
	方案 2-7	溪洛渡水库汛期控制水位为 565 m，向家坝水库汛期控制水位为 375 m，三峡水库汛期控制水位为 150 m 不变。其余同方案 2-2
	方案 2-8	溪洛渡水库汛期控制水位为 575 m，向家坝水库汛期控制水位为 375 m，三峡水库汛期控制水位为 155 m 不变。其余同方案 2-2
	方案 2-9	三峡水库汛期考虑中小洪水调度，对城陵矶的补偿调度水位为 155 m。其余同方案 2-2
	方案 2-10	三峡水库汛期考虑中小洪水调度，对城陵矶的补偿调度水位为 158 m，9 月 10 日控制蓄水位不超 160 m，9 月 30 日控制蓄水位为 169 m，10 月底蓄满至 175 m。其余同方案 2-2
	方案 2-11	三峡水库采用初步设计调度方式。其余同方案 2-1
1991～2010 年沙量修正系列	方案 3	同方案 1

（1）本书拟定的方案 1、方案 2-1 和方案 3 主要用于比较相同的调度方式下不同水沙系列对水库群淤积的影响。

（2）方案 2-2～方案 2-11 为新水沙系列对应的不同调度方案，其中方案 2-2 是新水沙系列下不同方案的比较基础，方案 2-2 乌东德、白鹤滩水库采用规划调度方式，溪洛渡、向家坝、三峡水库均采用最新的优化调度方式，溪洛渡水库起蓄时间提前到 9 月 1 日，9 月 30 日蓄满，汛期水位按 560 m 控制，6 月底消落至汛限水位 560 m；向家坝水库起蓄时间提前到 9 月 5 日，9 月 20 日蓄满，汛期水位按 370 m 控制，6 月底消落至汛限水位 370 m；三峡水库 9 月 10 日起蓄，9 月底控制水位由 162 m 提高到 165 m，10 月底蓄满，汛期水位按 145～146.5 m 控制，6 月 10 日消落至汛限水位 145 m，11 月～次年 4 月下泄流量按不小于 6 000 m^3/s 控制，一般情况下，4 月末库水位不低于 155.0 m，5 月 25 日不高于 155.0 m。方案 2-11 在方案 2-1 的基础上，假设三峡水库一直采用初步设计方案，方案 2-11 在现实中不会发生，这里仅作为一个比较方案，计算结果可供其他调度方案比较参考。

（3）在方案 2-2 的基础上，方案 2-3 和方案 2-4 对溪洛渡和向家坝水库的蓄水期起蓄时间进行了进一步的优化，将溪洛渡水库起蓄时间从 9 月 1 日进一步提前到 8 月 26 日和 8 月 21 日，将向家坝水库起蓄时间从 9 月 5 日进一步提前到 9 月 1 日和 8 月 26 日，三峡水库起蓄时间与方案 2-2 保持相同，主要是为了研究、比较溪洛渡和向家坝水库蓄水时间进一步提前对水库群泥沙淤积的影响。

（4）在方案 2-2 的基础上，方案 2-5、方案 2-6、方案 2-7、方案 2-8 对溪洛渡、向家坝、三峡水库的汛期控制水位进行了进一步的优化，将溪洛渡水库汛期控制水位从 560 m 进一步优化为 550 m、565 m 和 575 m，将向家坝水库汛期控制水位从 370 m 进一步优化为 375 m，将三峡水库汛期控制水位从 145～146.5 m 进一步优化为 150 m 和 155 m，主要是为了研究、比较水库汛期控制水位优化对水库群泥沙淤积的影响。

（5）在方案 2-2 的基础上，方案 2-9 和方案 2-10 对三峡水库的汛期调度方式进行了进一步的优化，主要针对的是三峡水库 175 m 试验性蓄水以来汛期中小洪水调度及汛后蓄水方式。方案 2-9 在方案 2-2 的基础上，考虑了汛期中小洪水调度，对城陵矶的补偿调度水位为 155 m，其他与方案 2-2 相同，以尽可能地反映三峡水库试验性蓄水以来的实际调度方式。方案 2-10 在方案 2-2 的基础上，进一步考虑上游梯级水库联合调度运用给三峡水库防洪、拦沙等带来的有利影响，对三峡水库试验性蓄水以来的实际调度方式做了进一步的优化，与方案 2-9 相比又进一步有少许优化。

方案 2-9 三峡水库汛期中小洪水调度方式具体为：①$Z_{库}$<150 m 时，若 $Q_{入}$<$Q_{满}$（约 31 000 m^3/s），则取 $Q_{出}$=$Q_{入}$；若 $Q_{入}$≥$Q_{满}$，则取 $Q_{出}$=$Q_{满}$（其中 $Z_{库}$为库水位，$Q_{入}$为入库流量，$Q_{出}$为出库流量，$Q_{满}$为满发流量）。②150 m≤$Z_{库}$<155 m 时，若 $Q_{入}$<42 000 m^3/s，则取 $Q_{出}$=$Q_{满}$；若 $Q_{入}$≥42 000 m^3/s，则取 $Q_{出}$=42 000 m^3/s。③155 m≤$Z_{库}$<171 m 时，若 $Q_{入}$<42 000 m^3/s，则取 $Q_{出}$=42 000 m^3/s；若 $Q_{入}$≥42 000 m^3/s，则取 $Q_{出}$=55 000 m^3/s；④171 m≤$Z_{库}$<175 m 时，若 $Q_{入}$<55 000 m^3/s，则取 $Q_{出}$=55 000 m^3/s；若 55 000 m^3/s≤$Q_{入}$<83 700 m^3/s，则取 $Q_{出}$=60 000 m^3/s；若 $Q_{入}$≥83 700 m^3/s，则取 $Q_{出}$=78 000 m^3/s。⑤$Z_{库}$≥175 时，$Q_{出}$=$Q_{入}$。9 月 10 日水位按不超 150 m 控制；9 月 30 日水位按 165 m 控制，10 月底日水位按 175 m 控制；9 月出库流量不小于 10 000 m^3/s，10 月出库流量不小于 8 000 m^3/s；11 月～次年 4 月出库流量按不小于 6 000 m^3/s 控制；5 月 25 日库水位按不超 155 m 控制，6 月 10 日库水位按 146 m 控制，中间均匀过渡。

方案 2-10 三峡水库汛期中小洪水调度方式具体为：①$Z_{库}$<150 m 时，若 $Q_{入}$<$Q_{满}$（约 31 000 m^3/s），则取 $Q_{出}$=$Q_{入}$；若 $Q_{入}$≥$Q_{满}$，则取 $Q_{出}$=$Q_{满}$。②150 m≤$Z_{库}$<158 m 时，若 $Q_{入}$<42 000 m^3/s，则取 $Q_{出}$=$Q_{满}$；若 $Q_{入}$≥42 000 m^3/s，则取 $Q_{出}$=42 000 m^3/s。③158 m≤$Z_{库}$<171 m 时，若 $Q_{入}$<42 000 m^3/s，则取 $Q_{出}$=42 000 m^3/s；若 $Q_{入}$≥42 000 m^3/s，则取 $Q_{出}$=55 000 m^3/s。④171 m≤$Z_{库}$<175 m 时，若 $Q_{入}$<55 000 m^3/s，则取 $Q_{出}$=55 000 m^3/s；若 55 000 m^3/s≤$Q_{入}$<83 700 m^3/s，则取 $Q_{出}$=60 000 m^3/s；若 $Q_{入}$≥83 700 m^3/s，则取 $Q_{出}$=78 000 m^3/s。⑤$Z_{库}$≥175 时，$Q_{出}$=$Q_{入}$。9 月 10 日水位按不超 160 m 控制；9 月 30 日水位按 169 m 控制，10 月底按 175 m 控制；9 月出库流量不小于 10 000 m^3/s，10 月不小于 8 000 m^3/s；11 月～次年 4 月出库流量按不小于 6 000 m^3/s 控制；5 月 25 日库水位按不超 155 m 控制，6 月 10 日库水位按 146 m 控制，中间均匀过渡。

与拟定的调度规则、调度规程和每年的调度批复方案等相比，由于未来的不确定性，实际调度过程往往更为复杂，实际调度不仅需要考虑上游来水和库区水位情况，还要考虑上下游防洪、供水、航运、应急调度、发电等需要，这就使得拟订方案的预测结果与当前实际难免有差距。同时，从未来趋势来讲，在当前来沙量减少、年径流量特别是蓄水期来水量有所减少、社会对防洪供水生态等要求提高背景下开展的实际优化调度肯定不会一直这么运用下去，随着梯级水库库容的不断淤损，在未来的某一个时间点可能需要将已经优化的调度方式重新进行逆向优化，并有可能重新回归到初步设计调度方式。因此，也可以说，当前的实际优化调度方式未必能代表一个长期的未来趋势。为解决这一问题，本书拟定多个方案，并给出多个预测结果，形成一个预测结果的变化范围，以解决反映当前实际和反映未来趋势的问题。

在预测优化调度对库区淤积的影响时，当前实际和未来趋势都是希望能够反映与兼顾的，本书考虑主要通过方案 2-2、方案 2-8、方案 2-9、方案 2-10 来实现这一目标，虽然实际上可能不能完全做到。其中，方案 2-2 三峡水库没有考虑汛期中小洪水调度，可近似作为未来趋势的主要代表方案，该方案兼顾了当前实际。方案 2-9、方案 2-10 三峡水库考虑了汛期中小洪水调度，可近似作为当前实际的主要代表方案，它们也兼顾了未来趋势。而方案 2-8（溪洛渡水库汛期控制水位为 575 m，向家坝水库汛期控制水位为 375 m，三峡水库汛期控制水位为 155 m 不变。其余同方案 2-2）三峡水库汛期水位固定为 155 m，是对三峡水库汛期调度方式的理想概化，主要是考虑到试验性蓄水以来的 2009～2018 年三峡水库汛期坝前平均水位在 153.44～158.17 m，拟订方案 2-8 也是希望更加接近当前实际，当然，实际上并不可能这样调度，该方案主要是作为一个比较方案，用于参考。

4. 新水沙条件下方案 2-1 长江上游干流梯级水库淤积过程预测

以长江上游 1991～2000 年沙量修正系列为新水沙条件代表系列，针对方案 2-1（乌东德、白鹤滩、溪洛渡、向家坝水库均采用规划设计调度方式，三峡水库采用 2015 年水利部批复的《三峡（正常运行期）—葛洲坝水利枢纽梯级调度规程》规定的调度方式，三峡水库 9 月底控制蓄水位为 162 m）开展了长江上游梯级水库泥沙冲淤 500 年预测计算。图 4.4 为方案 2-1 乌东德、白鹤滩、溪洛渡、向家坝、三峡水库累积淤积过程图，图 4.5 为方案 2-1 乌东德、白鹤滩、溪洛渡、向家坝、三峡水库深泓线变化过程图。

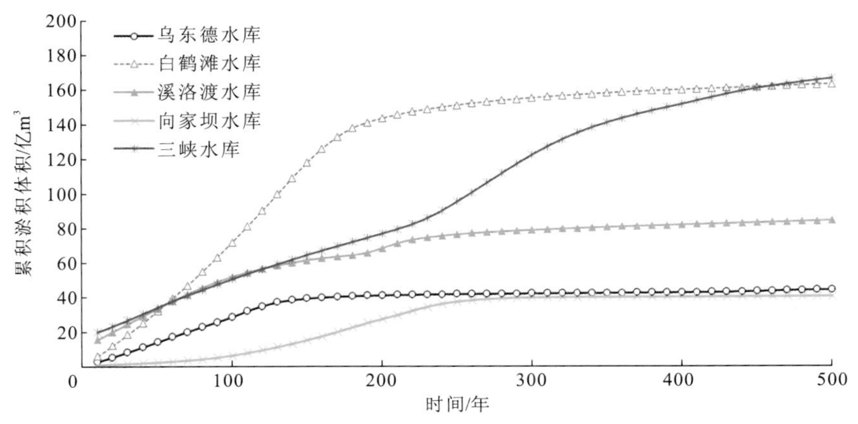

图 4.4　方案 2-1 长江上游干流控制性水库群累积淤积过程图

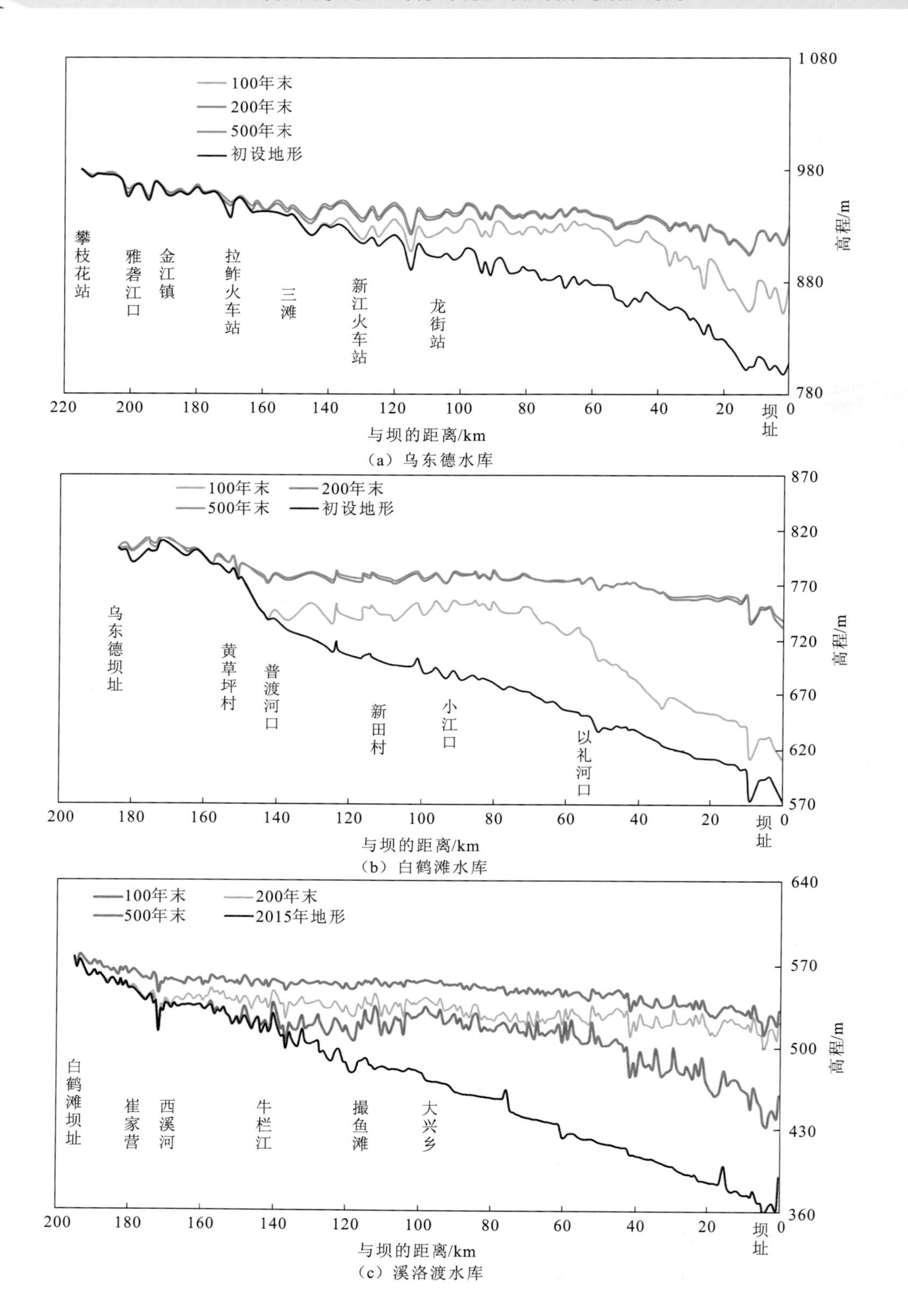

（a）乌东德水库

（b）白鹤滩水库

（c）溪洛渡水库

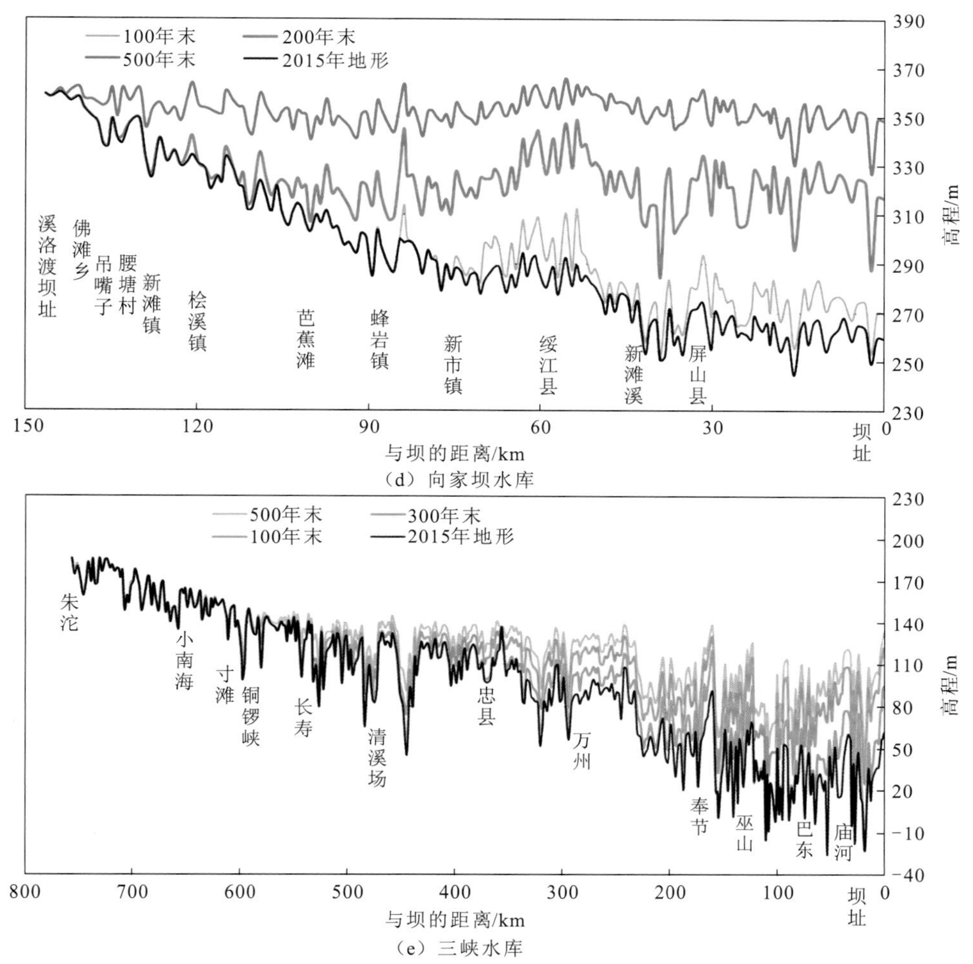

（d）向家坝水库

（e）三峡水库

图 4.5 方案 2-1 水库深泓线变化过程图

乌东德、白鹤滩、溪洛渡、向家坝、三峡水库淤积相对平衡时间分别为 160 年、240 年、230 年、260 年、370 年，相对平衡淤积量分别为 39.89 亿 m^3、149.9 亿 m^3、77.26 亿 m^3、38.22 亿 m^3、145.9 亿 m^3，之后各水库库区淤积量仍然在缓慢增加，500 年末各水库淤积量分别为 44.61 亿 m^3、163.5 亿 m^3、84.83 亿 m^3、40.90 亿 m^3、166.8 亿 m^3。

从方案 2-1 库容保留计算结果看，淤积相对平衡时乌东德、白鹤滩、溪洛渡、向家坝、三峡水库防洪库容保留率分别为 61.7%、37.4%、73.1%、71.7%、89.9%，调节库容保留率分别为 55.6%、28.9%、59.0%、71.7%、93.1%，总库容保留率分别为 28.6%、15.6%、32.1%、20.3%、64.5%。

从深泓线变化看，乌东德、白鹤滩、溪洛渡、三峡水库库区淤积形态直接向三角洲形态发展，并以三角洲淤积形态为主，随着水库运用年份的增加，三角洲淤积体不断向坝前推进且洲面抬高，同时淤积三角洲洲尾向上游延伸。向家坝水库运行初期，库区淤积形态近似带状，从淤积形态发展趋势看，淤积形态在逐步向三角洲形态发展，并以三角洲淤积形态为主，随着水库运用年份的增加，三角洲淤积体不断向坝前推进且洲面抬高，同时淤积三角洲洲尾向上游延伸。乌东德和三峡水库库尾淤积很少，而白鹤滩、溪洛渡、向家坝水库的库尾淤积抬高，将抬高上游水库尾水位，进而对上游水库发电产生不利影响。各水库中，三峡水库淤积末端最为靠下，淤积末端主要位于铜锣峡附近。淤积相对平衡后，各水库淤积形态均呈锥体，且各水库中三峡水库坝前淤积面抬高幅度最小。年径流量大、水流含沙量小、水流挟沙能力强是三峡水库库区泥沙淤积厚度最低，库尾淤积上延现象最弱的主要原因。

5. 溪洛渡、向家坝、三峡水库三库不同优化调度条件下泥沙淤积对水库长期使用的影响

表 4.13～表 4.15 为不同方案溪洛渡、向家坝、三峡水库淤积相对平衡时间及相对平衡淤积量等预测结果的统计表。

表 4.13　新水沙条件下溪洛渡、向家坝、三峡水库不同调度方案泥沙淤积统计表

调度方案	水库	淤积相对平衡时间/年	相对平衡淤积量/亿 m^3	淤积相对平衡时库容保留率/%		
				防洪库容	调节库容	总库容
方案 2-1～方案 2-11	乌东德水库	160	39.89	61.7	55.6	28.6
	白鹤滩水库	240	149.90	37.4	28.9	15.6
方案 2-1	溪洛渡水库	230	74.82	73.1	59.0	32.1
	向家坝水库	260	38.22	71.7	71.7	20.3
	三峡水库	370	144.38	89.9	93.1	64.5
方案 2-2	溪洛渡水库	240	78.27	67.0	53.3	28.9
	向家坝水库	260	38.54	68.6	68.6	19.6
	三峡水库	360	144.60	89.6	92.6	64.4
方案 2-3	溪洛渡水库	240	79.56	64.4	51.2	27.7
	向家坝水库	260	38.45	68.4	68.4	19.7
	三峡水库	370	148.50	89.1	92.2	63.8
方案 2-4	溪洛渡水库	240	81.11	61.3	48.6	26.3
	向家坝水库	260	38.70	65.7	65.7	19.2
	三峡水库	370	148.50	89.1	92.1	63.8

续表

调度方案	水库	淤积相对平衡时间/年	相对平衡淤积量/亿 m^3	淤积相对平衡时库容保留率/%		
				防洪库容	调节库容	总库容
方案 2-5	溪洛渡水库	230	72.69	72.0	61.6	34.1
	向家坝水库	260	39.09	67.9	67.9	18.7
	三峡水库	360	145.70	89.8	92.9	64.5
方案 2-6	溪洛渡水库	240	78.27	69.6	57.1	31.1
	向家坝水库	260	38.54	68.6	68.6	19.6
	三峡水库	370	157.50	87.6	91.7	61.5
方案 2-7	溪洛渡水库	240	80.80	63.5	49.2	26.5
	向家坝水库	260	41.28	51.5	51.5	14.8
	三峡水库	370	156.90	87.6	91.6	61.6
方案 2-8	溪洛渡水库	240	87.12	51.8	38.6	20.7
	向家坝水库	260	40.39	52.4	52.4	16.2
	三峡水库	390	174.00	84.2	89.5	57.7
方案 2-9	溪洛渡水库	240	78.27	67.0	53.3	28.9
	向家坝水库	260	38.54	68.6	68.6	19.6
	三峡水库	370	161.90	86.9	90.8	60.4
方案 2-10	溪洛渡水库	240	78.27	68.2	55.0	29.8
	向家坝水库	260	38.54	68.6	68.6	19.6
	三峡水库	370	169.50	85.3	89.4	58.6
方案 2-11	溪洛渡水库	230	74.82	73.1	59.0	32.1
	向家坝水库	260	38.22	71.7	71.7	20.3
	三峡水库	370	132.60	92.3	94.9	67.0

注：溪洛渡、向家坝、三峡水库淤积量含 2015 年前淤积量。

表 4.14　新水沙条件下溪洛渡、向家坝、三峡水库库容保留率统计表（10～50 年）

调度方案	水库	10 年末库容保留率/%			30 年末库容保留率/%			50 年末库容保留率/%		
		防洪库容	调节库容	总库容	防洪库容	调节库容	总库容	防洪库容	调节库容	总库容
方案 2-1～方案 2-11	乌东德水库	98.6	98.3	95.1	95.2	94.1	84.9	90.8	89.0	74.1
	白鹤滩水库	99.0	98.5	96.5	96.8	95.2	89.3	94.0	91.4	81.5

续表

调度方案	水库	10年末库容保留率/%			30年末库容保留率/%			50年末库容保留率/%		
		防洪库容	调节库容	总库容	防洪库容	调节库容	总库容	防洪库容	调节库容	总库容
方案2-1	溪洛渡水库	98.2	95.4	85.9	96.8	92.5	77.8	95.1	89.0	69.7
	向家坝水库	100.0	100.0	98.6	100.0	100.0	97.0	100.0	100.0	95.2
	三峡水库	99.3	99.5	94.6	99.1	99.5	93.0	98.9	99.4	91.2
方案2-2	溪洛渡水库	97.7	95.0	85.8	95.8	91.7	77.6	93.5	87.9	69.4
	向家坝水库	100.0	100.0	98.6	100.0	100.0	97.1	100.0	100.0	95.3
	三峡水库	99.3	99.5	94.7	99.1	99.5	93.0	98.9	99.4	91.3
方案2-3	溪洛渡水库	97.4	94.8	85.8	95.3	91.4	77.5	92.7	87.3	69.2
	向家坝水库	100.0	100.0	98.6	100.0	100.0	97.1	100.0	100.0	95.4
	三峡水库	99.3	99.5	94.7	99.1	99.5	93.0	98.9	99.4	91.3
方案2-4	溪洛渡水库	97.1	94.5	85.7	94.7	90.9	77.4	91.8	86.7	69.0
	向家坝水库	100.0	100.0	98.6	100.0	100.0	97.1	100.0	100.0	95.4
	三峡水库	99.3	99.5	94.7	99.1	99.5	93.0	98.9	99.4	91.3
方案2-5	溪洛渡水库	98.1	96.2	86.2	97.0	93.7	78.2	95.6	90.6	70.4
	向家坝水库	100.0	100.0	98.4	100.0	100.0	96.7	100.0	100.0	94.7
	三峡水库	99.3	99.5	94.6	99.1	99.4	93.0	98.9	99.4	91.2
方案2-6	溪洛渡水库	97.7	95.0	85.8	95.8	91.7	77.6	93.5	87.9	69.4
	向家坝水库	100.0	100.0	98.6	100.0	100.0	97.1	100.0	100.0	95.3
	三峡水库	99.2	99.5	94.7	98.9	99.4	92.8	98.6	99.4	91.0
方案2-7	溪洛渡水库	96.9	94.3	85.7	94.6	90.8	77.4	91.9	86.6	69.0
	向家坝水库	100.0	100.0	98.6	100.0	100.0	97.0	99.7	99.7	95.3
	三峡水库	99.2	99.5	94.7	98.9	99.4	92.9	98.6	99.4	91.0
方案2-8	溪洛渡水库	95.3	92.8	85.5	92.0	88.7	77.0	88.2	83.7	68.4
	向家坝水库	100.0	100.0	98.7	100.0	100.0	97.2	99.8	99.8	95.6
	三峡水库	99.2	99.4	94.7	98.7	99.3	92.7	98.2	99.1	90.6
方案2-9	溪洛渡水库	97.7	95.0	85.8	95.8	91.7	77.6	93.5	87.9	69.4
	向家坝水库	100.0	100.0	98.6	100.0	100.0	97.1	100.0	100.0	95.3
	三峡水库	99.2	99.5	94.6	98.8	99.4	92.8	98.4	99.2	90.9

续表

调度方案	水库	10年末库容保留率/%			30年末库容保留率/%			50年末库容保留率/%		
		防洪库容	调节库容	总库容	防洪库容	调节库容	总库容	防洪库容	调节库容	总库容
方案2-10	溪洛渡水库	97.7	95.0	85.8	95.8	91.7	77.6	93.5	87.9	69.4
	向家坝水库	100.0	100.0	98.6	100.0	100.0	97.1	100.0	100.0	95.3
	三峡水库	99.2	99.5	94.6	98.7	99.3	92.7	98.2	99.0	90.7
方案2-11	溪洛渡水库	98.2	95.4	85.9	96.8	92.5	77.8	95.1	89.0	69.7
	向家坝水库	100.0	100.0	98.6	100.0	100.0	97.0	100.0	100.0	95.2
	三峡水库	99.3	99.5	94.6	99.2	99.5	93.0	99.0	99.4	91.5

注：溪洛渡、向家坝、三峡水库淤积量含2015年前淤积量。

表4.15　新水沙条件下溪洛渡、向家坝、三峡水库库容保留率统计表（80～150年）

调度方案	水库	80年末库容保留率/%			100年末库容保留率/%			150年末库容保留率/%		
		防洪库容	调节库容	总库容	防洪库容	调节库容	总库容	防洪库容	调节库容	总库容
方案2-1～方案2-11	乌东德水库	83.1	80.5	58.2	77.6	74.5	48.2	63.1	57.2	29.6
	白鹤滩水库	88.3	84.1	68.5	83.2	78.0	58.8	64.8	54.8	32.8
方案2-1	溪洛渡水库	92.0	83.9	58.6	89.7	80.7	52.8	84.0	74.0	44.3
	向家坝水库	99.9	99.9	91.2	99.5	99.5	86.5	97.0	97.0	67.6
	三峡水库	98.5	99.3	88.8	98.2	99.2	87.3	97.6	98.9	84.1
方案2-2	溪洛渡水库	89.4	82.0	57.7	86.3	78.1	51.3	79.1	70.3	41.9
	向家坝水库	99.8	99.8	91.5	99.3	99.3	87.2	96.2	96.2	68.2
	三峡水库	98.5	99.2	88.9	98.3	99.2	87.4	97.5	98.8	84.1
方案2-3	溪洛渡水库	88.0	80.9	57.2	84.5	76.7	50.5	76.8	68.4	40.7
	向家坝水库	99.8	99.8	91.8	99.4	99.4	87.7	96.2	96.2	68.7
	三峡水库	98.5	99.2	88.9	98.2	99.1	87.4	97.5	98.8	84.1
方案2-4	溪洛渡水库	86.5	79.8	56.8	82.6	75.3	49.7	74.2	66.5	39.4
	向家坝水库	99.7	99.7	91.9	99.2	99.2	88.1	95.5	95.5	69.0
	三峡水库	98.5	99.2	88.9	98.2	99.1	87.4	97.5	98.8	84.1
方案2-5	溪洛渡水库	92.8	85.8	60.0	90.5	82.6	54.7	84.0	75.4	46.4
	向家坝水库	99.7	99.7	90.0	99.2	99.2	84.7	96.1	96.1	64.8
	三峡水库	98.5	99.2	88.8	98.2	99.1	87.3	97.6	98.8	84.1

续表

调度方案	水库	80 年末库容保留率/%			100 年末库容保留率/%			150 年末库容保留率/%		
		防洪库容	调节库容	总库容	防洪库容	调节库容	总库容	防洪库容	调节库容	总库容
方案 2-6	溪洛渡水库	89.4	82.0	57.7	86.3	78.1	51.3	79.1	70.3	41.9
	向家坝水库	99.8	99.8	91.5	99.3	99.3	87.2	96.2	96.2	68.2
	三峡水库	98.1	99.2	88.4	97.8	99.1	86.7	96.9	98.7	83.0
方案 2-7	溪洛渡水库	87.1	80.0	56.8	83.6	75.8	49.7	76.1	67.4	39.6
	向家坝水库	98.8	98.8	91.6	97.7	97.7	87.5	90.6	90.6	67.0
	三峡水库	98.1	99.2	88.4	97.8	99.1	86.8	96.9	98.7	83.0
方案 2-8	溪洛渡水库	81.8	75.7	55.3	77.4	70.4	47.1	68.6	60.5	34.8
	向家坝水库	99.0	99.0	92.6	98.1	98.1	89.4	91.7	91.7	70.7
	三峡水库	97.4	98.8	87.6	97.0	98.5	85.8	95.9	97.9	81.4
方案 2-9	溪洛渡水库	89.4	82.0	57.7	86.3	78.1	51.3	79.1	70.3	41.9
	向家坝水库	99.8	99.8	91.5	99.3	99.3	87.2	96.2	96.2	68.2
	三峡水库	97.8	99.0	88.2	97.4	98.8	86.5	96.5	98.2	82.6
方案 2-10	溪洛渡水库	89.4	82.0	57.7	86.3	78.1	51.3	79.1	70.3	41.9
	向家坝水库	99.8	99.8	91.5	99.3	99.3	87.2	96.2	96.2	68.2
	三峡水库	97.5	98.6	87.8	97.0	98.3	86.0	95.7	97.4	81.7
方案 2-11	溪洛渡水库	92.0	83.9	58.6	89.7	80.7	52.8	73.1	59.0	32.1
	向家坝水库	99.9	99.9	91.2	99.5	99.5	86.5	97.0	97.0	67.6
	三峡水库	98.8	99.3	89.4	98.6	99.2	88.1	98.2	99.0	85.3

注：溪洛渡、向家坝、三峡水库淤积量含 2015 年前淤积量。

1）不同调度方案各水库淤积过程与淤积相对平衡时间

从溪洛渡、向家坝、三峡水库淤积相对平衡时间和淤积量结果看，不同联合优化调度方案溪洛渡水库淤积相对平衡时间为 230～240 年，淤积相对平衡时溪洛渡水库淤积量为 72.69 亿～87.12 亿 m^3，之后溪洛渡水库淤积量仍会缓慢增加，500 年末不同方案溪洛渡水库淤积量为 82.12 亿～92.37 亿 m^3。

不同联合优化调度方案向家坝水库淤积相对平衡时间均为 260 年，淤积相对平衡时向家坝水库淤积量为 38.22 亿～41.28 亿 m^3，之后向家坝水库淤积量仍会缓慢增加，500 年末不同方案向家坝水库淤积量为 40.90 亿～44.50 亿 m^3。

不同联合优化调度方案三峡水库淤积相对平衡时间为 360～390 年，淤积相对平衡时三峡水库淤积量为 132.6 亿～174.0 亿 m^3，之后三峡水库淤积量仍会缓慢增加，500 年末不同方案三峡水库淤积量为 153.0 亿～191.3 亿 m^3。库容较大是三峡水库淤积相对平衡后库区淤积量仍继续缓慢增加的主要原因。

2）不同调度方案各水库库容保留率

溪洛渡水库正常蓄水位为 600 m，汛期防洪限制水位为 560 m，死水位为 540 m，正常蓄水位对应的总库容为 115.7 亿 m^3，防洪库容为 46.5 亿 m^3，调节库容为 64.6 亿 m^3。向家坝水库正常蓄水位为 380 m，汛期防洪限制水位为 370 m，正常蓄水位对应的总库容为 49.77 亿 m^3，防洪库容和调节库容均为 9.03 亿 m^3。三峡水库正常蓄水位为 175 m，汛期防洪限制水位为 145 m，死水位为 155 m，正常蓄水位对应的总库容为 393 亿 m^3，防洪库容为 221.5 亿 m^3，调节库容为 165 亿 m^3。

新水沙条件下乌东德、白鹤滩水库防洪库容保留率 10 年末分别为 98.6%、99.0%，50 年末分别为 90.8%、94.0%，100 年末分别为 77.6%、83.2%，淤积相对平衡时分别为 61.7%、37.4%。

从新水沙及不同联合优化调度条件（方案 2-1～方案 2-11）下溪洛渡、向家坝、三峡水库淤积后防洪库容保留率计算结果看：10 年末，溪洛渡水库防洪库容保留率为 95.3%～98.2%，向家坝水库防洪库容保留率为 100.0%，三峡水库防洪库容保留率为 99.2%～99.3%；50 年末，溪洛渡水库防洪库容保留率为 88.2%～95.6%，向家坝水库防洪库容保留率为 99.7%～100.0%，三峡水库防洪库容保留率为 98.2%～99.0%；100 年末，溪洛渡水库防洪库容保留率为 77.4%～90.5%，向家坝水库防洪库容保留率为 97.7%～99.5%，三峡水库防洪库容保留率为 97.0%～98.6%。

从溪洛渡、向家坝、三峡水库不同联合优化调度方案淤积相对平衡时库容保留率的计算结果看：溪洛渡水库防洪库容保留率为 51.8%～73.1%，调节库容保留率为 38.6%～61.6%，总库容保留率为 20.7%～34.1%；向家坝水库防洪库容和调节库容保留率为 51.5%～71.7%，总库容保留率为 14.8%～20.3%；三峡水库防洪库容保留率为 84.2%～92.3%，调节库容保留率为 89.4%～94.9%，总库容保留率为 57.7%～67.0%。

基于当前优化调度方式的方案 2-9，乌东德、白鹤滩、溪洛渡、向家坝、三峡水库的淤积相对平衡时间分别为 160 年、240 年、240 年、260 年、370 年，相对平衡淤积量分别为 39.89 亿 m^3、149.9 亿 m^3、78.27 亿 m^3、38.54 亿 m^3、161.9 亿 m^3。淤积相对平衡时，乌东德、白鹤滩、溪洛渡、向家坝、三峡水库防洪库容保留率分别为 61.7%、37.4%、67.0%、68.6%、86.9%，调节库容保留率分别为 55.6%、28.9%、53.3%、68.6%、90.8%，总库容保留率分别为 28.6%、15.6%、28.9%、19.6%、60.4%。10 年末、50 年末、100 年末三峡水库防洪库容保留率分别为 99.2%、98.4%、97.4%，调节库容保留率分别为 99.5%、99.2%、98.8%，总库容保留率分别为 94.6%、90.9%、86.5%。

从淤积相对平衡时间和淤积量计算结果看，溪洛渡、向家坝、三峡水库不同联合调度方案下的淤积相对平衡时间相差不大，溪洛渡、向家坝水库相差在 10 年以内，三峡水库相差在 30 年以内。溪洛渡水库不同联合调度方案下的相对平衡淤积量和 500 年末淤积量相差 10 亿～15 亿 m^3。向家坝水库不同联合调度方案下的相对平衡淤积量和 500 年末淤积量相差约 3 亿 m^3。三峡水库不同联合调度方案下的相对平衡淤积量和 500 年末淤积量相差较大，相差约 40 亿 m^3。

可见，调度方式优化对三峡水库淤积量的影响最大，其次是溪洛渡水库，影响最小的是向家坝水库。年径流量小、水流含沙量大、水流挟沙能力较弱是金沙江下游梯级水库淤积相对平衡后防洪库容保留率较小的主要原因。

6. 向家坝、三峡水库出库水沙过程预测结果分析

图 4.6 为向家坝水库累积出库沙量过程图，图 4.7 为向家坝水库 10 年年均出库沙量过程图。实测资料表明，溪洛渡和向家坝水库蓄水运用以来的 2013～2018 年，向家坝水库出库向家坝站年均出库沙量为 0.017 亿 t，这与本书预测的向家坝水库运用初期 10 年年均出库沙量 0.019 亿～0.024 亿 t 和前 50 年年均出库沙量 0.025 亿～0.034 亿 t 在数据级及绝对值上均较为接近，可见，本书预测的向家坝水库出库沙量可反映当前实际与未来趋势。

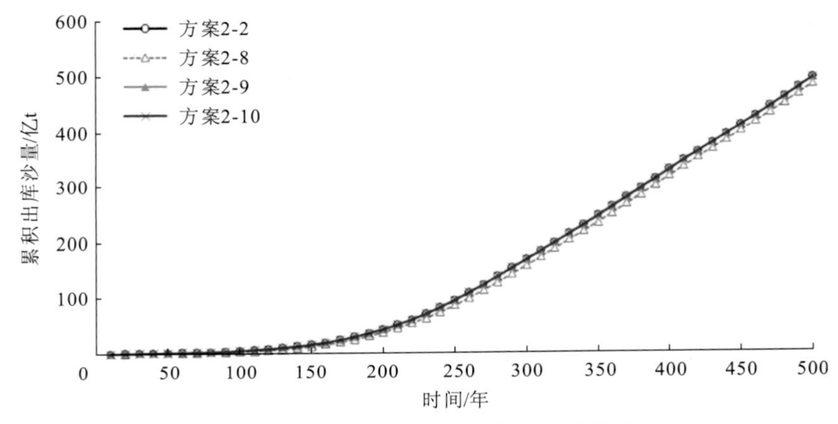

图 4.6　向家坝水库累积出库沙量过程图

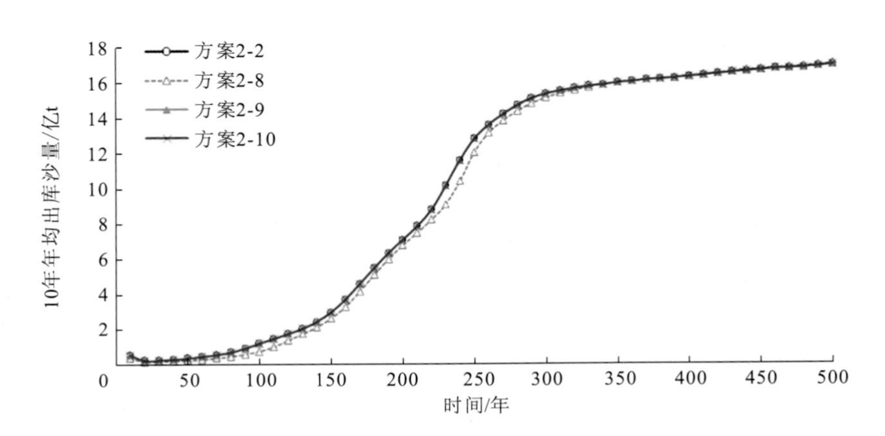

图 4.7　向家坝水库 10 年年均出库沙量过程图

图 4.8 为三峡水库累积出库沙量过程图，图 4.9 为三峡水库 10 年年均出库沙量过程图。实测资料表明，溪洛渡和向家坝水库蓄水运用以来的 2013～2018 年，三峡水库出库黄陵庙站年均出库沙量为 0.164 亿 t，这与本书预测的三峡水库运用初期 10 年年均出库沙量 0.123 亿～0.193 亿 t 和前 50 年年均出库沙量 0.164 亿～0.238 亿 t 在数据级及绝对值上均较为接近，可见，本书预测的三峡水库出库沙量可反映当前实际与未来趋势。

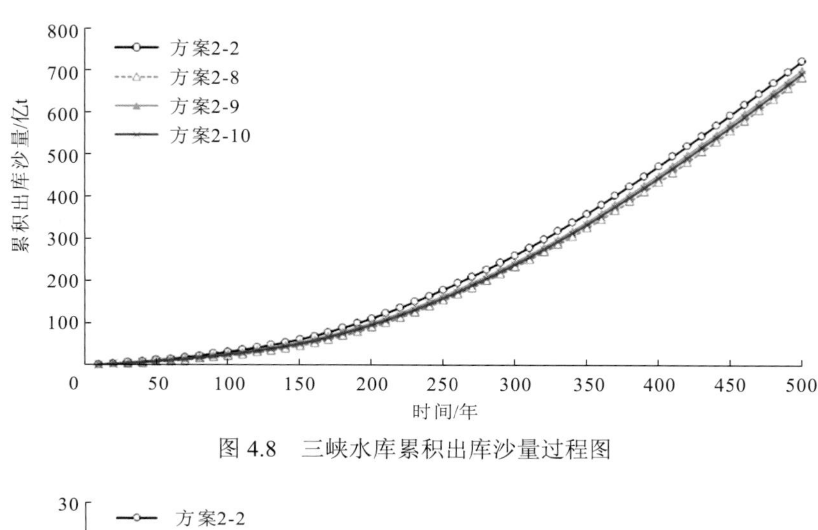

图 4.8　三峡水库累积出库沙量过程图

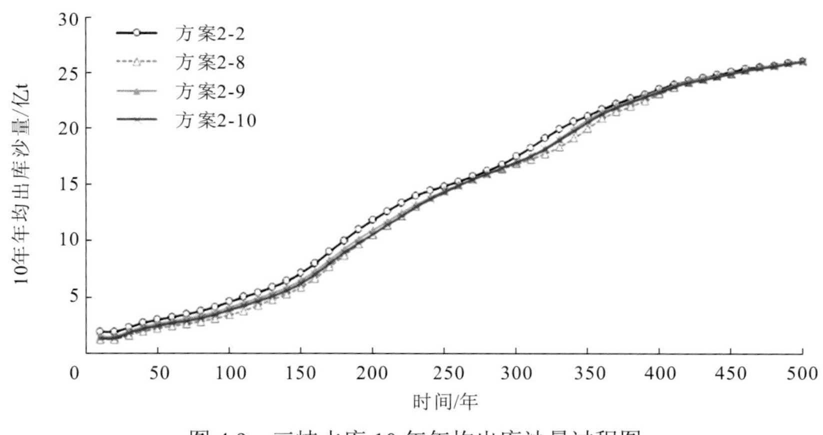

图 4.9　三峡水库 10 年年均出库沙量过程图

7. 溪洛渡、向家坝、三峡水库泥沙调度需求

1）基于库容长期使用的长江上游干流控制性水库群泥沙调度需求

从本书长江上游干流控制性水库群联合调度方案（方案 2-1）的计算结果看，乌东德、白鹤滩、溪洛渡、向家坝、三峡水库淤积相对平衡时间分别为 160 年、240 年、230 年、260 年、370 年。由表 4.16 和表 4.17 可知，淤积相对平衡后，各水库中三峡水库仍能保留最大的防洪库容和调节库容供长期使用，虽然向家坝水库淤积相对平衡后的库容保留率明显大于乌东德、白鹤滩水库，但由于向家坝水库有效库容的绝对值最小，泥沙淤积

对向家坝水库防洪能力的影响依然较大。乌东德、白鹤滩、溪洛渡水库是有效库容淤积损失最大的三个水库，其中白鹤滩水库又是这三个水库有效库容淤积损失最大的。

表 4.16　乌东德、白鹤滩、溪洛渡、向家坝、三峡水库初始库容及淤积库容保留率（方案 2-1）

水库	设计防洪库容/亿 m^3	设计调节库容/亿 m^3	设计总库容（正常蓄水位对应的库容）/亿 m^3	淤积相对平衡时库容保留率/%		
				防洪库容	调节库容	总库容
乌东德水库	24.40	30.20	58.63	61.7	55.6	28.6
白鹤滩水库	75.00	104.36	190.06	37.4	28.9	15.6
溪洛渡水库	46.50	64.60	115.70	73.1	59.0	32.1
向家坝水库	9.03	9.03	49.77	71.7	71.7	20.3
三峡水库	221.50	165.00	393.00	89.9	93.1	64.5

表 4.17　乌东德、白鹤滩、溪洛渡、向家坝、三峡水库淤积前后库容变化（方案 2-1）

水库	防洪库容/亿 m^3			调节库容/亿 m^3		
	设计	淤积相对平衡	变化	设计	淤积相对平衡	变化
乌东德水库	24.40	15.00	−9.4	30.20	16.80	−13.4
白鹤滩水库	75.00	28.00	−47.0	104.36	30.16	−74.2
溪洛渡水库	46.50	34.00	−12.5	64.60	38.10	−26.5
向家坝水库	9.03	6.43	−2.6	9.03	6.43	−2.6
三峡水库	221.50	199.20	−22.3	165.00	153.60	−11.4
合计	376.43	282.63	−93.8	373.19	245.09	−128.1

淤积相对平衡后，除三峡水库外，其他水库的防洪库容和调节库容均出现了较大幅度的减少，其中白鹤滩水库防洪库容和调节库容仅余 37.4%、28.9%，库容淤积损失程度极为惊人。淤积相对平衡时，乌东德、白鹤滩、溪洛渡、向家坝、三峡水库防洪库容合计损失 93.8 亿 m^3，相对损失 24.9%，调节库容合计损失 128.1 亿 m^3，相对损失 34.3%。防洪库容的淤积损失将对长江上游控制性水库群的防洪能力及防洪调度方案的编制产生极大影响，调节库容的淤积损失将对长江上游控制性水库群综合效益的发挥产生极大的不利影响，死库容的淤积损失将抬高库区沿程水位，增大库区淹没风险。不断评估长江上游乌东德、白鹤滩、溪洛渡、向家坝、三峡水库等干流控制性水库的淤积及库容损失情况，实时优化水库调度方式，通过泥沙调度控制水库淤积，从而实现梯级水库长期使用，是长江上游控制性水库群泥沙调度的客观需求。

2）基于淤积速度控制的长江上游干流控制性水库群泥沙调度需求

从本书长江上游干流控制性水库群联合调度方案（方案 2-1）各水库累积淤积过程

的计算结果看，长江上游干流控制性水库中，联合运用初期，向家坝水库淤积速度最慢，白鹤滩水库淤积速度最快，溪洛渡水库淤积相对平衡后，向家坝水库淤积速度明显加快。白鹤滩、溪洛渡、向家坝、三峡水库中，白鹤滩水库淤积速度最快，金沙江下游 4 水库区间来沙量大，水库输沙能力严重不足，在水库运用初期，水库调度排沙效果有限，在梯级水库淤积到一定阶段，水库输沙、排沙能力有所恢复的时候，利用汛期大流量实时开展汛期调度来排沙，将有助于减缓水库淤积速度，延长水库有效库容使用时间。通过开展泥沙调度控制水库淤积速度，是长江上游控制性水库群泥沙调度的客观需求。除水库调度排沙外，库区挖沙减淤、区间产沙区治理、减少入库泥沙等也都是需要考虑的水库淤积控制手段。

3）基于库尾淤积控制的长江上游干流控制性水库群泥沙调度需求

从本书长江上游干流控制性水库群联合调度方案（方案 2-1）各水库深泓线淤积过程的计算结果看，淤积平衡时，白鹤滩、溪洛渡、向家坝水库都将存在明显的库尾淤积问题，库尾淤积会抬高上游水库的尾水位，降低发电效益。不断评估长江上游干流控制性水库白鹤滩、溪洛渡、向家坝、三峡水库的淤积及库容损失情况，实时优化水库调度方式，通过泥沙调度控制水库库尾淤积，是长江上游控制性水库群泥沙调度的客观需求。

8. 溪洛渡、向家坝、三峡水库蓄水运用后泥沙调度方式

长江科学院对三峡水库蓄水运用后的泥沙调度方式进行了研究，溪洛渡、向家坝水库建成后，又对溪洛渡、向家坝、三峡水库泥沙联合调度方式进行了初步研究。具体研究成果简要介绍如下。

1）三峡水库消落期库尾减淤调度方式

根据消落期实测资料及库尾减淤调度研究成果，拟定三峡水库消落期减淤调度方案如下。

（1）冲沙减淤调度启动时的库水位和寸滩站流量。消落期冲沙减淤调度启动时，库水位尽量在 160～162 m，寸滩站流量尽量在 7 000 m^3/s 以上，在寸滩站来水不理想时，寸滩站 5 000 m^3/s 流量也可以作为冲沙减淤调度的启动条件。

（2）调度启动时间。为避免对发电和航运造成过大影响，消落期冲沙减淤调度宜放在消落期后期即汛前。4 月以前，来水来沙均比较小，而且坝前水位较高，库尾走沙条件不成熟，即使开展减淤调度效果也有限。统计结果表明，寸滩站多年平均流量达到 5 000 m^3/s 以上需要到 4 月下旬，达到 6 000～7 000 m^3/s 一般需要到 5 月上旬；同时，为了满足在库水位日消落幅度不超过 0.6 m 的条件下在 6 月 10 日按时将库水位落到 145 m 汛限水位的要求，汛前库水位消落太迟会给水库腾库防洪带来不利影响，且减淤调度需要一段持续消落的过程，综合考虑各方面的影响，消落期冲沙减淤调度的启动时间宜定在 5 月上旬。

（3）冲沙减淤调度期间的库水位日降幅。根据三峡水库优化调度拟定的调度方式，三峡水库水位一般在 5 月 25 日前消落到 155 m，并于 5 月 25 日～6 月 10 日库水位由 155 m

均匀消落至 145 m 汛期水位（即集中消落期）。因此，建议在集中消落期前，让库水位有一个持续的消落过程，并与三峡水库汛前集中消落过程平顺衔接，同时考虑到调度期内的来水来沙过程的随机性，为保留一定的调度灵活性以适应来水来沙情况，有利于库尾走沙，库水位日降幅宜为 0.4～0.6 m。

（4）上游溪洛渡、向家坝水库配合运用。三峡水库消落期库尾减淤调度方案的不足之处是，实际调度中的坝前水位条件和寸滩站流量条件往往难以同时满足，进而影响到减淤效果，上游溪洛渡、向家坝水库建成后，可考虑通过开展三峡水库与上游水库群的联合调度，来满足三峡水库消落期库尾减淤调度所需的寸滩站流量条件。因此，当需要开展三峡水库消落期冲沙减淤调度而寸滩站来水又不理想时，可通过上游溪洛渡、向家坝水库适当消落水位来增加泄水，以满足三峡水库消落期冲沙减淤调度所需的寸滩站流量条件，提高重庆主城区河段的走沙能力。

2）汛期洪水调度过程中兼顾排沙的三峡水库沙峰调度方式

汛期洪水调度过程中兼顾排沙的沙峰调度应满足水资源优化利用需求，即应在满足防洪、发电、航运等综合利用需求的基础上，兼顾排沙减淤调度。沙峰调度的目标是增大出库沙峰含沙量，并尽可能多地排沙出库，减少水库总淤积量。长江上游干支流建库后三峡水库年来沙量减少，且年入库沙量更加集中于汛期，针对三峡水库汛期来水来沙集中的特性，在汛期洪水调度过程中开展兼顾排沙的沙峰调度，有利于减少三峡水库泥沙淤积。

汛期洪水调度过程中兼顾排沙的沙峰调度方式如下。

（1）当入库沙峰含沙量 $S_{寸}$ 小于 2.0 kg/m^3 或沙峰入库日寸滩站流量 $Q_{寸1}$ 小于 25 000 m^3/s 时，不开展本次沙峰调度。

（2）当根据沙峰出库率公式计算的出库沙峰含沙量 $S_{黄}$ 小于 0.3 kg/m^3 时，不开展本次沙峰调度。

（3）沙峰调度时应在沙峰传播时间公式计算的沙峰出库日的基础上提前 1～2 天开始增泄排沙，且排沙过程中水库泄量应不小于 35 000 m^3/s。

（4）水库增泄排沙过程应至少持续至沙峰出库后 1～2 天，之后再视出库含沙量及库水位情况择机结束沙峰调度。

（5）沙峰调度过程中应尽量维持在较低库水位运行，且出库流量越大越好，当水库有部分泄量需要从水电站以外的泄水建筑物排出时，宜优先使用排沙孔泄洪排沙，其次是使用排漂孔和泄洪深孔，以优先排出坝前底部泥沙浓度较高的浑水，有利于优化坝前淤积形态。

3）三峡水库汛期“蓄清排浑”动态使用的泥沙调度方式

汛期“蓄清排浑”动态使用的泥沙调度应在满足水资源优化利用需求的同时充分考虑水库排沙减淤。汛期“蓄清排浑”动态使用的泥沙调度的目标是增大出库沙量，通过尽可能多地集中排沙出库，减少水库总淤积量。对于沙峰集中入库的汛期水沙过程，在入库沙量较少时“蓄清”，提高水头发电，在入库沙量较多时及时“排浑”，可同时兼顾水电站发电与水库排沙减淤。

汛期“蓄清排浑”动态使用方案如下。

（1）汛期“蓄清排浑”动态使用的泥沙调度方式适用于三峡水库汛期 6 月 1 日～8 月 31 日，这期间当水库需要开展防洪调度时，水库按防洪调度方式运行。

（2）当干流寸滩站含沙量小于 2.0 kg/m^3 或沙峰入库日寸滩站流量小于 25 000 m^3/s 时，水库按“蓄清”调度，库水位可选择在 145～150 m 动态运行。

（3）当寸滩站含沙量增大到 2.0 kg/m^3 且当日寸滩站入库流量大于或等于 25 000 m^3/s 时，可启动水库“排浑”调度。

（4）“排浑”调度启动时，如果坝前水位大于 145 m，建议库水位尽快降至 145 m 以排沙；下泄流量在保证坝下游流量不超过河道安全泄量的前提下，宜大于或等于 35 000 m^3/s 且大于入库流量，如果坝前水位等于 145 m，库水位按 145 m 运行以排沙。

（5）将出库含沙量降至约 0.1 kg/m^3 作为“排浑”调度结束，重新进入“蓄清”调度的泥沙参考因素，同时，在实时调度中，还应综合考虑水库来水预报、水资源利用、防洪、航运等因素以确定水库结束“排浑”调度的具体时机，“排浑”调度结束时的出库含沙量可在参考值 0.1 kg/m^3 上下一定范围适当浮动。

4）三峡水库蓄水期减淤调度方式

三峡水库蓄水期的主要任务是蓄水，应在确保实现蓄水目标的同时尽量减少水库泥沙淤积。来沙较大时，应根据来沙控制蓄水进程。汛末提前蓄水的泥沙淤积影响主要集中在变动回水区，因此，蓄水期减淤调度的主要目标是减少变动回水区淤积。

蓄水期减淤调度方式如下。

（1）为减少变动回水区的泥沙淤积：9 月 10 日坝前水位一般控制在 150～155 m；8 月下旬，当预报来水来沙均较大时，应尽量不蓄水或少蓄水；9 月 1～10 日，当预报入库洪峰流量在 35 000 m^3/s 以上，且寸滩站有约 2.0 kg/m^3 及以上的沙峰入库时，水库应暂停蓄水直至沙峰出库以减轻变动回水区的泥沙淤积。

（2）9 月 10～30 日，当坝前水位已达到 160～162 m，入库洪水洪峰达到 25 000 m^3/s 以上，同时预报的入库沙量仍较大时，应放缓水库蓄水进程，以减轻库尾淤积。

（3）当预报的入库泥沙较少时，视来水情况 9 月 30 日可控制坝前水位至 165 m。

5）溪洛渡、向家坝、三峡水库消落期库尾联合减淤调度方式

消落期调度应满足水资源优化利用的需求，即应在满足发电、航运等综合利用需求的基础上，兼顾库尾泥沙减淤。消落期泥沙调度的目标是增大汛前消落期的库尾走沙能力，尽可能多地将淤积的泥沙冲往常年回水区，达到优化库区淤积分布的目的。三水库消落期泥沙联合调度的目标水库为位于下游的三峡水库。溪洛渡、向家坝、三峡水库联合运用后，三峡水库长寿以上各河段累积冲淤量很小，应考虑将三峡水库减淤调度的目标区域下移至三峡水库变动回水区中下段的长寿至涪陵段和常年回水区中上段的涪陵至丰都段、丰都至万州段。

消落期泥沙联合调度方案如下。

（1）汛前消落期泥沙调度应视三峡水库库尾及库区局部重点河段的淤积情况、来水来沙情况等相机开展，要先看库区淤积分布及淤积情况，如果前一年或前几年库尾或库区局部重点河段淤积多了，那么下一年的汛前消落期就可以考虑开展三水库消落期泥沙联合调度。

（2）初步研究推荐的溪洛渡、向家坝、三峡水库消落期泥沙联合调度方案为，溪洛渡、向家坝水库均在5月上旬按进出库平衡控制，库水位不变，将原定于5月上旬～5月底的库水位下降过程整体转移到5月中旬～6月上旬，6月10日上游溪洛渡、向家坝水库消落至最低库水位，三峡水库也在6月10日消落至汛期最低水位。

（3）三水库消落期泥沙联合调度方案中，溪洛渡、向家坝水库6月上旬的库水位和泄量是比较关键的参数，会相应影响到三峡水库的冲刷部位和冲淤量，本书尚属初步研究，还需要在今后的三水库消落期泥沙联合调度实践中进一步完善。

6）基于沙峰调度的溪洛渡、向家坝、三峡水库联合排沙调度方式

本书提出的基于沙峰调度的溪洛渡、向家坝、三峡水库汛期联合排沙调度方案如下。

（1）梯级水库中的上游溪洛渡水库开展沙峰调度时，下游向家坝和三峡水库应尽量保持较低的库水位以提高梯级水库整体排沙效果。

（2）梯级水库中的下游三峡水库开展沙峰调度时，在不增加下游防洪压力的前提下，上游溪洛渡水库可降水位增泄以提高三峡水库的输沙流量，溪洛渡水库启动增泄的时间应与寸滩站出现沙峰的时间一致，以增加下游干流寸滩站沙峰对应的流量为目标，尽量使寸滩站洪峰与沙峰同步或者晚于沙峰，溪洛渡水库水位回升时应避开较大的入库沙峰。

（3）开展基于沙峰调度的梯级水库联合排沙调度时，向家坝水库应尽量维持在汛限水位。

7）基于汛期“蓄清排浑”动态使用的溪洛渡、向家坝、三峡水库联合排沙调度方式

本书提出的基于汛期“蓄清排浑”动态使用的溪洛渡、向家坝、三峡水库汛期联合排沙调度方案如下。

（1）基于汛期“蓄清排浑”动态使用的溪洛渡、向家坝、三峡水库联合排沙调度适用于汛期6月1日～8月31日，这期间当水库需要开展防洪调度时，水库按防洪调度方式运行。

（2）当溪洛渡水库入库含沙量小于2.0 kg/m^{3}或入库流量小于10000 m^3/s时，溪洛渡和向家坝水库按“蓄清”调度，溪洛渡水库水位可选择在560～565 m动态运行，向家坝水库水位可选择在370～375 m动态运行；当干流寸滩站含沙量小于2.0 kg/m^{3}或沙峰入库日寸滩站流量小于25000 m^3/s时，三峡水库按“蓄清”调度，三峡水库水位可选择在145～150 m动态运行。

（3）当溪洛渡水库入库含沙量大于或等于2.0 kg/m^{3}且入库流量大于或等于10000 m^3/s，寸滩站含沙量增大到大于或等于2.0 kg/m^{3}且当日寸滩站入库流量大于或等于25000 m^3/s

时，可考虑启动溪洛渡、向家坝、三峡水库联合“排浑”调度。

（4）“排浑”调度启动时，如果溪洛渡、向家坝、三峡水库水位均高于汛限水位，三水库应同时开始降低库水位，且要避免上游水库的下泄浑水进入下游水库时下游水库仍处于高水位或库水位抬升状态，三水库应在保证下游防洪安全的前提下尽快降低库水位至汛限水位，库水位下降时溪洛渡和向家坝水库出库流量宜大于或等于 10 000 m^3/s，三峡水库出库流量宜大于或等于 35 000 m^3/s，联合“排浑”调度开始时库水位等于汛限水位的水库，库水位维持在汛限水位以排沙。

（5）在实时调度中，应综合考虑出库含沙量变化、水库来水预报、水资源利用、防洪、航运等因素适时结束“排浑”调度。

8）溪洛渡、向家坝、三峡水库蓄水期泥沙联合调度方式

溪洛渡、向家坝与三峡水库蓄水期的主要任务是蓄水，应在努力实现蓄水目标的同时尽量减少水库泥沙淤积，故应采用实现蓄水的同时减淤的联合蓄水方式，并根据蓄水期来水来沙情况实时控制蓄水进程。对于单一水库来说，水库蓄水时间提前，蓄水进程中蓄水位过高，都会增加库区特别是变动回水区的泥沙淤积，因此，减轻变动回水区淤积是单一水库蓄水期泥沙调度的主要目标。对于溪洛渡、向家坝与三峡水库来说，三者存在着密切的水力联系与沙量联系，位于上游的溪洛渡水库是干流泥沙的主要淤积地点，因此，减轻溪洛渡水库淤积是蓄水期三水库泥沙联合调度的主要目标。

蓄水期泥沙联合调度方案如下。

（1）推荐的溪洛渡、向家坝、三峡水库蓄水期泥沙联合调度方案为：溪洛渡水库 9 月 1 日开始汛后蓄水，9 月 10 日控制蓄水位为 570 m，9 月 30 日可蓄至 600 m；向家坝水库 9 月 1 日开始汛后蓄水，9 月 10 日可蓄至 380 m；三峡水库 9 月 10 日开始蓄水，9 月 30 日控制蓄水位为 162～165 m。

（2）实时调度中，当金沙江来水来沙较多时，若溪洛渡水库 9 月上旬入库流量在 10 000 m^3/s 以上，含沙量在 2.0 kg/m^3 左右或以上，建议溪洛渡水库开始蓄水的时间由 9 月 1 日推迟为 9 月 11 日。

（3）作为补充，在实际调度中，可根据来水来沙情况对蓄水期泥沙调度推荐方案做适当调整。来沙少时，上游水库先蓄，下游水库后蓄，来沙多时下游水库先蓄，上游水库后蓄；同时，下游水库先于上游水库蓄水时，一般也应避免下游水库已完全蓄满，而上游水库还完全没蓄的情况出现，可考虑在实时调度中采用交替蓄水的方式，在下游水库蓄到一个较高的水位时，可暂停蓄水，改为上游水库蓄水，即控制各水库拦蓄量的分配和蓄水进程，使得一段时间的来水不集中蓄在某一个水库，造成该水库过早且过长时间处于最高水位，而是将来水合理分配在不同的水库并进行拦蓄。

（4）对于溪洛渡水库，如果今后入库泥沙进一步减少，水库淤积情况较好，在水库运用初期，蓄水时间也可以考虑进一步提前到 8 月 21 日；对于三峡水库，如果上游入库泥沙进一步减少，库区及变动回水区的泥沙淤积情况好于预期，在水库群联合运用前 50 年，在实时调度中，也可以结合具体情况进一步考虑在 8 月下旬预蓄一定的水量，并进一步提高蓄水进程中的控制蓄水位。

9）有利于溪洛渡、向家坝、三峡水库长期使用的泥沙联合调度方式

溪洛渡、向家坝、三峡水库泥沙联合调度应立足于实现泥沙合理调控，优化淤积部位，改善淤积形态，尽量将泥沙排出库外，减少水库群有效库容损失，实现水库长期使用。

溪洛渡、向家坝、三峡水库泥沙联合调度方案如下。

（1）蓄水期，溪洛渡水库 9 月 1 日开始汛后蓄水，9 月 10 日控制蓄水位为 570 m，9 月 30 日可蓄至 600 m，向家坝水库 9 月 1 日开始汛后蓄水，9 月 10 日可蓄至 380 m，三峡水库 9 月 10 日开始蓄水，9 月 30 日控制蓄水位为 162～165 m，在 9 月上旬溪洛渡水库入库流量在 10 000 m^3/s 以上、入库含沙量在 2.0 kg/m^3 左右或以上时，溪洛渡水库的蓄水时间由 9 月 1 日推迟为 9 月 11 日。

（2）消落期，溪洛渡、向家坝、三峡水库均在 6 月 10 日消落至最低水位。

（3）汛期，溪洛渡水库水位一般维持在 560 m，向家坝水库水位一般维持在 370 m，三峡水库水位一般在 145～146.50 m 运行；实时调度中，当寸滩站洪峰流量在 40 000 m^3/s 以上，含沙量达到 2.0 kg/m^3，且中下游没有防洪压力时，利用溪洛渡水库降水增泄，增大三峡水库入库洪峰流量及其持续时间，提高库区泥沙输移动力，增大包括三峡水库在内的整个水库群的汛期出库沙量，三峡水库沙峰出库后溪洛渡水库回蓄至 560 m，当三峡水库需要对中下游进行防洪调度且需要上游水库参与削峰时，向家坝水库应先于溪洛渡水库投入使用。

4.2　新水沙条件下长江中下游干流河道的冲淤变化响应

4.2.1　坝下游河道冲刷响应及影响因素

1. 三峡水库蓄水以来坝下游河道冲刷特性

三峡工程蓄水运用以来的第一个 10 年（2002 年 10 月～2012 年 10 月），宜昌至湖口段平滩河槽总冲刷量为 117 086 万 m^3（城陵矶至湖口段为 2001 年 10 月～2012 年 10 月），冲刷强度为 11.9 万 m^3/（km·a）。宜昌至城陵矶段、城陵矶至湖口段冲刷量分别占总冲刷量的 65.4%和 34.6%。与“九五”计划预测成果相比，宜昌至城陵矶段河道冲刷强度在原预测值范围之内，而城陵矶至湖口段的冲刷强度较原预测成果略偏大一些，发展速度也要快一些。

三峡工程蓄水运用后不同时段各河段冲淤量及冲刷强度对比见表 4.18。2012 年金沙江下游梯级水库蓄水运用以来，三峡水库坝下游河道出现较强冲刷，宜昌至湖口段 2012 年 10 月～2018 年 10 月的年均冲刷量达到了 20 578 万 m^3，相较于 2002 年 10 月～2012 年 10 月的年均冲刷量 11 341 万 m^3 偏大近 1 倍。同时，冲刷逐渐向下游发展，城陵矶以下河段河床冲刷强度明显增大。2012 年 10 月～2018 年 10 月，宜昌至城陵矶段的冲刷量占总冲刷量的 43.6%，冲刷强度为 22.0 万 m^3/（km·a），与 2002 年 10 月～2012 年 10 月的冲刷强度 18.8 万 m^3/（km·a）相比略有增大；而城陵矶至汉口段、汉口至湖口段的冲刷量分别占总冲刷量的 27.8%和 28.5%，冲刷强度分别为 22.8 万 m^3/（km·a）和 19.9 万 m^3/（km·a），与 2002 年 10 月～2012 年 10 月相比分别增大了 4.1 倍和 1.3 倍。

表 4.18　不同时段三峡坝下游宜昌至湖口段冲淤量及冲刷强度对比（平滩河槽）

项目	时段	宜昌至枝城段	荆江	城陵矶至汉口段	汉口至湖口段	宜昌至城陵矶段	城陵矶至湖口段	宜昌至湖口段
冲淤量/万 m^3	2002 年 10 月～2012 年 10 月	−14 512	−62 118	−12 556	−27 900	−76 630	−40 456	−117 086
	2012 年 10 月～2018 年 10 月	−2 180	−51 696	−34 371	−35 218	−53 876	−69 589	−123 465
	2014 年	−1 395	−9 220	−14 066	−9 848	−10 615	−23 914	−34 529
	2016 年	−473	−10 604	−21 937	−13 472	−11 077	−35 409	−46 486
各河段所占比例/%	2002 年 10 月～2012 年 10 月	12.4	53.1	10.7	23.8	65.4	34.6	—
	2012 年 10 月～2018 年 10 月	1.8	41.9	27.8	28.5	43.6	56.4	—
	2014 年	4.0	26.7	40.7	28.5	30.7	69.3	—
	2016 年	1.0	22.8	47.2	29.0	23.8	76.2	—
年均冲刷量/万 m^3	2002 年 10 月～2012 年 10 月	−1 451	−6 212	−1 141	−2 536	−7 663	−3 678	−11 341
	2012 年 10 月～2018 年 10 月	−363	−8 616	−5 729	−5 870	−8 979	−11 598	−20 578
	2014 年	−1 395	−9 220	−14 066	−9 848	−10 615	−23 914	−34 529
	2016 年	−473	−10 604	−21 937	−13 472	−11 077	−35 409	−46 486
冲刷强度/[万 m^3/（km·a）]	2002 年 10 月～2012 年 10 月	−23.9	−17.9	−4.5	−8.6	−18.8	−6.7	−11.9
	2012 年 10 月～2018 年 10 月	−6.0	−24.8	−22.8	−19.9	−22.0	−21.2	−21.6
	2014 年	−22.9	−26.6	−56.0	−33.3	−26.0	−43.8	−36.2
	2016 年	−7.8	−30.5	−87.4	−45.6	−27.1	−64.8	−48.7

尤其是 2014 年、2016 年，宜昌至湖口段平滩河槽冲刷泥沙量分别达 34529 万 m^3、46486 万 m^3，为三峡水库蓄水后 2002 年 10 月～2012 年 10 月该河段年均冲刷量的 3.0 倍、4.1 倍，且城陵矶至湖口段由原来的淤积或微冲变为沿程大幅冲刷，2014 年、2016 年该河段冲刷量分别达到 23914 万 m^3、35409 万 m^3，为 2002 年 10 月～2012 年 10 月该河段年均冲刷量的 6.5 倍、9.6 倍。

2014 年，宜昌至城陵矶段冲刷 10615 万 m^3，占总冲刷量的 30.7%；城陵矶至汉口段、汉口至湖口段冲刷量分别占总冲刷量的 40.7%和 28.5%，冲刷强度分别为 56.0 万 m^3/（km·a）和 33.3 万 m^3/（km·a），比 2002 年 10 月～2012 年 10 月分别增大 11.4 倍和 2.9 倍。

2016 年，宜昌至城陵矶段冲刷 11 077 万 m^3，占总冲刷量的 23.8%；城陵矶至汉口段、汉口至湖口段冲刷量分别占总冲刷量的 47.2%和 29.0%，冲刷强度分别为 87.4 万 m^3/(km·a)和 45.6 万 m^3/（km·a），比 2002 年 10 月～2012 年 10 月分别增大 18.4 倍和 4.3 倍。

2. 河道强烈冲刷原因分析

由上述对河道冲淤实测资料的分析可知，2008 年以来，坝下游河道冲刷强度有所加大，尤其是 2014 年、2016 年发生了不同程度的强烈冲刷。下面重点从坝下游干支流的来水来沙条件来分析河道发生冲刷的可能原因。

1）干流来水来沙的影响

（1）年均径流量和输沙量变化。金沙江中下游梯级水库相继建成蓄水运用后，三峡水库入库和出库泥沙进一步减少，使三峡坝下游输沙量也大幅减少。坝下游控制性水文站宜昌站、枝城站、沙市站、监利站、螺山站、汉口站和大通站 2013～2018 年年均径流量与 2003～2012 年相比，分别偏丰 7.5%、6.2%、5.2%、5.7%、8.3%、4.3%和 7.1%；而输沙量却大幅减少，分别减少 68.5%、69.2%、59.4%、44.7%、29.7%、33.6%和 20.2%；同时，年均含沙量也减少了 70.0%、70.1%、60.3%、46.9%、32.9%、34.7%和 24.7%。

尤其是 2014 年，坝下游控制性水文站宜昌站、沙市站、螺山站、汉口站和大通站年均径流量分别为 4 584 亿 m^3、4 123 亿 m^3、6 717 亿 m^3、7 228 亿 m^3 和 8 921 亿 m^3，与蓄水后 2003～2013 年相比，分别偏丰 15.8%、10.3%、14.6%、8.5%和 7.1%；而年均含沙量减少了 81.3%、61.3%、31.9%、31.5%和 19.6%。再如，2016 年，宜昌站、沙市站、螺山站、汉口站和大通站年均径流量分别为 4 264 亿 m^3、3 988 亿 m^3、6 909 亿 m^3、7 487 亿 m^3 和 10 455 亿 m^3，与蓄水后 2003～2015 年相比，分别偏丰 6.5%、6.1%、16.2%、11.5%和 23.9%；而年均含沙量减少了 79.4%、66.2%、36.4%、41.8%和 9.9%。

（2）汛期径流量和输沙量变化。2014 年宜昌站、螺山站和汉口站汛期（7～9 月）径流量分别为 2 187 亿 m^3、2 846 亿 m^3 和 3 002 亿 m^3，与蓄水后 2003～2013 年相比，分别偏丰 14.1%、17.0%和 9.9%；而汛期（7～9 月）平均含沙量减少了 80.4%、48.8%和 43.4%。2016 年宜昌站、螺山站和汉口站汛期（7～9 月）径流量分别为 1 557 亿 m^3、2 478 亿 m^3 和 2 798 亿 m^3，与蓄水后 2003～2015 年相比，宜昌站径流量偏枯 18.4%，螺山站和汉口站分别偏丰 1.6%和 2.9%；而汛期（7～9 月）平均含沙量减少了 81.3%、55.7%和 56.1%。

从年均径流量、输沙量和含沙量变化及汛期（7～9 月）径流量、输沙量和平均含沙量变化来看，由于坝下游各站径流略为偏丰，而输沙量和含沙量却大幅偏少，泥沙总量的锐减使水沙关系极为不匹配，坝下游河道水沙不饱和系数明显增加，挟沙能力的富余要求河床上的床沙对其进行补充，导致近年来坝下游河道冲刷强度明显增加。

2）汛期洪峰和洪水过程的影响

2014 年和 2016 年长江中下游均发生了不同程度的大洪水，洪峰较大，洪水过程持续时间较长（图 4.10），在一定程度上加剧了坝下游河道的冲刷。2016 年螺山站和汉口站的最大日均洪峰流量分别为 51 800 m³/s、56 900 m³/s，分别为三峡水库蓄水运用以来年最大流量的第四和第四位，由于长江下游大多数支流均发生较大洪水，大通站最大洪峰流量达到 71 000 m³/s，为三峡水库蓄水运用以来的最大值。同时，长江中下游干流洪峰持续过程也较长，螺山站、汉口站大于 40 000 m³/s 的天数分别达到了 37 天和 47 天，洪峰时间主要集中于 7 月。与坝下游河道冲刷较大年份 2014 年相比，2016 年长江中下游洪水最大洪峰流量明显偏大，同时高洪持续时间也偏大一倍多。

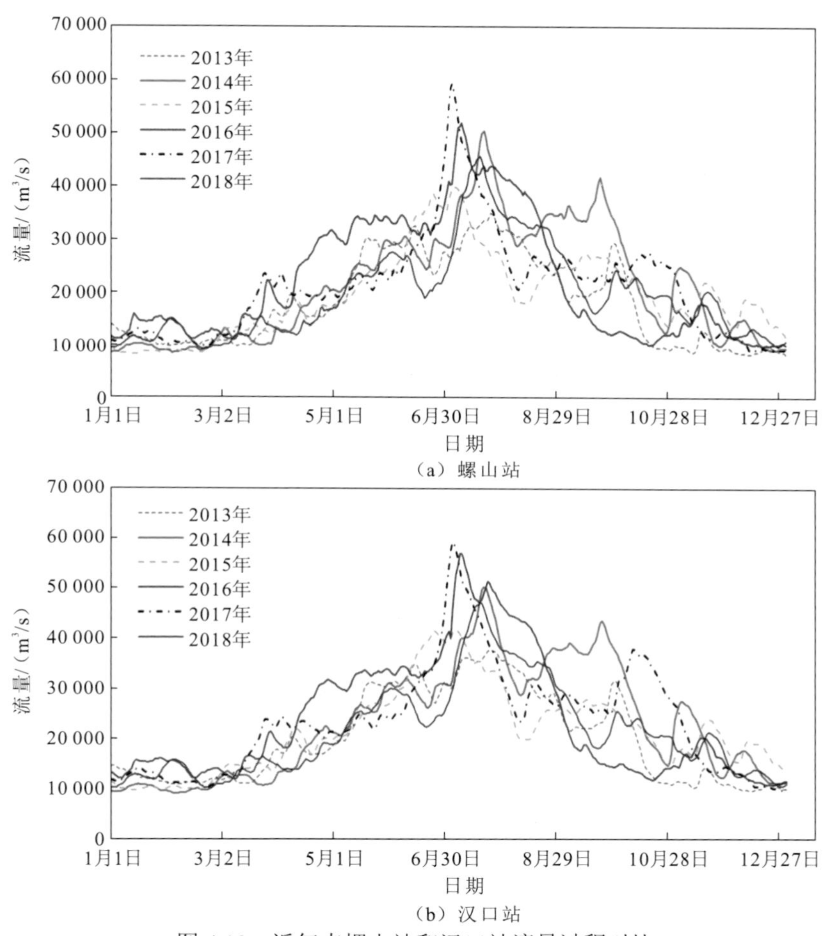

图 4.10　近年来螺山站和汉口站流量过程对比

3）区间来水来沙量及过程的影响

2016 年长江流域汛期降雨集中、强度大，暴雨洪水遭遇恶劣，长江中下游地区发生区域性大洪水，部分支流发生特大洪水。强雨带维持在长江中下游干流附近、洞庭湖水系及鄱阳湖水系北部。受强降雨影响，洞庭湖水系资水、沅江、澧水，长江中游干流附近地区、清江、湖北省东北诸支流，鄱阳湖水系修水及长江下游水阳江、滁河等支流均发生较大洪水，使长江中游、下游干流区间来水快速增加，中游洪水与下游洪水严重遭遇，中下游干流各站水位逐步上涨，长时间持续在较高水位。

6 月底～7 月上中旬，各支流来水集中，多条支流超过保证水位和历史最高水位。其中：清江水布垭水库、资水柘溪水库出现建库以来最大洪峰，湖北省东北的府澴河卧龙潭站洪峰流量达 9 300 m^3/s，上述支流洪水重现期均达 100 年一遇以上；巢湖、水阳江等水系也发生了超历史纪录的大洪水。

2016 年，两湖出口控制站城陵矶（七里山）站、湖口站径流量较 2003～2015 年平均值分别偏多 32.9%和 54.4%，而输沙量在城陵矶站仅偏多 27.8%，湖口站却偏少 2.9%。汉江仙桃站径流量虽然较 2003～2015 年平均值偏少 34.9%，但输沙量却偏少 86.2%，平均含沙量偏少了 76.5%。

由于区间来水较大，干流河道含沙量一直偏低。图 4.11 给出了 2016 年螺山站和汉口站流量与含沙量的过程，图 4.12 给出了近年来螺山站和汉口站流量与含沙量关系的对比。从图 4.12 中可以看出，2016 年汛期，长江中下游河道相同流量下的含沙量明显偏低，为近年来最低值。

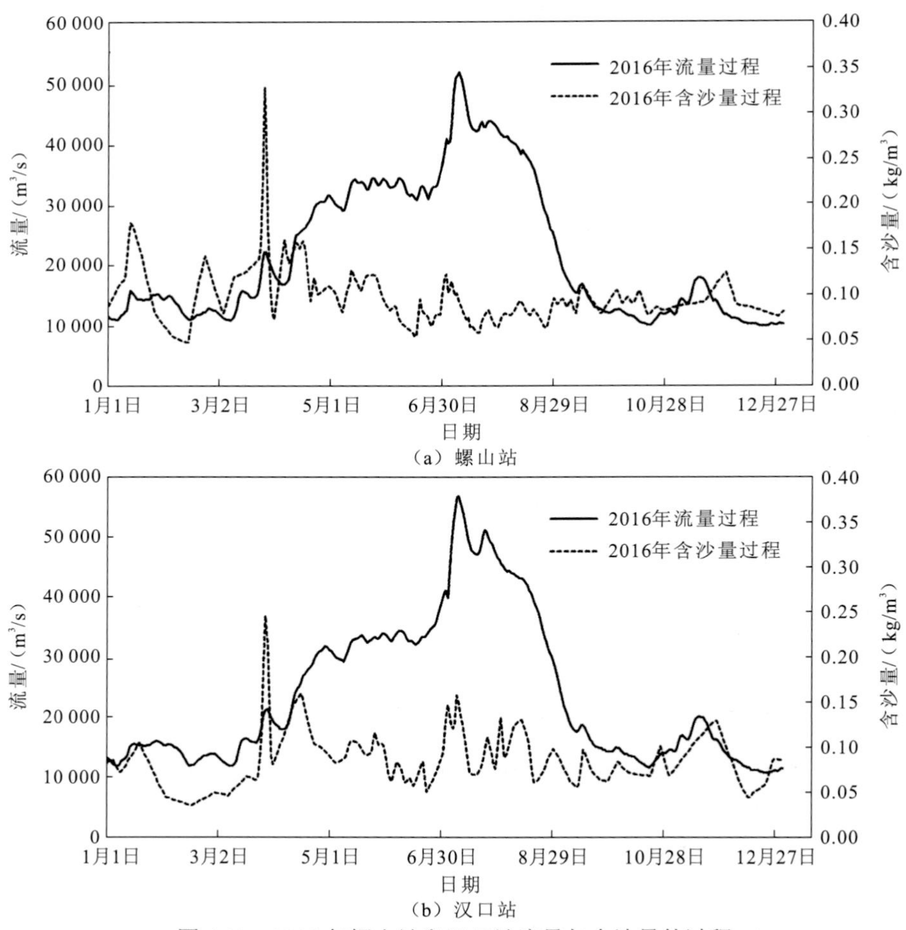

图 4.11　2016 年螺山站和汉口站流量与含沙量的过程

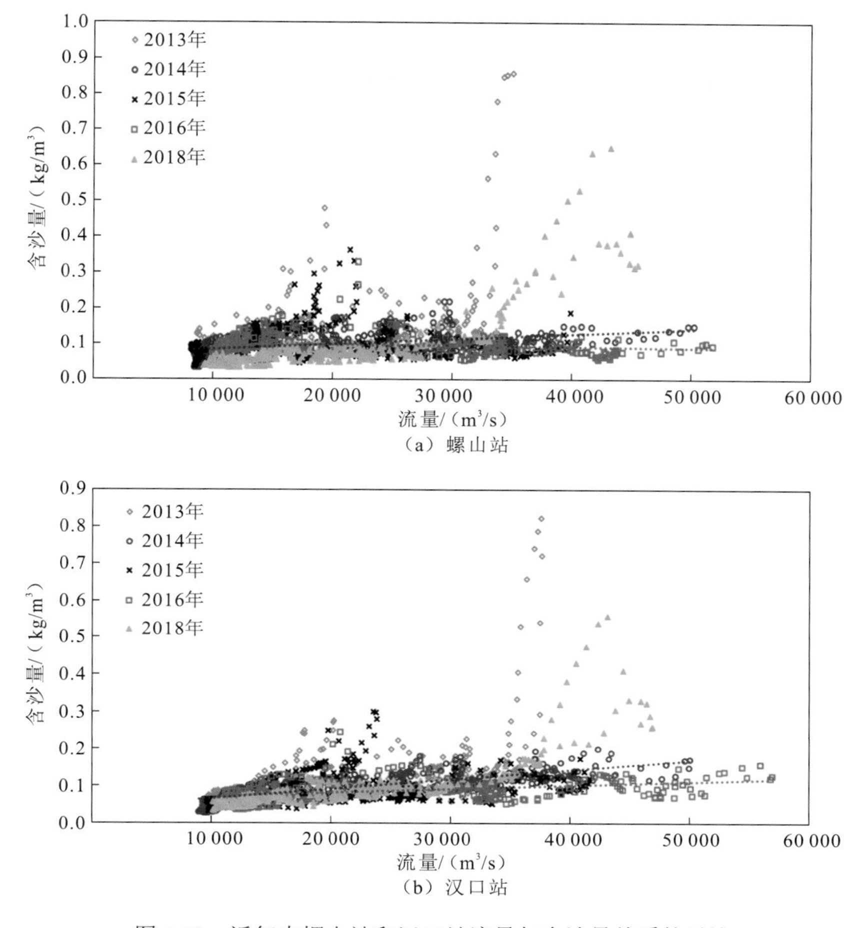

图 4.12　近年来螺山站和汉口站流量与含沙量关系的对比

4）河床组成的影响

三峡水库蓄水以来，2002 年 10 月～2018 年 10 月，宜昌至城陵矶段平滩河槽冲刷量为 13.06 亿 m^3，其中宜昌至枝城段冲刷量为 1.67 亿 m^3，近年来宜昌至枝城段冲刷强度逐渐减弱，床沙粗化明显，逐步演变为卵石夹沙河床，宜昌站、枝城站的中值粒径分别由 0.175 mm（2002 年汛后）、0.281 mm（2003 年汛后）变粗为 43.1 mm（2017 年汛后）和 0.374 mm。

2002 年 10 月～2018 年 10 月，枝城至城陵矶段（荆江河段）年均冲刷量为 0.62 亿 m^3，2012 年 10 月～2018 年 10 月，枝城至城陵矶段（荆江河段）年均冲刷量为 0.86 亿 m^3，且近年来上荆江冲刷强度未出现减缓的趋势，下荆江冲刷强度有所增加。沙市站、监利站的中值粒径分别由 2002 年汛后的 0.197 mm 和 0.179 mm 变粗为 2017 年汛后的 0.287 mm 与 0.194 mm。

2002 年 10 月～2018 年 10 月，城陵矶至汉口段、汉口至湖口段平滩河槽冲刷量分别为 4.69 亿 m^3、6.31 亿 m^3，并且随着冲刷逐渐向下游发展，城陵矶以下河段河床冲刷强度明显增大。2012 年 10 月～2018 年 10 月，城陵矶至汉口段、汉口至湖口段冲刷强度分别为 22.8 万 m^3/（km·a）和 19.9 万 m^3/（km·a），与 2002 年 10 月～2012 年 10 月相比分别增大 4.1 倍和 1.3 倍。2016 年，宜昌至湖口段平滩河槽冲刷量为 46 486 万 m^3，城陵矶至汉口段、汉口至湖口段冲刷量分别占总冲刷量的 47.2%和 29.0%。城陵矶以下河段冲刷量较大，与河段床沙组成也有密切关系。螺山站中值粒径为 0.19～0.21 mm，汉口站中值粒径为 0.18～0.22 mm，大通站床沙中值粒径为 0.17～0.20 mm，且从蓄水后床沙中值粒径的变化来看，略有粗化或无明显趋势性变化。

3. 人类活动对河道冲刷的影响分析

1）人工采砂的影响

（1）砂料开采的影响作用分析。河道采砂不仅直接增大了冲刷量，而且对河床冲刷起到推波助澜的作用。当开采区域接近河床坡脚时，会加剧坡脚冲刷，使边坡变陡，从而影响边坡的稳定性。当水流冲刷坡脚，达到一定条件时，有可能引发崩岸等险情，威胁长江堤防的安全。尤其是对于荆江河段，河床岸坡多为粉质黏土夹砂壤土，岸坡稳定性较差，一旦失稳后果严重。

总的来说，河道采砂直接增加了河床的冲刷量。根据实测资料统计的 2003～2018 年宜昌至杨家脑段冲刷量为 36 572.7 万 m^3，调查分析得到的 2003～2018 年宜昌至沙市段采砂量总计约为 12 143.4 万 t，合约 8 374.6 万 m^3（表 4.19），约占宜昌至杨家脑段河道冲刷量的 22.9%。2006 年，宜昌至杨家脑段采砂量对冲刷量的贡献甚至达到了 56.8%。

表 4.19　2003～2018 年宜昌至杨家脑段冲淤量及采砂量统计

时段	宜昌至沙市段开采量/万 t	宜昌至沙市段采砂量/万 m^3	宜昌至杨家脑段冲淤量/万 m^3	采砂量占冲刷量的百分比/%
2003～2011 年	8 225.9	5 673.0	−21 730.0	26.1
2012 年	623.1	429.7	−2 777.0	15.5
2013 年	588.4	405.8	−2 007.5	20.2
2014 年	426.6	294.2	−3 429.5	8.6
2015 年	945.3	651.9	−862.8	75.6
2016 年	866.3	597.4	−4 292.3	13.9
2017 年	398.0	274.5	−847.9	32.4
2018 年	69.8	48.1	−625.7	7.7
合计	12 143.4	8 374.6	−36 572.7	−22.9

注：采砂量干容重取 1.45 t/m^3。

从河床补给来看，根据宜昌站实测资料，统计分析了坝下游推移质泥沙的补给情况。天然时期（葛洲坝水库蓄水前），长江上游向中游补给推移质（卵石推移质+砂推移质），多年平均输沙量为 953.8 万 t（1973～1979 年）；三峡水库蓄水前（葛洲坝水库蓄水运用时期），多年平均推移质输沙量为 164.5 万 t（1981～2002 年），约为天然时期的 17%。三峡水库运行以来，推移质呈逐年减少趋势，年均输沙量仅为 12.7 万 t（2003～2018 年），约为天然时期的 1.3%，为葛洲坝水库运行时期的 7.7%。其中，2018 年输沙量为 0.44 万 t，近年来推移质补给量一直很少。而三峡水库运行以来，2003～2018 年宜昌至沙市段累积采砂约 12 143.4 万 t，年均采砂量达到 759.0 万 t，远大于河床推移质多年平均的补给量。因此，河道采砂的直接结果就是即使河道不冲刷，也会使采砂区域的局部河床发生累积性的下切。

另外，河道采砂直接破坏河床正在形成或已形成的保护层，使相对稳定的河床变得易于冲刷，失去保护的下层泥沙被水流冲刷带走，增大了河床的冲刷。目前，所采砂料均是大颗粒泥沙，即悬沙中的床沙质和部分推移质泥沙，而小颗粒泥沙通过吸砂泵水选后仍随水流冲泻到江中。因此，过量失控性开采必然会导致河床的细化。根据长江水利委员会水文局长江下游水文资源勘测局对南京河段梅子洲左汊资料的统计，自 1974 年至 1980 年右汊断面河床质的中值粒径 d_{50} 为 0.206 mm，但 1980 年后中值粒径 d_{50} 为 0.168 mm（南固 3 及潜洲左汊断面），其原因之一就是近几年大量非法船只集中在此采砂。

河床细化对河床演变的影响主要是易导致河床冲刷，原因是悬移质在输移过程中不断与床面的床沙质进行交换而获得饱和状态的挟沙水流。如果上层河床细化，水流必然导致河床下切以掳取粗颗粒级配的泥沙，从而获得饱和含沙量。另外，床面具有一定抗冲力的推移质泥沙被采，更容易导致河床的冲刷下切。

可见，河道采砂不仅直接取走了床面较粗的卵砾石，降低了粗化层的形成速度，对床面的不断扰动又延缓了粗化层的形成，而且破坏了河床底部抗冲层，使床底泥沙因松动而更易于起动，从而河道更易于冲刷。采砂对河道冲刷的影响远大于调查采砂量占冲刷量的比例，采砂对河道冲刷的影响不容忽视。

（2）中下游干流河道采砂量分析。长江干流 2000 年前后每年的采砂量就超过 8 000 万 t。国务院 2001 年颁布了《长江河道采砂管理条例》，2002 年开始，国家对长江河道采砂实行总量控制。水利部先后于 2003 年、2011 年、2016 年批复了三轮采砂规划，对长江中下游干流河道采砂管理发挥了重要的指导作用。

第一轮采砂规划的规划期为 2002～2010 年。规划对象为建筑砂料开采，共规划可采区 33 个，年采砂控制总量为 3 400 万 t。其中，湖北省控制采砂量为 1 040 万 t，江西省控制采砂量为 390 万 t，安徽省控制采砂量为 930 万 t，江苏省控制采砂量为 500 万 t，省际边界重点河段控制采砂量为 540 万 t，湖南省和上海市无规划可采区。

长江采砂分为经营类采砂与工程类采砂两大类，根据《长江泥沙公报》和《中国河流泥沙公报》，统计了 2004～2010 年长江中下游干流（宜昌至长江口段）审批许可的经营类与工程类采砂量，见表 4.20。

表 4.20　2004～2010 年长江中下游干流审批许可的经营类和工程类采砂统计表

年份	经营类（粒径大于 0.1 mm）		工程类	
	年采砂控制总量/万 t	规划年采砂控制总量/万 t	审批许可实施总量	备注
2004	1 120	3 400	1 186 万 m^3，约合 1 720 万 t	湖北省 280 万 m^3，江苏省 906 万 m^3
2005	1 270	3 400	1 602 万 m^3，约合 2 323 万 t	江苏省 1 580 万 m^3，江西省 22 万 m^3
2006	1 355	3 400	1 240 万 t	江苏省 690 万 t，湖北省 550 万 t
2007	550	3 400	1 690 万 t	江苏省 1 600 万 t，湖北省 90 万 t
2008	460	3 400	5 140 万 t	江苏省 4 490 万 t，安徽省 260 万 t，湖北省 390 万 t
2009	274	3 400	7 020 万 t	江苏省 6 440 万 t，湖北省 580 万 t
2010	80	3 400	4 430 万 t	

注：采砂量干容重取 1.45 t/m^3。

根据许可的规划可采区分布及表 4.20 中工程类采砂的省份分布情况，推算得到了宜昌至大通段和大通至长江口段 2004～2010 年历年许可河道采砂量。其中，宜昌至大通段 2004～2010 年许可采砂总量为 6 967 万 t，大通至长江口段 2004～2010 年许可采砂总量约为 2.16 亿 t，见表 4.21。

表 4.21　2004～2010 年长江中下游干流许可河道采砂量分布统计表

时段	推算的经营类采砂量/万 t		推算的工程类采砂量/万 t		推算的采砂总量/万 t	
	宜昌至大通段	大通至长江口段	宜昌至大通段	大通至长江口段	宜昌至大通段	大通至长江口段
2004 年	1 120	0	406	1 314	1 526	1 314
2005 年	1 100	170	32	2 291	1 132	2 461
2006 年	895	460	550	690	1 445	1 150
2007 年	480	70	90	1 600	570	1 670
2008 年	460	0	650	4 490	1 110	4 490
2009 年	274	0	580	6 440	854	6 440
2010 年	80	0	250	4 100	330	4 100
合计	4 409	700	2558	20 925	6 967	21 625

第二轮采砂规划的规划期为 2011～2015 年，第三轮采砂规划的规划期为 2016～2020 年。规划对象既包括建筑砂料开采，又包括吹填造地等其他砂料开采。两轮规划建筑砂料和其他砂料控制总量及分配见表 4.22、表 4.23。

表 4.22　建筑砂料年采砂控制总量及分配表

地区	建筑砂料年采砂控制总量/万 t		备注
	第二轮采砂规划（2011～2015 年）	第三轮采砂规划（2016～2020 年）	
湖北省	660	610	宜昌至城陵矶段无建筑砂料开采量
湖南省	—	30	
江西省	200	200	
安徽省	580	530	
江苏省	300	260	
上海市	—	—	
省际边界重点河段	200	100	
合计	1 940	1 730	

表 4.23　其他砂料年采砂控制总量及分配表

地区	其他砂料年采砂控制总量/万 t		备注
	第二轮采砂规划（2011～2015 年）	第三轮采砂规划（2016～2020 年）	
湖北省	850	700	控制宜昌至城陵矶段其他砂料年采砂量不超过 100 万 t
湖南省	100	100	
江西省	210	200	
安徽省	820	600	
江苏省	3 500	2 900	南京至江阴段其他砂料年采砂控制量两轮规划分别为 1 200 万 t、600 万 t
上海市	2 200	2 000	
省际边界重点河段	100	100	
合计	7 780	6 600	

根据《长江泥沙公报》和《中国河流泥沙公报》，统计了 2011～2018 年长江中下游干流（宜昌至长江口段）审批许可的和实际实施的河道采砂量，并推算得到了宜昌至大通段和大通至长江口段历年实际河道采砂量，见表 4.24。

表 4.24　2011～2018 年长江中下游干流审批许可的和实际实施的河道采砂量统计表

时段	审批许可						实际实施						推算的宜昌至大通段采砂量/万 t	推算的大通至长江口段采砂量/万 t	备注
	总计		建筑砂料		其他类（吹填造地等）		总计		建筑砂料		其他类（吹填造地等）				
	采砂量/万 t	项数	采砂量/万 t	项数	采砂量/万 t	项数	采砂量/万 t	项数	采砂量/万 t	项数	采砂量/万 t	项数			
2011 年	8 247	23	195	3	8 052	20	4 407	16	150	3	4 257	13	576	3 831	
2012 年	7 529	31	200	2	7 329	29	5 204	31	55	2	5 149	29	55	5 149	吹填造地类采砂主要集中在大通以下干流河段
2013 年	9 606	37	319	5	9 287	32	8 055	37	156	5	7 899	32	0	8 055	主要集中在大通以下干流河段
2014 年	6 501	28	315	5	6 186	23	4 816	26	77	3	4 739	23	551	4 265	主要集中在湖北江段和江苏江阴以下江段
2015 年	—	—	—	—	—	—	3 423	31	—	—	—	—	497	2 926	其中湖北省 316 万 t，江西省 5 万 t，安徽省 176 万 t，江苏省 2 101 万 t，上海市 825 万 t
2016 年	—	—	—	—	—	—	2 982	24	—	—	—	—	214	2 768	其中湖北省 58 万 t，安徽省 156 万 t，江苏省 1 793 万 t，上海市 975 万 t
2017 年	—	—	—	—	—	—	4 949	26	—	—	—	—	379	4 570	其中湖北省 214 万 t，江西省 165 万 t，江苏省 3 085 万 t，上海市 1 485 万 t。另外，洞庭湖 68 万 t，鄱阳湖 3 190 万 t
2018 年	—	—	—	—	—	—	1 166	36	—	—	—	—	144	1 022	其中湖北省 144 万 t，江苏省 788 万 t，上海市 234 万 t。另外，洞庭湖 0，鄱阳湖 478 万 t
2011～2018 年							35 002						2 416	32 586	
2012～2016 年							24 480						1 317	23 163	

注：2011 年、2014 年按照许可的可采区分布，认为建筑砂料均位于大通以上河段；吹填造地等其他项目采砂，2002～2014 年江苏省和上海市许可采砂量占整个中下游许可采砂量的 90.6%，故实施情况按照宜昌至大通段、大通至长江口段占比分别为 10%和 90%估算。2015～2018 年，按照湖北省、江西省、安徽省属于宜昌至大通段，江苏省、上海市属于大通至长江口段估算。

其中：宜昌至大通段2011～2018年采砂总量约为2416万t，大通至长江口段2011～2018年采砂总量约为3.26亿t；2012～2016年，宜昌至大通段、大通至长江口段采砂总量分别约为1317万t和2.32亿t。

从逐年来看：2011年长江中下游干流河道许可各类采砂项目23项，许可采砂总量为8247万t；实际实施采砂项目16项，实际完成采砂量4407万t。

2012年，长江中下游干流河道共计许可各类采砂项目31项，许可采砂控制总量为7529万t；实际实施采砂项目31项，实际完成采砂量5204万t。吹填造地等其他类采砂主要集中在大通以下干流河段。

2013年，长江中下游干流河道共计许可各类采砂项目37项，许可采砂控制总量为9606万t；实际实施采砂项目37项，实际完成采砂量8055万t。2013年长江中下游干流河道采砂主要集中在大通以下河段。

2014年，长江中下游干流河道共计许可各类采砂项目28项，许可采砂控制总量约为6501万t；实际实施采砂项目26项，实际完成采砂量约4816万t。2014年采砂主要集中在湖北省江段和江苏省江阴以下江段。

2015年，长江中下游干流河道共实施采砂项目31项，采砂总量为3423万t；2016年，长江中下游干流河道共实施采砂项目24项，采砂总量约为2982万t；2017年，长江中下游干流河道共实施采砂项目26项，采砂总量约为4949万t；2018年，长江中下游干流河道共实施采砂项目36项，采砂总量约为1166万t。图4.13给出了2015～2018年长江中下游干流河道采砂量分布情况。

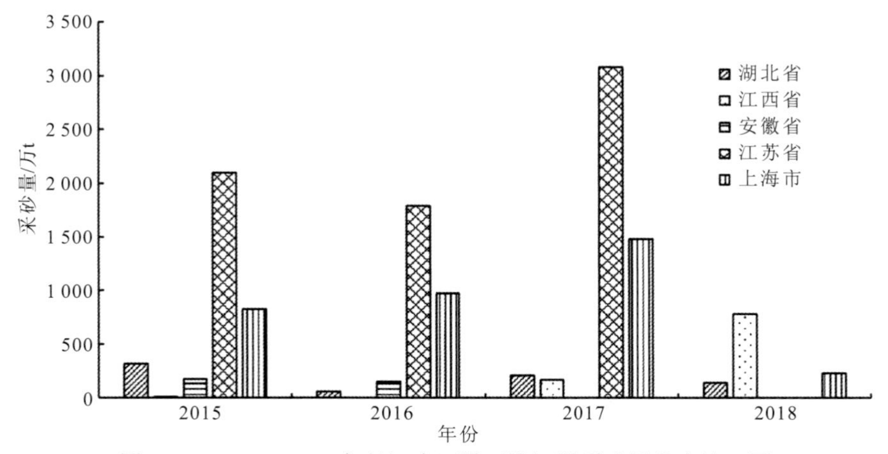

图4.13　2015～2018年长江中下游干流河道采砂量分布情况图

综上分析，从《长江泥沙公报》和《中国河流泥沙公报》的统计结果来看：2004～2010年，长江中下游共许可采砂2.86亿t，其中宜昌至大通段许可采砂总量为6967万t，大通至长江口段许可采砂总量约为2.16亿t。2011～2018年，长江中下游共采砂约3.50亿t，其中宜昌至大通段实际采砂总量约2416万t，大通至长江口段实际采砂总量约3.26亿t。2012～2016年，宜昌至大通段、大通至长江口段实际采砂总量分别约为1317万t

和 2.32 亿 t。

另外，根据实际调查，2012～2016 年宜昌至沙市段实际采砂量约为 3450 万 t，大于根据《长江泥沙公报》推算得到的宜昌至大通段实际采砂量（1 317 万 t）。不同来源的采砂数据差别较大。

2）航道建设的影响

（1）航道维护性疏浚量。收集了 2013～2019 年长江干线航道维护性疏浚量，见表 4.25～表 4.29。2013 年和 2015 年，长江中下游径流河段的芦家河水道、枝江水道、江口水道、太平口水道、瓦口子水道、燕窝水道、戴家洲水道、九江水道、东流水道、安庆水道、黑沙洲水道和江心洲水道在汛末退水期均进行了航道维护性疏浚。2013 年和 2015 年宜昌至南京段维护性疏浚量为 662.56 万 m^3 和 526.40 万 m^3。其中：2013 年航道维护主要在太平口水道、戴家洲水道和东流水道，占总维护性疏浚量的 93.5%；2015 年航道维护主要在太平口水道和戴家洲水道，占总维护性疏浚量的 89.4%。

表 4.25　2013 年和 2015 年长江中下游重点水道维护性疏浚情况一览表

区段	水道名称	疏浚量/万 m^3	
		2013 年	2015 年
宜昌至大埠街段	芦家河水道	21.86	32.30
	枝江水道	16.20	10.70
	江口水道	—	—
	关洲水道	—	—
大埠街至城陵矶段	太平口水道	170.93	356.30
	瓦口子水道	—	—
	八仙洲水道	—	—
	藕池口水道	—	—
城陵矶至安庆段	嘉鱼水道	—	—
	燕窝水道	—	—
	戴家洲水道	106.15	114.40
	九江水道	—	—
	东流水道	342.54（西港）	—
安庆至南京段	安庆水道	4.88	—
	黑沙洲水道	—	12.70
	江心洲水道	—	—
合计		662.56	526.40

表 4.26　2016 年长江干流航道疏浚情况统计表

航道范围	序号	水道名称	疏浚量/万 m^3
上游航道（宜宾合江门至宜昌九码头段）	1	李庄水道	5.10
	2	杨柳碛水道	1.36
	3	筲箕背水道	11.84
	4	香炉滩水道	29.78
	5	小米滩水道	10.97
	6	叉鱼碛水道	3.93
	7	龙门水道	1.17
	8	占碛子水道	0.79
	9	广阳坝水道	2.30
		小计	67.24
中游航道（宜昌九码头至武汉长江大桥段）	10	关洲水道	9.40
	11	芦家河水道	17.75
	12	枝江水道	18.50
	13	江口水道	10.80
	14	太平口水道	1 049.84
	15	瓦口子水道	51.26
	16	燕窝水道	19.57
		小计	1 177.12
下游航道（武汉长江大桥至浏河口段）	17	戴家洲水道	96.50
	18	黑沙洲南水道	20.64
	19	江心洲水道	6.56
	20	仪征水道	66.24
	21	福姜沙北水道	440.91
	22	福姜沙中水道	11.84
	23	福姜沙南水道	71.44
	24	浏海沙水道	63.18
	25	南通水道	1 087.56
	26	通州沙东水道	629.63
	27	浏河水道	242.14
		小计	2 736.64
长江口航道	1	深水航道	5 851.00
	2	南槽航道	254.00
		小计	6 105.00
合计			10 086.00

表 4.27　2017 年长江干流航道疏浚情况统计表

航道范围	序号	水道名称	疏浚量/万 m^3
上游航道（宜宾合江门至宜昌九码头段）	1	香炉滩水道	30.68
	2	叉鱼碛水道	1.58
	3	小米滩水道	4.53
	4	杨柳碛水道	5.84
	5	朝天门水道	6.29
	6	长寿水道	4.77
		小计	53.69
中游航道（宜昌九码头至武汉长江大桥段）	7	芦家河水道	17.39
	8	枝江水道	1.89
	9	太平口水道	678.94
	10	瓦口子水道	18.74
	11	藕池口水道	4.02
	12	八仙洲水道	13.21
	13	嘉鱼水道	14.80
	14	燕窝水道	55.35
		小计	804.34
下游航道（武汉长江大桥至浏河口段）	15	巴河水道	2.68
	16	戴家洲水道	19.19
	17	九江水道	7.90
	18	东流水道	15.63
	19	安庆水道	1.23
	20	黑沙洲南水道	20.92
	21	宝塔水道	2.20
	22	仪征水道	8.25
	23	口岸直水道	86.37
	24	福南水道	33.74
	25	福北水道	97.13
	26	南通水道	332.56
	27	通州沙东水道	312.78
	28	浏河水道	144.31
		小计	1 084.89
合计			1 942.92

表 4.28　2018 年长江干流航道疏浚情况统计表

航道范围	序号	水道名称	疏浚量/万 m^3			
			非市场化疏浚量	市场化疏浚量	三峡水库资金疏浚量	合计
上游航道（宜宾合江门至宜昌九码头段）	1	杨柳碛水道	0.00	0.00	0.00	0.00
	2	香炉滩水道	5.22	7.41	0.00	12.63
	3	井口水道	0.00	0.00	0.00	0.00
	4	小米滩水道	0.48	0.00	0.00	0.48
	5	瓦窑滩水道	0.28	7.81	0.00	8.09
	6	神背嘴水道	0.00	0.00	0.00	0.00
	7	叉鱼碛水道	4.15	5.28	0.00	9.43
	8	红花碛水道	0.00	0.00	0.00	0.00
	9	鱼洞水道	0.00	4.25	0.00	4.25
	10	广阳坝水道	0.00	0.00	12.59	12.59
	11	长寿水道	0.00	0.00	13.47	13.47
		小计	10.13	24.75	26.06	60.94
中游航道（宜昌九码头至武汉长江大桥段）	12	芦家河水道	1.16	2.18	19.52	22.86
	13	枝江水道	0.63	1.80	15.45	17.88
	14	江口水道	0.00	22.22	0.00	22.22
	15	大埠街水道	0.00	6.15	0.00	6.15
	16	涴市水道	0.00	1.26	0.00	1.26
	17	太平口水道	194.44	552.70	284.66	1 031.80
	18	瓦口子水道	0.00	0.00	0.00	0.00
	19	监利水道	0.00	1.34	0.00	1.34
	20	嘉鱼水道	0.00	0.00	78.38	78.38
		小计	196.23	587.65	398.01	1 181.89
下游航道（武汉长江大桥至浏河口段）	21	戴家洲水道	0.00	23.12	0.00	23.12
	22	武穴水道	0.00	7.15	0.00	7.15
	23	九江水道	0.29	265.03	0.00	265.32
	24	东流水道	0.00	31.72	0.00	31.72
	25	安庆水道	0.97	0.00	0.00	0.97
	26	黑沙洲水道	18.82	95.88	0.00	114.70
	27	江心洲水道	0.00	0.00	0.00	0.00
	28	宝塔水道	5.98	19.82	0.00	25.80
	29	口岸直水道	0.38	0.00	0.00	0.38
	30	福南水道	37.82	28.00	0.00	65.82
	31	福北水道	12.93	0.00	0.00	12.93
	32	南通水道	28.09	474.68	0.00	502.77
	33	通东水道	2.33	218.89	0.00	221.22
	34	白茆沙水道	0.00	0.00	0.00	0.00
	35	浏河水道	24.70	248.74	0.00	273.44
		小计	132.31	1 413.03	0.00	1 545.34
合计			338.67	2 025.43	424.07	2 788.17

表 4.29　2019 年长江干流航道疏浚情况统计表

航道范围	序号	水道名称	疏浚量/万 m^3		
			市场化疏浚量	三峡水库资金疏浚量	合计
上游航道（宜宾合江门至宜昌九码头段）	1	箐箕背水道	1.39	0.00	1.39
	2	香炉滩水道（吊鱼嘴）	0.00	0.00	0.00
	3	井口水道	6.37	0.00	6.37
	4	纳溪水道	8.88	0.00	8.88
	5	小米滩水道	1.92	0.00	1.92
	6	东溪口水道	0.04	0.00	0.04
	7	温中坝水道	1.26	0.00	1.26
	8	木洞水道	0.00	6.28	6.28
	9	广阳坝水道	0.00	0.40	0.40
	10	巫木桩水道	0.00	0.59	0.59
	11	鱼洞水道	0.00	6.31	6.31
	12	苦竹碛水道	0.44	0.00	0.44
		小计	20.30	13.58	33.88
中游航道（宜昌九码头至武汉长江大桥段）	13	芦家河水道	7.51	0.00	7.51
	14	枝江水道	23.15	9.79	32.94
	15	江口水道	6.91	0.00	6.91
	16	大埠街水道	6.81	0.00	6.81
	17	太平口水道	487.69	137.20	624.89
	18	瓦口子水道	0.00	0.00	0.00
	19	周公堤水道	34.24	0.00	34.24
	20	藕池口水道	0.00	0.00	0.00
	21	监利水道	10.99	0.00	10.99
	22	反咀水道	4.00	0.00	4.00
	23	尺八口水道	50.81	0.00	50.81
	24	界牌水道	97.86	0.00	97.86
	25	嘉鱼水道	0.00	27.06	27.06
		小计	729.97	174.05	904.02
下游航道（武汉长江大桥至浏河口段）	26	戴家洲水道	101.32	0.00	101.32
	27	九江水道	165.35	0.00	165.35
	28	东流水道	0.00	0.00	0.00
	29	安庆水道	0.00	0.00	0.00
	30	黑沙洲水道	0.00	0.00	0.00
	31	江心洲水道	74.32	0.00	74.32
	32	凡家矶水道	74.62	0.00	74.62
	33	宝塔水道	1.09	0.00	1.09

续表

航道范围	序号	水道名称	疏浚量/万 m^3		
			市场化疏浚量	三峡水库资金疏浚量	合计
下游航道（武汉长江大桥至浏河口段）	34	龙潭水道	8.18	0.00	8.18
	35	仪征水道	125.03	0.00	125.03
	36	和畅洲水道	0.00	0.00	0.00
	37	焦山水道	0.11	0.00	0.11
	38	口岸直水道（落成洲）	316.07	0.00	316.07
	39	口岸直水道（鳗鱼沙）	52.74	0.00	52.74
	40	福北水道	601.36	0.00	601.36
	41	福中水道	102.85	0.00	102.85
	42	福南水道	5.02	0.00	5.02
	43	南通水道	414.20	0.00	414.20
	44	通东水道	94.90	0.00	94.90
	45	浏河水道	144.95	0.00	144.95
		小计	2 282.11	0.00	2 282.11
合计			3 032.38	187.63	3 220.01

2016 年长江干流航道疏浚量为 10086 万 m^3。其中：上游航道疏浚量总计 67.24 万 m^3；中游航道疏浚量总计 11 77.12 万 m^3；下游航道疏浚量总计 2 736.64 万 m^3。长江口深水航道（含延长段）维护性疏浚量为 5 851 万 m^3，较上一年有所减少；南槽航道维护性疏浚量为 254 万 m^3，较上一年有所增加，维护情况总体正常。

2017 年长江干流（宜宾至浏河口段）航道疏浚量为 1 942.92 万 m^3。其中：上游航道疏浚量总计 53.69 万 m^3；中游航道疏浚量总计 804.34 万 m^3；下游航道疏浚量总计 1 084.89 万 m^3。

2018 年长江干流（宜宾至浏河口段）航道疏浚量为 2 788.17 万 m^3。其中：上游航道疏浚量总计 60.94 万 m^3；中游航道疏浚量总计 1 181.89 万 m^3；下游航道疏浚量总计 1 545.34 万 m^3。

2019 年长江干流（宜宾至浏河口段）航道疏浚量为 3 220.01 万 m^3。其中：上游航道疏浚量总计 33.88 万 m^3；中游航道疏浚量总计 904.02 万 m^3；下游航道疏浚量总计 2 282.11 万 m^3。

需要说明的是，以往长江航道疏浚砂大多直接抛入江中深槽或大海，近年来，长江沿线部分地市开展了不同特色的疏浚砂利用实践，实现了航道疏浚砂上岸综合利用。以长江中游荆州市的太平口水道疏浚砂综合利用试点，2019 年度疏浚砂综合利用量已达 385 万 m^3，占疏浚砂总量的 75.8%。

表 4.30 给出了 2013 年、2015～2019 年长江宜昌至大通段航道维护性疏浚量统计表。据不完全统计，2013 年、2015～2019 年宜昌至大通段航道维护性疏浚量约为 5 981.8 万 m^3。

表 4.30　2013 年、2015～2019 年长江宜昌至大通段航道维护性疏浚量统计表

年份	疏浚量/万 m^3
2013	662.6
2015	513.7
2016	1 273.6
2017	851.0
2018	1 510.2
2019	1 170.7
合计	5 981.8

注：暂缺 2012 年、2014 年航道维护性疏浚量数据。

（2）航道整治工程的影响。选取戴家洲河段，分析航道整治工程对河道冲淤的影响。2001 年 10 月～2016 年 11 月，汉口至湖口段河床年际有冲有淤，总体表现为滩槽均冲，基本河槽总冲刷量为 5.1 亿 m^3。河床断面形态均未发生明显变化，河床冲淤以主河槽为主。部分河段因实施了航道整治工程，断面冲淤调整幅度略大，如戴家洲河段航道整治一期工程。

戴家洲河段包括巴河和戴家洲两个水道。鄂州至巴河口段顺直放宽，长约 14 km，为巴河水道；巴河口至回风矶段微弯分汊，长约 20 km，为戴家洲水道，是长江中游重点浅水道之一，右汊直水道为主航道所在，在河道总体分汊的平面格局下，由于直水道内滩槽稳定性差，存在进口、上段、中段、下段四处浅区。针对戴家洲水道的航道问题，先后实施了三期航道整治工程。2009 年 1 月实施了戴家洲河段航道整治一期工程，重点是守护新洲头滩地，塑造直水道进口凹岸边界，稳定两汊分流条件。2010 年底开始实施戴家洲右缘下段守护工程，重点是对戴家洲右缘下段进行护岸，并在洲尾低滩实施两条护底带工程，稳定戴家洲右缘下段岸线和洲尾低滩，防止直水道平面形态向过直、过宽方向变化。2012 年末开始实施戴家洲河段航道整治二期工程，工程主要包括戴家洲右缘中上段护岸、直水道右岸中上段 3 道潜丁坝，重点是稳定直水道上段右岸边滩，解决直水道上段浅区水深不足的问题。上述工程实施后，戴家洲水道的分汊格局及戴家洲右缘高滩岸线得到了稳定，直水道上段浅区的航道条件逐步改善，航道条件达到了 4.5 m×200 m 的目标尺度。

2008～2009 年枯水期，为改善巴河水道的航道条件，适当调整并稳定戴家洲直水道（即右汊）分流，增强直水道弯道特性，使航道尺度达到 4.5 m×200 m×1050 m，同时缓解当前航道维护困难的局面，戴家洲河段开工建设了航道整治一期工程，主要对新洲头滩地进行了守护。航道整治一期工程主要为：在新洲滩头修建鱼骨坝，同时在圆水道左岸江家地以上布置岸脚加固工程，在直水道右岸观音港以上布置岸脚加固工程，见图 4.14。

航道整治一期工程的主要目的是形成有利的洲头形态，增加直港进口段的弯曲度，适当调整并稳定直港枯水期分流比，增强直港弯道水流特性，在一定程度上解决直港过直的问题，为本河段航道整治工程的全面实施奠定基础。

航道整治一期工程实施以来，戴家洲河段在来水来沙和整治工程的影响下，河道内的滩槽形态发生了一些变化，朝有利于整治的方向发展，整治时机较好。但直港内的戴家洲洲尾低滩冲刷，戴家洲右缘下段岸线蚀退，位于河心的滩体处于淤高的状态，2001～2016 年戴家洲洲头（CZ76 断面）累积淤积幅度最大达到 6 m 以上（图 4.15）。

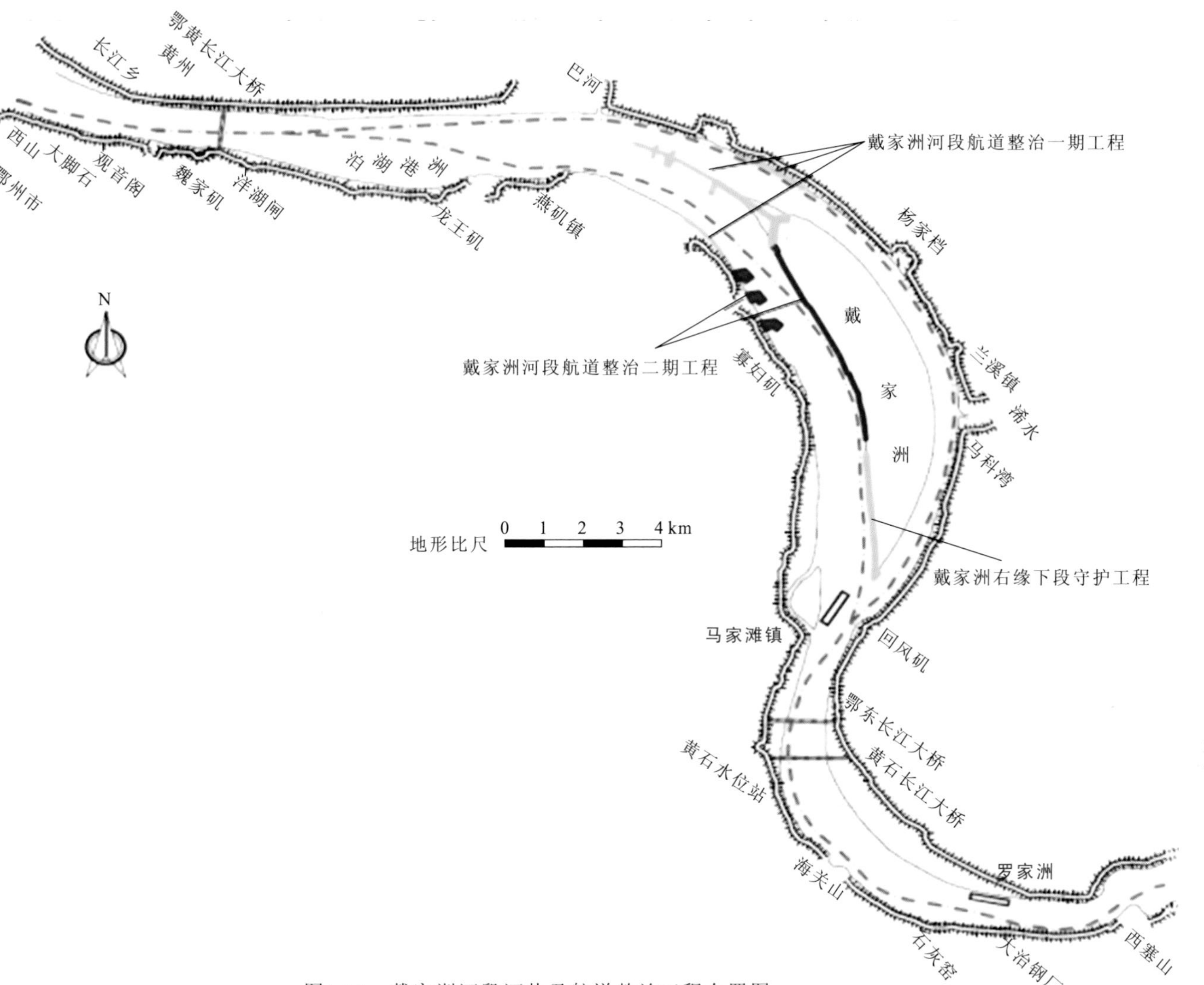

图4.14　戴家洲河段河势及航道整治工程布置图

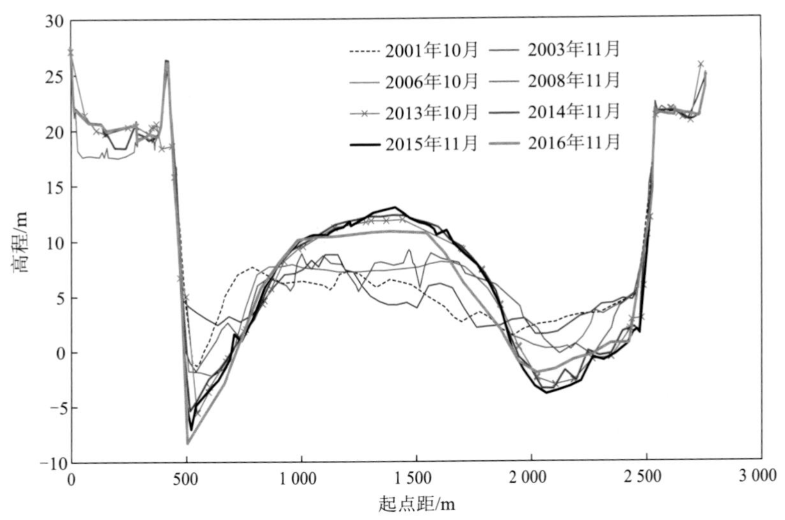

图 4.15　戴家洲河段 CZ76 断面（戴家洲洲头）冲淤变化

3）其他涉水工程的影响

近年来，在开展长江经济带建设和长江大保护的过程中，在长江干流实施了诸多涉水工程。这些涉水工程既有起到防护作用的堤防、丁坝、潜丁坝，又有保障交通运输的桥梁和码头。这些涉水工程的建设，在一定程度上改变了河道的边界条件，必然影响河道床面冲淤调整趋势。

杨泗港长江大桥桥址位于白沙洲大桥下游 3.0 km、白沙洲洲尾下游约 1.5 km 处，距离下游的武桥航道整治工程仅 100 m，通道起点设在汉阳区江堤立交，上跨鹦鹉大道、滨江大道后，过长江经武昌区八坦路，接武咸公路，该工程的建设是缓解武汉市交通压力的重要环节之一。工程桥梁全长 3 710 m，其中主桥采用 1 700 m 加劲钢箱梁体系悬索桥。桥梁立面图和桥墩布置图见图 4.16 和图 4.17。

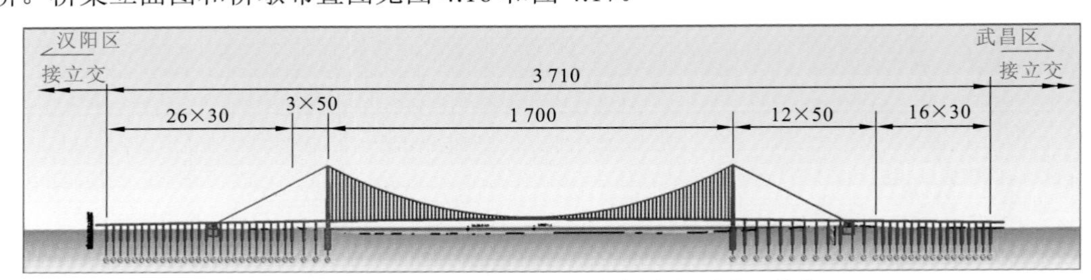

图 4.16　杨泗港长江大桥悬索桥方案桥式立面图（单位：m）

一般而言，工程修建后，与工程修建前相比，桥墩上游受桥墩壅水作用，一定范围内的河床大多会略有淤积，桥墩下游受桥墩约束水流的影响，为通过工程修建前同样大小的流量，桥下流速会有所增大，水流挟沙能力也相应地有所增强，在桥墩下游一定的范围内河床会有所冲刷。动床实体模型试验研究表明：工程修建对工程河段河床冲淤变化的影响主要集中在工程处上游 1.5 km 至工程处下游 1.5 km 范围内的局部河段，建桥引起的桥位河段河床的冲淤幅度一般为 1～8 m，其他河段的河床冲淤受建桥的影响较小。

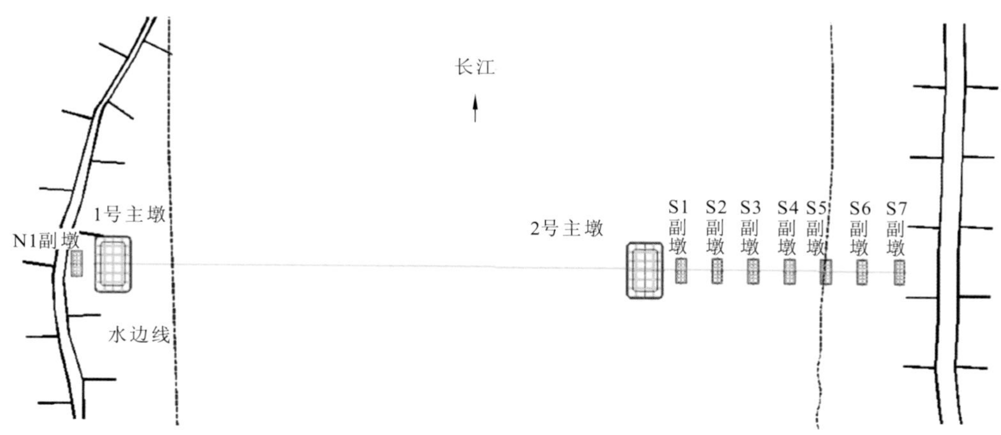

图 4.17　杨泗港长江大桥桥墩布置图

工程修建后，受桥墩的阻水作用，桥墩附近产生了局部冲刷坑。动床实体模型试验结果表明，工程修建后的第 6 年（1998 年）末，2 号主墩与 S1～S6 副墩分别累积冲刷 8.07 m、5.46 m、4.51 m、4.74 m、4.36 m、4.12 m 及 3.91 m（图 4.18）。

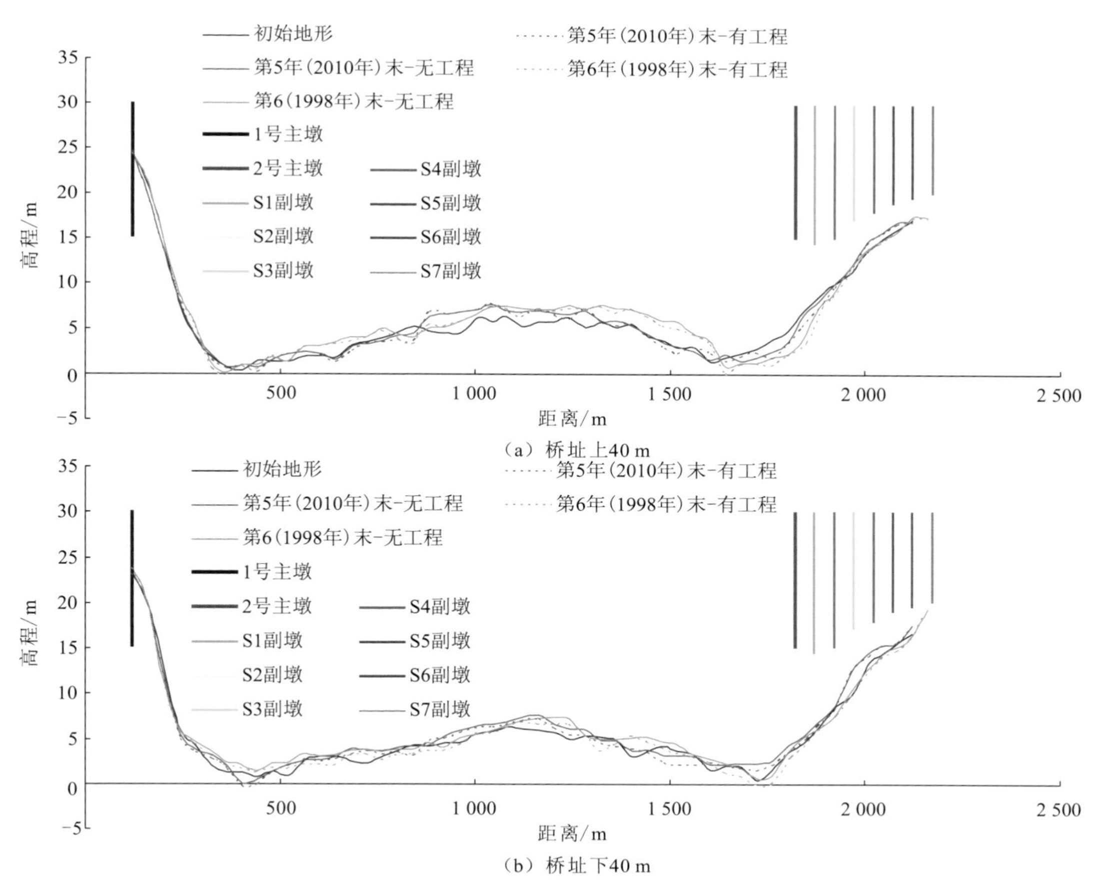

图 4.18　动床实体模型试验前后典型断面冲淤变化图

4.2.2 长江中下游河道冲淤变化趋势

1. 数学模型建立和验证

1）模型范围

宜昌至大通段一维水沙数学模型的模拟范围：长江干流宜昌至大通段、三口洪道、四水尾闾控制站以下河段、洞庭湖湖区（区间汇入的主要支流为清江、汉江等）和鄱阳湖湖区（汇入的河流为赣江、抚河、信江、饶河和修河）。

2）验证计算条件

验证计算时采用的起始地形如下：宜昌至大通段采用 2011 年 10 月实测河道地形；三口洪道及洞庭湖湖区采用 2011 年实测河道地形（四水尾闾控制站以下大部分河段采用 1995 年断面资料）；鄱阳湖湖区采用 2011 年实测河道地形。

采用 2011～2016 年实测资料对模型进行水流和河床冲淤的率定与验证，出口边界采用大通站同时期水位过程。

3）水流验证成果

通过对 2011～2016 年实测资料的演算，率定得到的干流河道糙率的变化范围为 0.016～0.038，三口洪道和湖区糙率的变化范围为 0.014～0.055。干流枝城站、沙市站、监利站、汉口站、九江站、三口洪道及洞庭湖湖区出口七里山站等的水位流量关系、流量过程、水位过程验证成果与实测过程能较好地吻合，峰谷对应，涨落一致，模型能适应长江干流丰、平、枯不同时期的流动特征。模型所选糙率基本准确，计算结果与实测水流过程吻合较好，河网汊点流量分配准确，能够反映长江中下游干流河段、洞庭湖湖区复杂河网及各湖泊的主要流动特征，具有较高的精度，可用于长江中下游河道和湖泊水流特性的模拟。

4）干流河道冲淤验证成果

进行冲淤验证时，首先需要统计确定验证时段内的河段冲淤量，通常采用输沙量法、断面法和地形法来计算。据水利部长江水利委员会水文局研究成果，受泥沙测验、固定断面布设、河道采砂等因素影响，各种方法计算的冲淤量有一定的差别。例如：输沙量法计算表明，2003～2018 年宜昌至大通段冲刷泥沙 10.76 亿 t（其中，推移质泥沙冲刷 0.26 亿 t）；而断面法计算表明，2003～2018 年宜昌至大通段冲刷泥沙 36.95 亿 t，与输沙量法相差较大。

现阶段，水利部长江水利委员会水文局对外公布的长江中下游干流冲淤量通常采用断面法进行统计，但其也可能存在一定的误差，误差主要来源于河道采砂、航道疏浚和断面布设等。

据《长江泥沙公报》和《中国河流泥沙公报》统计，2004～2015 年长江中游干流湖北省、江西省、安徽省三省经许可实施的采砂总量为 1.312 亿 t，约占宜昌至湖口段平滩河槽累积冲刷量的 6.2%。但是，2012 年以后河道采砂主要集中在长江下游的安徽省、江苏省和上海市等，据统计，2012～2016 年宜昌至大通段、大通至长江口段采砂总量分别约为 1 317 万 t 和 2.32 亿 t，另外，受非法采砂活动的影响，长江中下游河道实际采砂量可能更大。有关调查研究表明，宜昌至沙市段河道实际采砂量占实测河床冲刷量的比例约为 20%。另外，据不完全统计，2012～2016 年，宜昌至大通段航道维护性疏浚量约为 2 450 万 m^3。因此，河道采砂和航道疏浚等人类活动对河道冲刷可能会有一定的影响，在本次验证的 2011 年 10 月～2016 年 11 月（即 2012～2016 年）内，假设人类活动影响占到总冲刷量的 15%～20%。

实际河道中，断面布设不可能足够密集，断面代表性及其间距会对断面法的计算精度产生影响。从表 4.31 可以看出，1998～2013 年宜昌至湖口段断面法与地形法计算的冲刷量分别为 171 801 万 m^3、158 627 万 m^3，相对误差在 8.0%左右，误差较小、精度较高，断面布设基本能反映河床的冲淤特性。湖口至大通段断面布设较为稀疏，断面法冲刷量相对于地形法偏大，1998～2016 年相对误差达 23.5%，2011～2016 年相对误差为 56.1%，两者之间差异较大。

表 4.31 湖口至大通段断面法与地形法冲淤量对比表

河段	计算时段	断面法/万 m^3	地形法/万 m^3	绝对偏差/万 m^3	相对误差/%
宜昌至湖口段	1998～2013 年	−171 801	−158 627	−13 174	8.3
湖口至大通段	1998～2016 年	−32 393	−26 219	−6 174	23.5
	2011～2016 年	−21 569	−13 818	−7 751	56.1

综上所述，由于输沙量法冲刷量偏小，断面法和地形法偏大，对外发布的冲淤量以断面法或地形法为主。因此，本次验证的 2011 年 10 月～2016 年 11 月（即 2012～2016 年）内，宜昌至湖口段暂取断面法冲刷量进行比较，湖口至大通段暂取地形法冲刷量（13 818 万 m^3）进行比较，在此基础上考虑人类活动的影响。

表 4.32 给出了长江干流宜昌至大通各河段冲淤量验证计算值与实测值的对比。宜昌至大通段冲淤量计算值为 101 298 万 m^3，较实测值 121 674 万 m^3 偏小，总体相对误差为 16.7%，各分河段相对误差在 23%以内，主要原因是实测冲刷量中包含采砂等人类活动的影响。

表 4.32 长江干流宜昌至大通各河段冲淤量验证表

河段	宜昌至枝城段	枝城至藕池口段	藕池口至城陵矶段	城陵矶至汉口段	汉口至湖口段	湖口至大通段	宜昌至大通段
2011～2016 年实测值/万 m^3	−2 987	−33 758	−14 152	−29 926	−27 033	−13 818	−121 674
2011～2016 年计算值/万 m^3	−2 651	−28 337	−12 351	−25 123	−20 919	−11 917	−101 298
相对误差/%	−11.2	−16.1	−12.7	−16.0	−22.6	−13.8	−16.7

5）三口洪道和洞庭湖湖区冲淤验证成果

根据 2011 年、2016 年三口洪道实测地形图，统计得出 2011～2016 年三口洪道的平滩河槽冲刷量为 1.0435 亿 m^3，其中松滋河、虎渡河、藕池河、松虎洪道均表现为冲刷，冲刷量分别为 0.6974 亿 m^3、0.0421 亿 m^3、0.1978 亿 m^3、0.1062 亿 m^3。

现场调查发现，在三口洪道内，尤其是松滋河内存在不少采砂活动，其中进口段在 2011～2016 年受人类采砂活动影响，断面大幅下切，2011～2016 年松 3 和松 8 断面间采砂影响量约为 2654 万 m^3，若扣除采砂影响，松滋河平滩河槽冲刷量为 4320 万 m^3。在模型验证过程中应考虑扣除部分冲刷量。

由于缺乏洞庭湖湖区 2016 年实测地形，难以准确统计 2011～2016 年的湖盆区实测冲淤量成果，故采用输沙量法进行估算。

据洞庭湖湖区来水来沙量统计表（表 4.33）：在 2011～2016 年，荆江三口年均入湖沙量为 564 万 t，洞庭湖四水入湖沙量约为 783 万 t，年均出湖沙量为 2440 万 t；在不考虑湖区区间来沙的情况下，全洞庭湖（含三口洪道、四水尾闾及湖盆区）泥沙年均冲刷量为 1093 万 t。

表 4.33　洞庭湖湖区来水来沙量统计表（年均值）

时段	年均入湖水量/亿 m^3		年均出湖水量/亿 m^3	年均入湖沙量/万 t		年均出湖沙量/万 t	全湖区的总冲淤量/万 t
	三口	四水		三口	四水		
2006～2016 年	482	1 613	2 402	917	836	1 964	−211
2006～2011 年	475	1 492	2 229	1 079	865	1 654	290
2011～2016 年	493	1 832	2 714	564	783	2 440	−1 093
2017 年	456	1 839	2 776	180	1 236	1 610	−194

按泥沙干密度为 1.325 t/m^3 计算，推算出的 2011～2016 年全洞庭湖的冲刷总量为 4 125 万 m^3，扣除地形法计算得到的三口洪道平滩河槽冲刷总量为 10435 万 m^3，因此推算出的 2011～2016 年四水尾闾及湖盆区泥沙淤积总量为 6310 万 m^3（表 4.34）。

表 4.34　洞庭湖湖盆区冲淤量推算（累积值）

时段	全湖区/万 m^3	三口洪道/万 m^3	四水尾闾及湖盆区/万 m^3
2003～2011 年	1 968	−5 232	7 200
2011～2016 年	−4 125	−10 435	6 310
2017 年	−146	239	−385

注：全湖区（含三口洪道、湖盆区）冲淤量根据输沙量法估算得到；三口洪道冲淤量（平滩河槽）由地形法统计得到。

经河床冲淤验证计算（表 4.35）：2011～2016 年三口洪道冲刷量计算值为 7595 万 m^3，比实测值偏少 2.4%；四水尾闾及湖盆区淤积量计算值为 6401 万 m^3，比实测值偏多 1.4%；全湖区冲刷量计算值为 1194 万 m^3，比实测值偏少 18.8%。各分段相对误差在 20%以内，总体在规范要求范围内。

表 4.35 三口洪道及洞庭湖湖区冲淤验证表

河段	冲淤量/万 m^3			相对误差/%
	实测值	实测值（扣除采砂）	计算值	
松滋河	-6 974	-4 320	-4 526	4.8
虎渡河	-421	-421	-461	9.5
藕池河	-1 978	-1 978	-1 634	-17.4
松虎洪道	-1 062	-1 062	-974	-8.3
三口洪道总计	-10 435	-7 781	-7 595	-2.4
四水尾闾及湖盆区	6 310	6 310	6 401	1.4
全湖区（含三口洪道）	-4 125	-1 471	-1 194	-18.8

注：松滋河实测冲淤量中已扣除采砂量 2 654 万 m^3。

总体来看，本模型能较好地反映各河段的总体变化，各河段计算的冲淤性质与实测一致，计算值与实测值的偏离尚在合理范围内。因此，利用本模型进行三峡水库下游河道冲淤预测是可行的。

2. 长江中下游河道冲淤变化趋势预测

1）预测条件

（1）水沙条件。宜昌站是长江中下游干流来水来沙的主要控制站，汉江、洞庭湖四水、鄱阳湖五河等较大的支流也是干流河道的水沙来源，因此需要结合各干支流控制站的水沙特征，并考虑未来的变化趋势，综合比较选取中下游河道冲淤预测的典型系列年。

经初步比较，选择三个典型系列年进行对比分析：三峡水库蓄水运用初期的 2003～2012 年实测系列、试验性蓄水以来的 2008～2017 年实测系列、考虑上游梯级水库拦沙作用的 1991～2000 年拦沙系列。不同时段主要控制站的年均径流量和输沙量分别见表 4.36、表 4.37。

表 4.36 不同时段主要控制站年均径流量变化表 （单位：亿 m^3）

序号	类别	时段	宜昌站	汉江站	洞庭湖四水	荆江三口	七里山站	湖口站	鄱阳湖五河
1	蓄水前	2002 年以前	4 369	387	1 663	905	2 964	1 520	1 116
2	蓄水后	2003～2017 年	4 048	359	1 628	480	2 427	1 512	1 083
3	近年来	2013～2017 年	4 187	274	1 839	453	2 698	1 725	1 242
4	典型系列 1	2003～2012 年	3 978	401	1 523	475	2 292	1 405	1 003
5	典型系列 2	2008～2017 年	4 105	339	1 670	474	2 490	1 563	1 166
6	典型系列 3	1991～2000 年	4 336	318	1 850	646	2 857	1 769	1 261

表 4.37　不同时段主要控制站年均输沙量变化表　（单位：万 t）

序号	类别	时段	宜昌站	汉江站	洞庭湖四水	荆江三口	七里山站	湖口站	鄱阳湖五河
1	蓄水前	2002 年以前	49 200	2 150	2 680	12 340	3 950	945	1 424
2	蓄水后	2003～2017 年	3 583	1 207	863	848	1 913	1 171	563
3	近年来	2013～2017 年	1 098	403	905	352	2 335	1 037	594
4	典型系列 1	2003～2012 年	4 825	1 609	842	1 079	1 702	1 239	577
5	典型系列 2	2008～2017 年	2 038	839	777	564	2 129	1 025	624
6	典型系列 3（拦沙）	1991～2000 年上游水库拦沙后	1 900～2 600	1 357	2 062	7 525	2 657	648	1 086

从年均径流量变化趋势来看：三峡水库蓄水运用以前的 1950～2002 年，宜昌站多年平均径流量为 4369 亿 m^3；蓄水运用以来宜昌站来流略有减少，2003～2017 年多年平均径流量为 4048 亿 m^3，相对于 1950～2002 年均值减少了 7%。三个比较典型系列 2003～2012 年、2008～2017 年、1991～2000 年的年均径流量差别不大，分别为 3978 亿 m^3、4 105 亿 m^3、4336 亿 m^3；相对于蓄水前 1950～2002 年多年均值分别减少 8.9%、6.0%、0.8%。

从年均输沙量变化趋势来看：三峡水库蓄水运用以前的 1950～2002 年，宜昌站多年平均输沙量为 49200 万 t；蓄水运用以来宜昌站来沙量大幅减少，2003～2017 年多年平均输沙量为 3583 万 t，相对于 1950～2002 年均值减少 92.7%。三个典型系列中：蓄水初期 2003～2012 年实测系列宜昌站年均来沙量较大，约为 4825 万 t；试验性蓄水后 2008～2017 年实测系列年均来沙量有所减少，约为 2 038 万 t，相对于蓄水前减少了 95.9%。

三个典型系列中，实测典型系列 1991～2000 年的年均输沙量较大，天然情况下约为 41 722 万 t，与三峡水库蓄水运用前的 1950～2002 年多年均值差别不大，减少约 15.2%。若在 1991～2000 年实测系列基础上考虑三峡水库上游控制性水库的拦沙作用，宜昌站输沙量为 1900 万～2600 万 t，小于 2003～2012 年实测系列来沙量（4825 万 t），与 2008～2017 年实测系列来沙量（2038 万 t）接近。

从其他主要支流变化情况看，不同时段各支流来水来沙情况有所不同，总体来说，三峡水库蓄水运用以来，除湖口站外，汉江站、洞庭湖四水、城陵矶（七里山）站的来沙量均呈减少趋势。

（2）地形资料。各区域河道计算起始地形如下：干流宜昌至大通段采用 2016 年 11 月实测河道地形；松滋河口门段及松西河采用 2016 年 11 月实测地形，太平口及藕池河口门段采用 2015 年 12 月实测地形，其他洪道及洞庭湖湖区采用 2011 年实测地形，四水尾闾采用 1995 年实测断面，鄱阳湖及五河尾闾采用 2011 年实测地形。

（3）河床组成。河床组成以 2015 年实测床沙资料为主，并由已有的河床钻孔资料、江心洲或边滩的坑测资料等综合分析确定。

2）新水沙条件下坝下游河道冲淤变化趋势

（1）坝下游河道中期冲淤变化趋势。采用最新实测资料验证的数学模型，利用 1991～

2000年水库拦沙后的水沙系列，从现状2017年起算，进行未来40年（2017～2056年）宜昌至大通河段冲淤变化过程预测。数学模型计算结果表明（表4.38和图4.19），未来40年末，长江干流宜昌至大通段悬移质总冲刷量为46.83亿m^3，其中宜昌至城陵矶段冲刷量为28.49亿m^3，城陵矶至武汉段冲刷量为13.50亿m^3，武汉至大通段冲刷量为4.84亿m^3。

由于宜昌至大通段跨越不同地貌单元，河床组成各异，各分河段在三峡水库运用后出现不同程度的冲淤变化。

宜昌至枝城段，河床由卵石夹沙组成，表层粒径较粗。三峡水库运用初期本段悬移质强烈冲刷基本完成，达到冲淤平衡状态。未来40年，该河段呈冲淤交替状态，冲淤量不大，40年末最大冲刷量为0.52亿m^3，年均冲刷量为130万m^3，如按平均河宽1 000 m计，宜昌至枝城段平均冲深0.86 m。

枝城至藕池口段为弯曲型河道，弯道凹岸已实施护岸工程，河床由中细沙组成，未来40年，该河段仍将处于持续冲刷状态，但冲刷强度逐渐减缓，由前10年的32.67万m^3/（km·a），逐渐减少为21～30年的15.43万m^3/（km·a）。该河段在水库运用的40年末，累积冲刷量为17.07亿m^3，河床平均冲深6.65 m。

藕池口至城陵矶段（下荆江）为蜿蜒型河道，河床沙层厚达数十米。三峡水库初期运行时，本河段冲刷强度较小；三峡及上游水库运用后该河段河床发生剧烈冲刷，未来该河段仍保持冲刷趋势，前20年冲刷强度逐渐增加，由前10年的12.36万m^3/（km·a），逐渐增加为26.03万m^3/（km·a）；20年之后冲刷强度开始减小，21～30年约为14.72万m^3/（km·a）。40年末本段冲刷量为10.89亿m^3，即河床平均冲深3.88 m；由于该河段河床多为细沙，之后该河段仍将保持冲刷趋势。

三峡水库运行初期，由于下荆江的强烈冲刷，进入城陵矶至汉口段水流的含沙量较近坝段大。待荆江河段的强烈冲刷基本完成后，强冲刷下移。加上上游干支流水库的拦沙效应，城陵矶至汉口段冲刷强度也较大，水库运用40年末，河段持续冲刷，冲刷量为13.50亿m^3，河床平均冲深2.69 m。

汉口至大通段为分汊型河道，当上游河段冲刷强烈时，泥沙输移至汉口至湖口段。未来40年，汉口至湖口段总体呈冲淤交替状态，前10年以冲刷为主，之后至20年，河段逐渐回淤，淤积量为1.13亿m^3，至40年，河段又逐渐转为冲刷，冲刷量约0.96亿m^3。湖口至大通段，也呈冲淤交替状态，冲淤趋势正好与汉口至湖口段相反，20年末河段总冲刷量为5.44亿m^3，40年末总冲刷量为3.88亿m^3。

由此可见，三峡及上游梯级水库蓄水运用后，坝下游河段整体呈冲刷趋势，宜昌至城陵矶段的冲刷量占宜昌至大通段总冲刷量的60%左右，总体来看，冲淤分布趋势与实测值分布相近。

根据实测资料，宜昌至湖口段2003～2017年年均冲刷量为1.41亿m^3，其中2003～2006年、2007～2011年、2012～2017年年均冲刷量分别为1.54亿m^3、0.85亿m^3、1.80亿m^3，由此可见，受来水来沙条件、水库运用方式等因素影响，水库运用不同时期的年均冲刷量有所不同，尤其是三峡水库围堰发电期、试验性蓄水期年均冲刷较大。

表 4.38　宜昌至大通段冲淤特征对比表

项目	河段	实测值				预测值			
		2003～2006 年	2007～2011 年	2012～2017 年	2003～2017 年	1～10 年	11～20 年	21～30 年	31～40 年
总冲淤量/亿 m^3	宜昌至枝城段	-0.81	-0.56	-0.30	-1.67	-0.48	-0.08	0.00	0.04
	枝城至藕池口段	-1.17	-1.71	-3.38	-6.26	-6.06	-5.61	-2.76	-2.64
	藕池口至城陵矶段	-2.11	-0.72	-1.42	-4.25	-1.57	-2.17	-4.57	-2.58
	城陵矶至汉口段	-0.60	-0.33	-2.99	-3.92	-5.01	-4.89	-2.05	-1.55
	汉口至湖口段	-1.47	-0.97	-2.70	-5.14	-1.09	2.22	-1.20	-0.89
	湖口至大通段	-0.80	-0.76	-2.42	-3.98	-3.34	-2.10	1.01	0.55
	宜昌至湖口段	-6.16	-4.29	-10.79	-21.24	-14.21	-10.53	-10.58	-7.62
	宜昌至大通段	-6.96	-5.05	-13.21	-25.22	-17.55	-12.63	-9.57	-7.07
年均冲淤量/亿 m^3	宜昌至枝城段	-0.20	-0.11	-0.05	-0.11	-0.01	0.00	0.00	-0.01
	枝城至藕池口段	-0.29	-0.34	-0.56	-0.42	-0.56	-0.28	-0.26	-0.56
	藕池口至城陵矶段	-0.53	-0.14	-0.24	-0.28	-0.22	-0.46	-0.26	-0.22
	城陵矶至汉口段	-0.15	-0.07	-0.50	-0.26	-0.49	-0.20	-0.16	-0.49
	汉口至湖口段	-0.37	-0.19	-0.45	-0.34	0.22	-0.12	-0.09	0.22
	湖口至大通段	-0.20	-0.15	-0.40	-0.27	-0.21	0.10	0.06	-0.21
	宜昌至湖口段	-1.54	-0.85	-1.80	-1.41	-1.06	-1.06	-0.77	-1.06
	宜昌至大通段	-1.74	-1.01	-2.20	-1.68	-1.27	-0.96	-0.71	-1.27
年均冲淤强度/[万 m^3/（km·a）]	宜昌至枝城段	-33.46	-18.46	-8.19	-18.35	-1.40	-0.01	0.68	-1.40
	枝城至藕池口段	-17.01	-19.96	-32.77	-24.30	-32.67	-16.06	-15.43	-32.67
	藕池口至城陵矶段	-30.12	-8.22	-13.44	-16.15	-12.36	-26.03	-14.72	-12.36
	城陵矶至汉口段	-5.97	-2.60	-19.87	-10.40	-19.49	-8.15	-6.19	-19.49
	汉口至湖口段	-12.40	-6.56	-15.22	-11.58	7.53	-4.07	-3.02	7.53
	湖口至大通段	-9.79	-7.46	-19.77	-13.00	-10.30	4.95	2.71	-10.30
	宜昌至湖口段	-16.14	-8.99	-18.82	-14.83	-11.02	-11.07	-8.00	-11.02

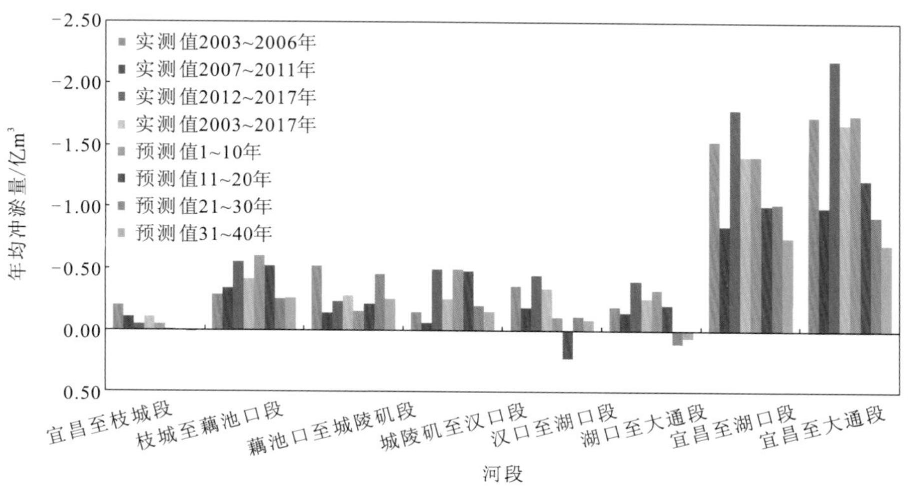

图 4.19　宜昌至大通段年均冲淤量变化对比图

宜昌至湖口段近 10 年（2008～2017 年）实测年均冲刷量为 1.44 亿 m³，未来 40 年各 10 年预测的年均冲刷量分别为 1.06 亿 m³、1.06 亿 m³、0.77 亿 m³、1.06 亿 m³，相对于近期 10 年冲刷强度有所减小。各分段均呈冲刷趋势，与实际冲淤性质一致，年均冲刷量接近或小于实测值。

总体来看，冲淤分布趋势与实测值分布相近，预测成果基本可信。

从宜昌至大通的大河段冲淤变化来看：宜昌至枝城段在未来 10 年后基本达到冲刷平衡状态，总的冲刷量较少，且年际呈冲淤交替状态。荆江河段整体仍处于冲刷状态，20 年后上荆江冲刷发展逐渐减缓，下荆江冲刷速率有所提高；但 40 年后仍未有平衡的趋势。城陵矶至汉口段未来冲刷持续发展，20 年后冲刷发展逐渐减缓，至 40 年该河段仍未见平衡趋势。汉口至湖口段总体呈冲淤交替状态，前 10 年以冲刷为主，之后至 20 年河段逐渐回淤，至 40 年河段又逐渐转为冲刷。湖口至大通段也呈冲淤交替状态，冲淤趋势正好与汉口至湖口段相反，见图 4.20。

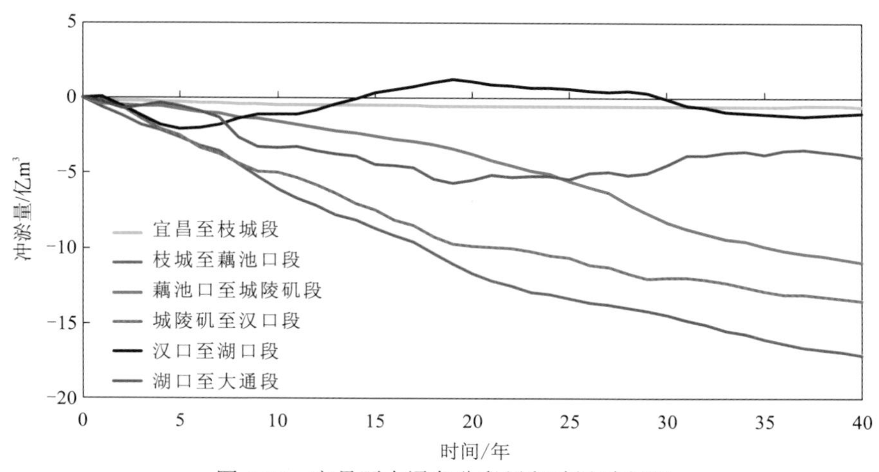

图 4.20　宜昌至大通各分段累积冲淤过程图

由此可知，在清水冲刷条件下，长河段河床冲刷量一般沿程呈递减趋势，但各分段之间也会相互影响。一般来说：若上游河段冲刷强度大，则下游河段冲刷强度小；若上游河段冲刷速率增加，则下游河段冲刷速率降低，与荆江河床实测冲刷资料基本吻合。

总体来看，长江中下游河段较长，河道冲刷逐步由上游向下游转移，本河段的冲淤受其上下游河段的影响和制约，因此各河段很难同步达到冲淤平衡。假如河段进出口边界水沙条件也不断变化，更减缓了趋向平衡的速度，导致达到冲淤平衡的时间延长。总体来看，目前除了宜昌至枝城段基本达到冲淤平衡状态外，其他河段仍将继续处于冲刷发展趋势。

（2）不同水沙条件下的冲淤敏感性分析。河道冲淤趋势预测成果很大程度受采用的计算条件的影响。因为来水来沙条件、初始地形、水库调度方式与实际情况有一定的差异，加上后期人类活动（如采砂、航道整治工程等）的影响，预测值和实测值在定量上有一定的误差。其中，河道进口和区间的来水来沙总量、来水来沙分布过程的改变直接影响到河道的冲淤特性与冲淤程度。近几年来，长江上游来沙减少，加上已建水库的陆续运行，坝下游来沙量进一步减少，尤其是 2014～2016 年宜昌站输沙量仅为 720 万 t，与以往长期以来的输沙量相差很大。其中，2015 年 11 月～2016 年 11 月，宜昌至湖口段冲刷强度达到最大，基本河槽总冲刷量为 4.43 亿 m^3。分析可知，这种大强度的冲刷主要与当年的来水来沙条件有关：一是 2016 年三峡大坝下游径流量偏丰（相对于 2003～2015 年增加 12%），而含沙量却大幅偏少（相对减少 43%）；二是 2016 年坝下游汛期洪峰较大，洪水过程持续时间较长，加剧了河道的冲刷；三是汛期长江中下游区间来水较大，但区间来沙却增加不多。

受各种因素的影响，加上无法准确预测河道进口、区间的来水来沙过程，因此有必要采用不同的水沙条件进行对比分析，从而得到河道的冲淤变化规律。

为分析不同来沙条件的影响，在上述研究方案的基础上，采用 2008～2017 年实测水沙系列进行对比分析，不同系列的流量过程见图 4.21。

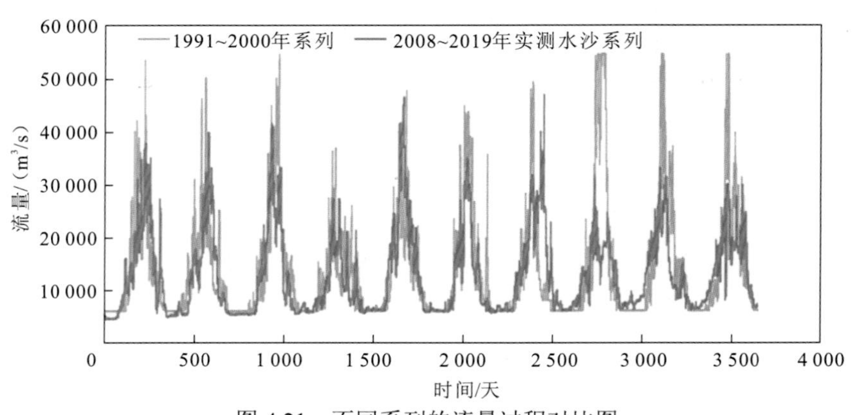

图 4.21　不同系列的流量过程对比图

从径流量和流量对比来看，两个系列有所差别。宜昌站 1991～2000 年实测径流量为 4 336 亿 m^3，2008～2017 年实测径流量为 4 103 亿 m^3，比前者偏小 5.4%。水库调度后各月月均流量对比见图 4.22。由图 4.22 可知，与 1991～2000 年系列相比，2008～2017 年实测水沙系列的 9 月～次年 4 月月均流量略有偏大，但 5～8 月月均流量偏少较多，尤其是 7 月和 8 月分别偏少 6 385 m^3/s、5 070 m^3/s。

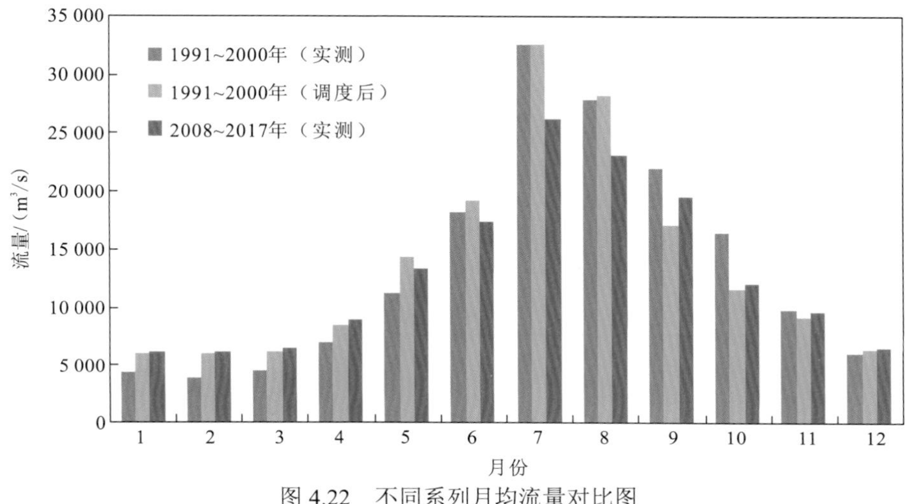

图 4.22　不同系列月均流量对比图

从输沙量来看，在 1991～2000 年实测系列基础上考虑三峡水库上游控制性水库拦沙作用后，40 年内宜昌站输沙量为 1900 万～2600 万 t，与 2008～2017 年实测系列来沙量（2 038 万 t）相当。

不同方案宜昌至大通段的冲淤对比见表 4.39 和图 4.23。

表 4.39　不同水沙系列条件下干流河道冲淤变化　（单位：亿 m^3）

河段	20 年末			40 年末		
	1991～2000 年拦沙系列	2008～2017 年实测系列	变化值	1991～2000 年拦沙系列	2008～2017 年实测系列	变化值
宜昌至藕池口段	−12.23	−10.58	1.65	−17.60	−15.85	1.75
藕池口至城陵矶段	−3.74	−2.79	0.95	−10.89	−8.53	2.36
城陵矶至汉口段	−9.90	−6.31	3.59	−13.50	−9.00	4.50
汉口至湖口段	1.13	−3.14	−4.27	−0.96	−5.71	−4.75
湖口至大通段	−5.44	−4.43	1.01	−3.88	−5.57	−1.69
宜昌至大通段	−30.18	−27.25	2.93	−46.83	−44.66	2.17

注：变化值负值表示冲刷量增加，正值表示冲刷量减少。

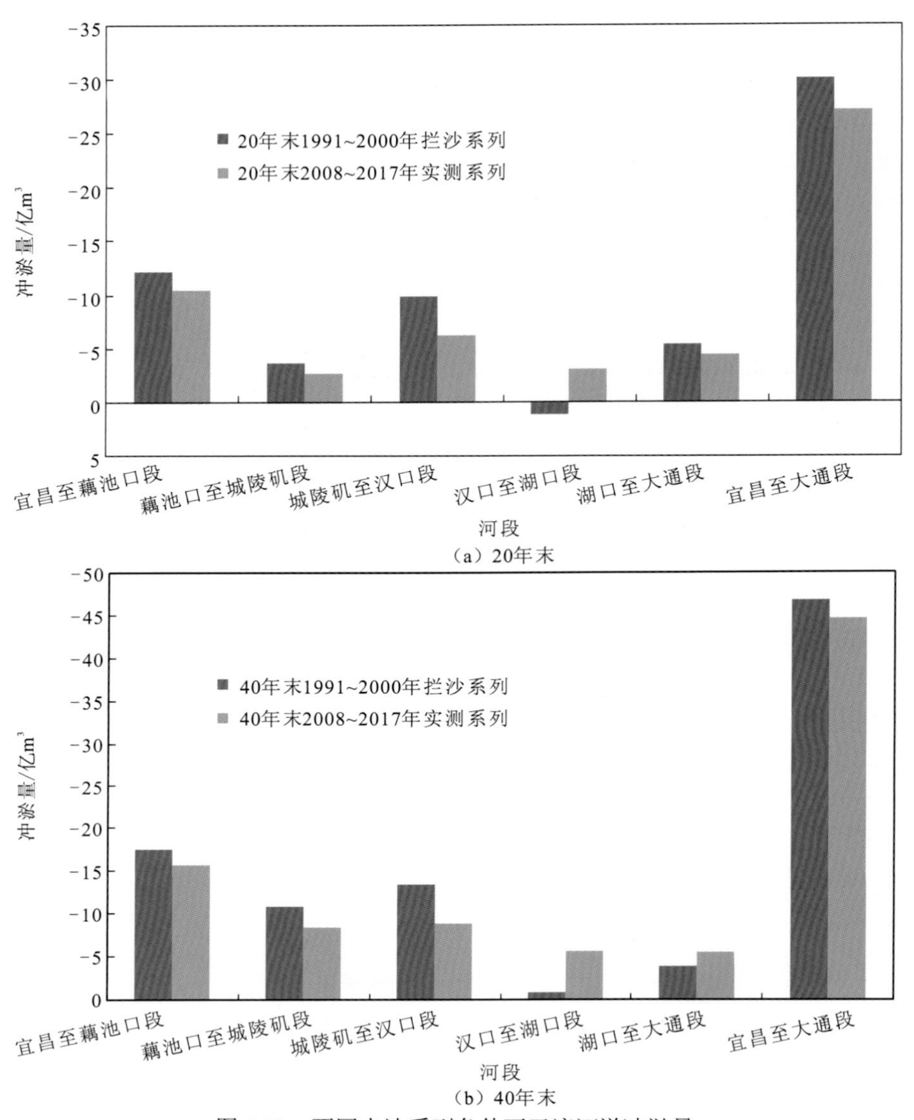

（a）20年末

（b）40年末

图 4.23　不同水沙系列条件下干流河道冲淤量

从不同方案长江干流宜昌至大通段的总体情况来看，不同方案河道总体呈冲刷趋势。与 1991～2000 年系列相比，2008～2017 年实测系列条件下，40 年末全河段总冲刷量减少 2.17 亿 m^3，全河段总量差别不大，但各分段冲淤特性有所不同。

从各分段来看，与 1991～2000 年系列相比，至 40 末，宜昌至藕池口段冲刷量减少 9.9%，藕池口至城陵矶段冲刷量减少幅度为 21.7%，城陵矶至汉口段减少较多，减幅为 33.3%。汉口至湖口段差别较大，2008～2017 年系列条件下该河段表现为冲刷，40 年末冲刷量为 5.71 亿 m^3，而 1991～2000 年系列，因为包含 1998 年、1999 年等多个大水年，武汉以上河段冲刷较为剧烈，大量泥沙向下游输移，导致汉口至湖口段呈冲淤交替状态，40 年末累积冲刷量仅为 0.96 亿 m^3。湖口至大通段也有所差别，2008～2017 年系列条件下该河段表现为持续冲刷，40 年末冲刷量为 5.57 亿 m^3；而 1991～2000 年系列条件下，该河段前期呈冲刷趋势，后期有所回淤，累积冲刷量逐渐减少。

总体来看，不同的水沙系列对河道冲淤量和冲淤分布有一定的影响。

为分析不同来沙条件的影响，在上述研究方案的基础上，将预测的新水沙条件下三峡水库的出库沙量减少 50%，水量保持不变，则前 40 年三峡水库年均出库沙量由减沙前的 1930 万～2691 万 t（以下简称基本方案）变为减沙后的 965 万～1345 万 t（以下简称减沙方案）。不同方案宜昌至大通段的冲淤对比见表 4.40～表 4.42 和图 4.24。

表 4.40 不同来沙条件干流河道冲淤变化

方案	三峡水库出库沙量/万 t	说明
方案 1（基本方案）	1 930～2 691	基于 1991～2000 年系列，考虑上游 30 座梯级水库的拦沙作用
方案 2（减沙方案）	965～1 345	在方案 1 的基础上减沙 50%，来水过程不变

表 4.41 干流河道冲淤变化（减沙方案）

河段	河段长度/km	预测值/亿 t			
		10 年末	20 年末	30 年末	40 年末
宜昌至枝城段	60.8	−0.55	−0.71	−0.79	−0.82
枝城至藕池口段	171.7	−6.15	−11.83	−14.68	−17.44
藕池口至城陵矶段	175.5	−1.60	−3.76	−8.27	−10.95
城陵矶至汉口段	251	−4.87	−9.85	−11.99	−13.24
汉口至湖口段	296	−1.10	1.25	−0.24	−1.45
湖口至大通段	204	−3.40	−5.51	−4.45	−3.91
宜昌至湖口段	955	−14.27	−24.90	−35.97	−43.90
宜昌至大通段	—	−17.67	−30.41	−40.42	−47.81

表 4.42 不同来沙条件 40 年后干流河道冲淤变化对比表

河段	基本方案/亿 t	减沙方案/亿 t	变化值/亿 t	变化幅度/%
宜昌至藕池口段	−17.60	−18.26	−0.66	3.8
藕池口至城陵矶段	−10.89	−10.95	−0.06	0.6
城陵矶至汉口段	−13.50	−13.24	0.26	−1.9
汉口至大通段	−4.84	−5.36	−0.52	10.7
宜昌至大通段	−46.83	−47.81	−0.98	2.1

注：变化值负值表示冲刷量增加，正值表示冲刷量减少。

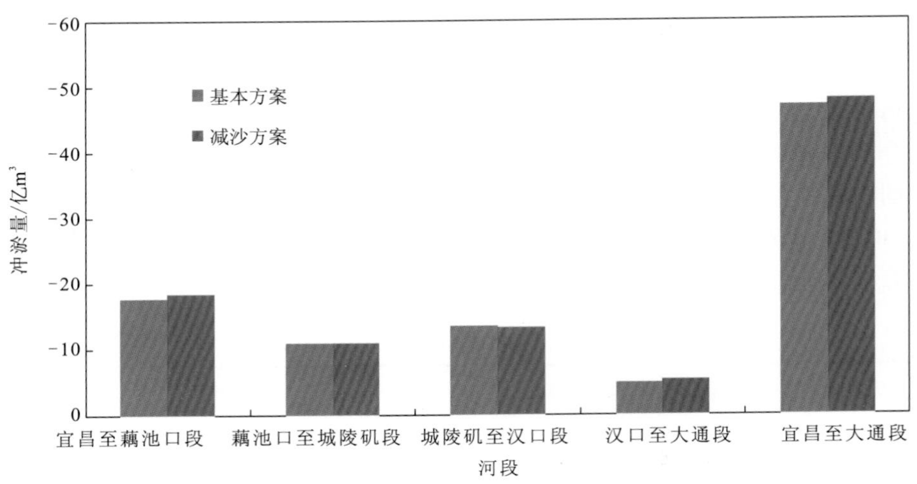

图 4.24　不同方案干流河道冲淤量对比（40 年末）

从不同方案长江干流宜昌至大通段的总体情况来看，不同方案干流河道总体呈冲刷趋势。与基本方案相比，从 2017 年开始，减沙方案下 40 年末总冲刷量仅增加 0.98 亿 m^3，增加幅度为 2.1%。

从各分段来看：与基本方案相比，未来 40 年末，宜昌至藕池口段冲刷量有所增加，增幅为 3.8%；藕池口至城陵矶段冲刷量略有增加，增幅约为 0.6%；城陵矶至汉口段冲刷量有所减少，减少幅度为 1.9%；汉口至大通段冲刷量增加了 0.52 亿 m^3，增加幅度为 10.7%。

总体来看：当上游来沙量减少到基本方案的 50%时，宜昌至大通段全河段的冲刷量增加约 2.1%，对各分段有一定的影响，主要表现为宜昌至城陵矶段冲刷量略有增加，城陵矶至汉口段冲刷量略有减少，汉口至大通段冲刷量有所增加；但随着水库联合运行时间的增长，各方案间的差异也会逐渐减小。

（3）坝下游河道长期冲淤变化趋势。在上述冲淤敏感性分析的基础上，采用本书提出的新水沙系列，进行坝下游河道的长期冲淤趋势预测。上边界来水来沙条件、河道起始地形及床沙级配等同上述中期预测工况。

本次长期预测的模型下边界在大通站。对三峡工程蓄水前后大通站流量、水位资料分析可知（图 4.25），1958～2018 年大通站水位流量关系比较稳定。因此，大通站水位可由大通站多年平均水位流量关系控制，同时考虑到未来不仅宜昌至大通段呈冲刷状态，而且大通至长江口段也具有冲刷趋势，故假设某一时段后大通站同流量下的水位有小幅下降，并按时间插值出边界水位。

根据上游梯级水库联合调度模型，采用 1991～2000 年新水沙系列，考虑上游 30 座水库的拦沙后，未来 80 年末三峡水库年均出库沙量在 1 930 万～3 751 万 t，随着梯级水库运用年限的增加，三峡水库出库沙量也逐渐增加。

根据计算成果（表 4.43 和图 4.26），宜昌至大通段在三峡水库运用后总体仍呈普遍冲刷趋势。未来 80 年，宜昌至大通段悬移质累积冲刷量为 72.93 亿 m^3。其中，宜昌至城陵矶段冲刷量为 49.08 亿 m^3，城陵矶至汉口段冲刷量为 17.65 亿 m^3，汉口至大通段冲刷量为 6.20 亿 m^3。

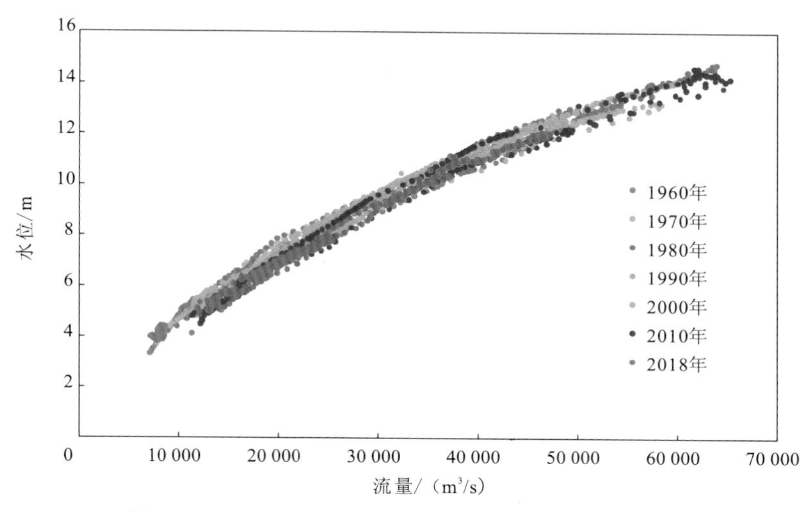

图4.25 大通站水位流量关系变化（1960～2018年）

表4.43 未来80年干流河道冲淤变化对比表

河段	10年末	20年末	30年末	40年末	50年末	60年末	70年末	80年末
宜昌至枝城段	-0.48	-0.56	-0.56	-0.52	-0.50	-0.51	-0.57	-0.59
枝城至藕池口段	-6.06	-11.67	-14.43	-17.07	-19.62	-21.94	-24.12	-26.13
藕池口至城陵矶段	-1.57	-3.74	-8.31	-10.89	-13.65	-16.49	-19.40	-22.36
城陵矶至汉口段	-5.01	-9.90	-11.95	-13.50	-14.69	-15.77	-16.78	-17.65
汉口至湖口段	-1.09	1.13	-0.07	-0.96	-2.00	-3.24	-4.60	-5.72
湖口至大通段	-3.34	-5.44	-4.43	-3.88	-3.20	-2.38	-1.47	-0.48
宜昌至湖口段	-14.21	-24.74	-35.32	-42.94	-50.46	-57.95	-65.47	-72.45
宜昌至大通段	-17.55	-30.18	-39.75	-46.82	-53.66	-60.33	-66.94	-72.93

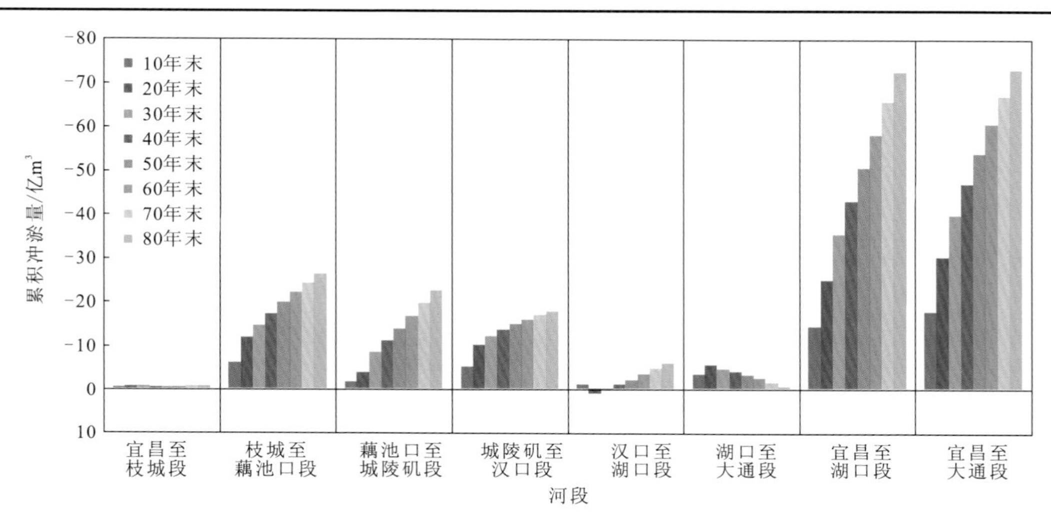

（a）累积冲淤量变化图

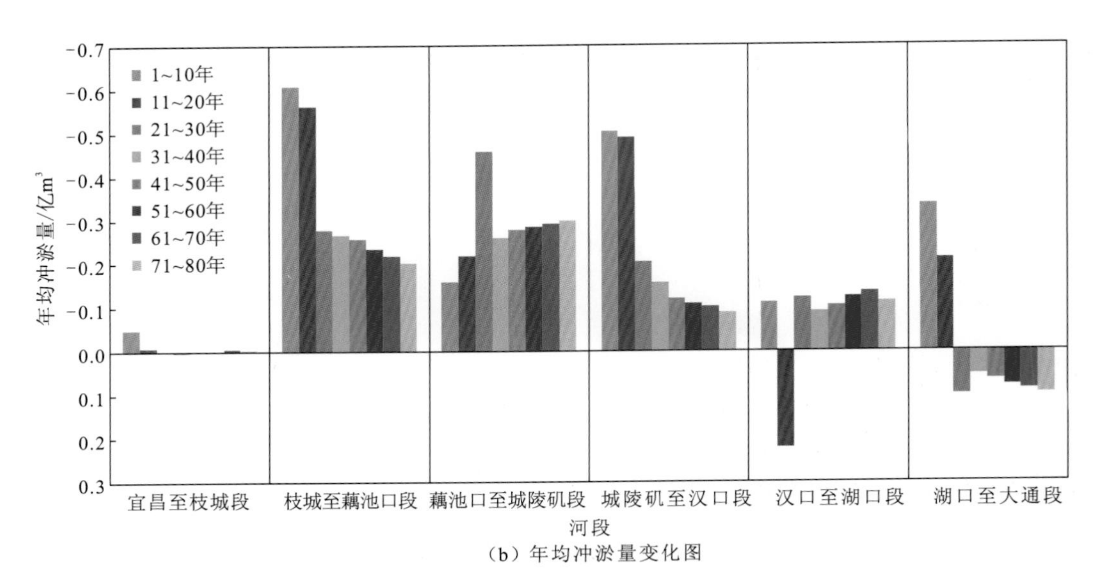

（b）年均冲淤量变化图

图 4.26　宜昌至大通段未来 80 年累积冲淤量与年均冲淤量变化图

由冲淤变化过程图 4.26 可知，在清水冲刷条件下，长河段河床冲刷量一般沿程呈递减趋势，但各分段之间也会相互影响。一般来说：若上游河段冲刷强度大，则下游河段冲刷强度小；若上游河段冲刷速率增加，则下游河段冲刷速率降低。

从各个小河段来看，宜昌至枝城段累积冲刷量变化不大，可认为 10 年后即可达到冲刷平衡状态。

枝城至藕池口段在前 20 年呈强烈冲刷态势，年均冲刷量为 0.561 亿 m^3，20 年之后冲刷速度逐渐减缓，至 80 年末年均冲刷量为 0.251 亿 m^3。

藕池口至城陵矶段也为冲刷趋势，随着运行时间的增加，其冲刷速度有所增加，由前 10 年的 0.157 亿 m^3/a 增加为 71～80 年的 0.296 亿 m^3/a。

城陵矶至汉口段在前 20 年冲刷强烈，20 年之后受上游河段持续冲刷的影响，本河段冲刷速度逐渐呈降低趋势。

汉口至湖口段总体呈冲淤交替状态。在前 20 年上游河段发生大量冲刷，产生的泥沙向该河段输移，导致该段有少量淤积，后期随着冲刷下移，该河段也逐渐转为冲刷。

湖口至大通段的冲淤变化规律与汉口至湖口段有所不同，前 20 年表现为冲刷，20 年之后冲刷量逐渐减少。

总体来看，宜昌至大通段各 10 年间冲刷量和冲刷速率逐渐减少，但各分段的冲淤趋势不完全相同。除了宜昌至枝城段外，80 年后其他各河段暂未达到冲淤平衡，但总体呈冲刷减缓趋势。长江中下游宜昌至大通段较长，河道冲刷逐步由上游向下游转移，本河段的冲淤受其上下游河段的影响和制约，因此各河段很难同步达到冲淤平衡。同时，进出口边界条件的变化也减缓了趋向平衡的速度，导致达到冲淤平衡的时间延长。根据上游梯级水库的联合计算，三峡水库的淤积平衡时间为 360～390 年，意味着三峡水库的下泄水沙过程难以在短时间内保持相对稳定的状态。

4.2.3 典型河段滩槽演变趋势

1. 杨家脑至公安段

1）模型范围及计算条件

综合考虑河势、工程研究内容及水文资料等因素，二维水沙数学模型计算河段范围选取如下：上游以杨家脑附近为进口断面，下游以斗湖堤附近为出口控制断面，全长约 69 km；支流考虑太平口分流。

计算水沙系列为 1991～2000 年系列，考虑上游梯级水库拦沙运行。计算初始地形采用 2016 年 11 月实测 1∶10000 河道地形图，计算时限为 40 年。计算河段进、出口水沙条件由一维水沙数学模型计算结果给出。

2）计算成果分析

（1）河床冲淤量。表 4.44 给出了杨家脑至公安段冲淤量计算表。由表 4.44 可知，杨家脑至公安段总体处于冲刷状态。10 年末、20 年末、30 年末、40 年末全河段冲刷总量分别为 18061.0 万 m^3、28879.0 万 m^3、39628.2 万 m^3、51820.9 万 m^3，其中前 20 年年均冲刷 1444.0 万 m^3，后 20 年年均冲刷 1147.1 万 m^3，后 20 年冲刷量小于前 20 年冲刷量。

表 4.44 杨家脑至公安段冲淤量计算表

分段		长度/km	10 年末冲淤量/万 m^3	20 年末冲淤量/万 m^3	30 年末冲淤量/万 m^3	40 年末冲淤量/万 m^3
进口至马洋洲尾段	进口～涴 25	4.0	−667.9	−1 513.9	−2 611.2	−3 195.5
	涴 25～马洋洲	9.4	−880.6	−1 805.8	−3 505.5	−4 275.9
马洋洲尾至陈家湾段	马洋洲～荆 29	2.1	−309.9	−728.7	−1 018.0	−1 324.3
	荆 29～荆 30	2.3	−551.5	−948.2	−1 352.9	−1 782.0
陈家湾至观音寺上段	荆 30～荆 31	1.6	−323.6	−638.7	−985.2	−1 160.4
	荆 31～荆 32	3.4	−662.7	−1 548.1	−2 580.5	−3 890.1
	荆 32～荆 37	4.1	−818.3	−1 773.5	−2 465.6	−3 374.4
	荆 37～荆 43	6.3	−1 384.4	−2 652.6	−3 880.7	−5 597.7
	荆 43～荆 48	6.5	−2 132.3	−3 208.4	−4 013.4	−5 269.2
	荆 48～荆 50	3.1	−1 474.2	−1 882.3	−2 204.5	−2 728.9
观音寺附近河段	荆 50～观音寺	2.6	−1 197.7	−1 557.0	−1 821.7	−2 273.4
	观音寺～荆 53	2.3	−1 075.7	−1 424.3	−1 678.5	−2 100.9
观音寺以下河段	荆 53～荆 55	3.0	−1 133.6	−1 623.9	−2 025.0	−2 678.9
	荆 55～出口	14.0	−5 448.6	−7 573.6	−9 485.5	−12 169.3
全河段		64.7	−18 061.0	−28 879.0	−39 628.2	−51 820.9

20 年末各分段冲淤量：陈家湾以上河段（杨家脑至陈家湾段）冲刷量约为 4 996.6 万 m^3，冲刷强度为 14.0 万 m^3/（km·a）；陈家湾至观音寺上段冲刷量约为 11 703.6 万 m^3，冲刷强度为 23.4 万 m^3/（km·a）；观音寺附近及以下河段冲刷量约为 12 178.8 万 m^3，冲刷强度为 27.8 万 m^3/（km·a）。全河段冲刷强度为 22.3 万 m^3/（km·a）。

40 年末各分段冲淤量：陈家湾以上河段（杨家脑至陈家湾段）冲刷量约为 10 577.7 万 m^3，冲刷强度为 14.9 万 m^3/（km·a）；陈家湾至观音寺上段冲刷量约为 22 020.7 万 m^3，冲刷强度为 22.0 万 m^3/（km·a）；观音寺附近及以下河段冲刷量约为 19 222.5 万 m^3，冲刷强度为 21.9 万 m^3/（km·a）。全河段冲刷强度为 20.0 万 m^3/（km·a）。

（2）河床冲淤厚度分布分析。由图 4.27 中可以看出：研究河段河床冲淤交替，平滩以下河槽以冲刷为主，局部近岸河床冲刷较为明显；边滩部位有冲有淤，低滩部位冲刷明显，高滩部位有冲有淤且淤积略多于冲刷。

20 年末冲淤厚度分布：陈家湾以上河段河槽（平滩水位以下，下同）冲淤厚度为−12.6～13.6 m，高边滩（平滩水位以上，下同）部位冲淤厚度为−3.7～2.1 m；陈家湾附近河段河槽冲淤厚度为−13.4～8.3 m，高边滩部位冲淤厚度为−5.7～2.5 m；陈家湾下至观音寺上段河槽冲淤厚度为−16.7～10.2 m，高边滩部位冲淤厚度为−8.6～2.7 m；观音寺附近河段河槽冲淤厚度为−15.9～5.4 m，高边滩部位冲淤厚度为−12.1～1.8 m；观音寺以下河段河槽冲淤厚度为−15.1～11.6 m，高边滩部位冲淤厚度为−11.9～2.4 m。

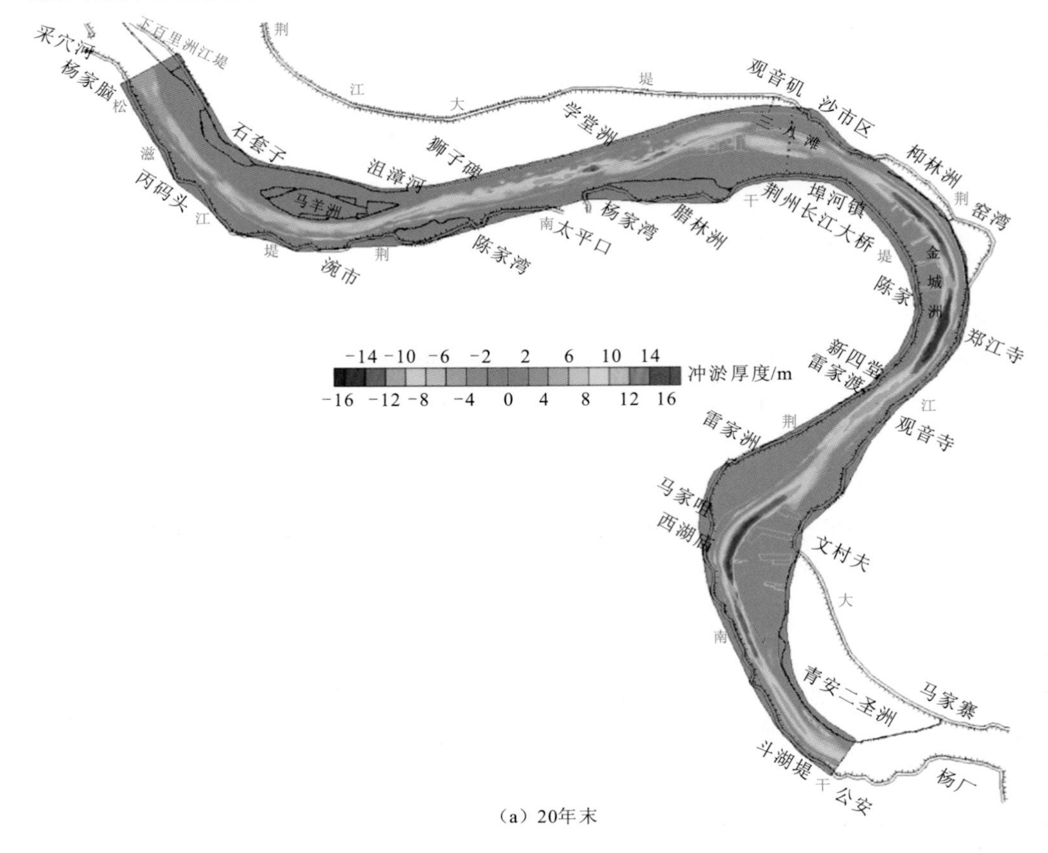

（a）20年末

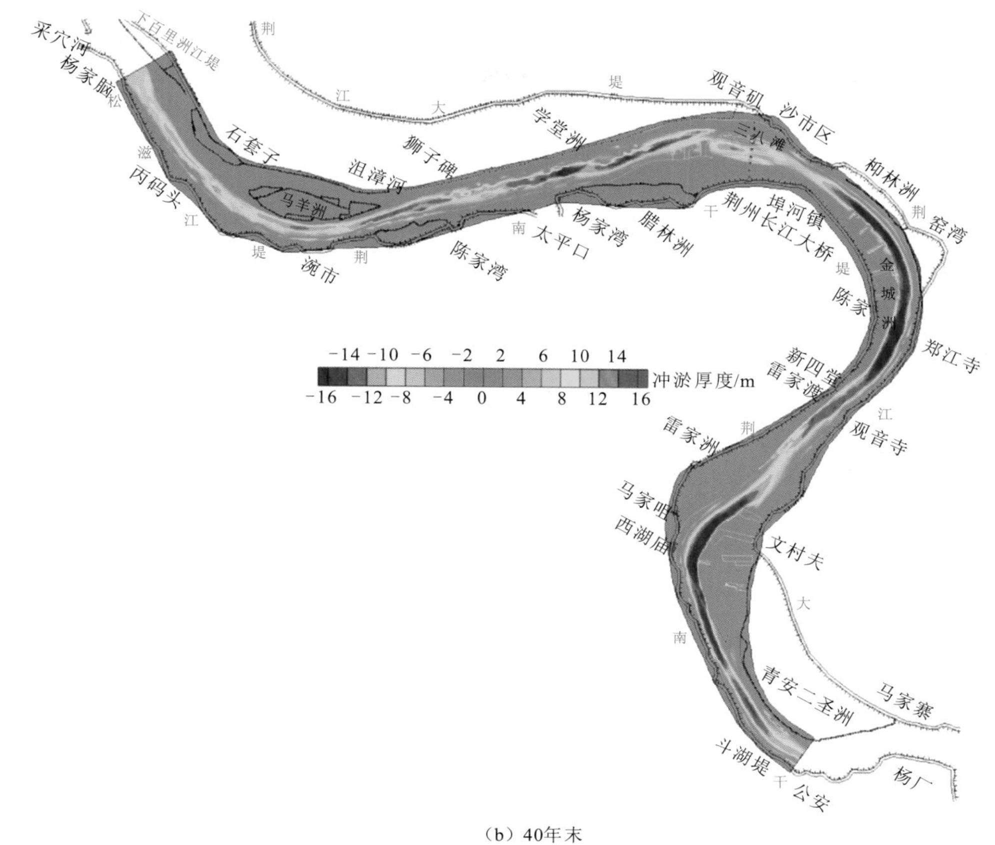

（b）40年末

图 4.27　杨家脑至公安段河床冲淤厚度分布图

40 年末本河段冲淤厚度分布：陈家湾以上河段河槽冲淤厚度为-14.9～8.5 m，高边滩部位冲淤厚度为-6.7～2.3 m；陈家湾附近河段河槽冲淤厚度为-16.8～7.3 m，高边滩部位冲淤厚度为-7.4～2.9 m；陈家湾下至观音寺上段河槽冲淤厚度为-19.7～12.6 m，高边滩部位冲淤厚度为-9.1～3.5 m；观音寺附近河段河槽冲淤厚度为-18.8～7.2 m，高边滩部位冲淤厚度为-12.7～1.2 m；观音寺以下河段河槽冲淤厚度为-19.5～13.8 m，高边滩部位冲淤厚度为-14.4～4.8 m。

综上分析可知：本河段在 40 年期间，河床冲淤交替，总体表现为冲刷；10 年末、20 年末、30 年末、40 年末全河段冲刷总量分别为 18061.0 万 m^3、28879.0 万 m^3、39628.2 万 m^3、51820.9 万 m^3，其中前 20 年年均冲刷 1444.0 万 m^3，后 20 年年均冲刷 1147.1 万 m^3，后 20 年冲刷量小于前 20 年冲刷量。冲淤 40 年后，该河段累积冲淤厚度为-19.7～13.8 m，总体河势格局变化不大，但局部滩槽冲淤变化较为明显，河槽有冲刷扩展趋势，一般深槽在弯道凹岸向近岸偏移，局部岸段和边滩（滩缘或低滩部位）冲刷后退，已实施整治工程的部位冲刷受到抑制，局部有所淤积；40 年末，本河段典型断面过水面积增大 21.4%～63.7%，宽深比减小 0.3～0.9；沿程深泓高程一般冲刷下降（个别位置淤积抬高），其变化幅度为-19.4～6.1 m。

本河段蜿蜒曲折，河道边界抗冲性较差，特别是斗湖堤对岸附近的高滩易冲刷下切，且三峡工程运用以来河床冲淤幅度较大，河槽冲深扩大、深泓向近岸（滩）偏移的基本趋势仍然存在，仍易造成本河段岸、滩的冲刷崩退，滩槽格局仍不稳定，需进一步加强对本河段的观测和研究工作。

2. 碾子湾至盐船套段

1）模型范围及计算条件

综合考虑河势、研究内容及水文资料等因素，河段二维水沙数学模型计算范围选取如下：上起碾子湾，下至盐船套，长约 90 km。

计算水沙系列为 1991～2000 年系列，考虑上游梯级水库拦沙运行。计算初始地形采用 2016 年 11 月实测 1：10 000 河道地形图，计算时限为 40 年。计算河段进、出口水沙条件由一维水沙数学模型计算结果给出。

2）计算成果分析

计算期 40 年之内，碾子湾至盐船套段的累积冲刷量见表 4.45。由表 4.45 可知，计算期内河段总体冲刷，10 年末、20 年末、30 年末、40 年末累积冲刷量分别为 8 763.6 万 m^3、13 145.4 万 m^3、33 347.6 万 m^3、54 836.05 万 m^3。

表 4.45　计算期内河段累积冲刷量

河段	长度/km	累积冲刷量/万 m^3			
		10 年末	20 年末	30 年末	40 年末
碾子湾至盐船套段	85	−8 763.6	−13 145.4	−33 347.6	−54 836.05

20 年末、40 年末河段的累积冲淤厚度分布如图 4.28（a）、（b）所示。

由图 4.28 可见：计算期内，各河段冲淤分布格局基本不变；冲淤变化主要发生在河槽及洲滩边缘，高滩变化较小，40 年累积冲淤厚度为−20～5 m；各弯道弯顶处均发生河槽冲刷、两侧边滩（或心滩）淤积，40 年河槽累积最大冲刷厚度为−19.7 m，40 年放宽处边滩累积最大淤积厚度为 6.3 m。

以上分析表明，计算期 40 年内，碾子湾至盐船套段总体上河势基本维持现状，主槽冲刷下切，边滩（心滩）微幅冲刷或略有淤积，河道有向单一主槽发展的态势。

3. 盐船套至城陵矶段

1）模型范围及计算条件

平面二维模型的模拟范围为盐船套至螺山长约 80 km 的长江干流，以及洞庭湖出口段（七里山至江湖汇流口，长约 5 km）。模型入口距离八姓洲洲尾约 25 km，模型出口距离洞庭湖汇流口约 30 km。模拟河段以洞庭湖入汇口为界，上游属于下荆江，为弯曲河段；下游属于城螺河段，为藕节状顺直分汊河段。

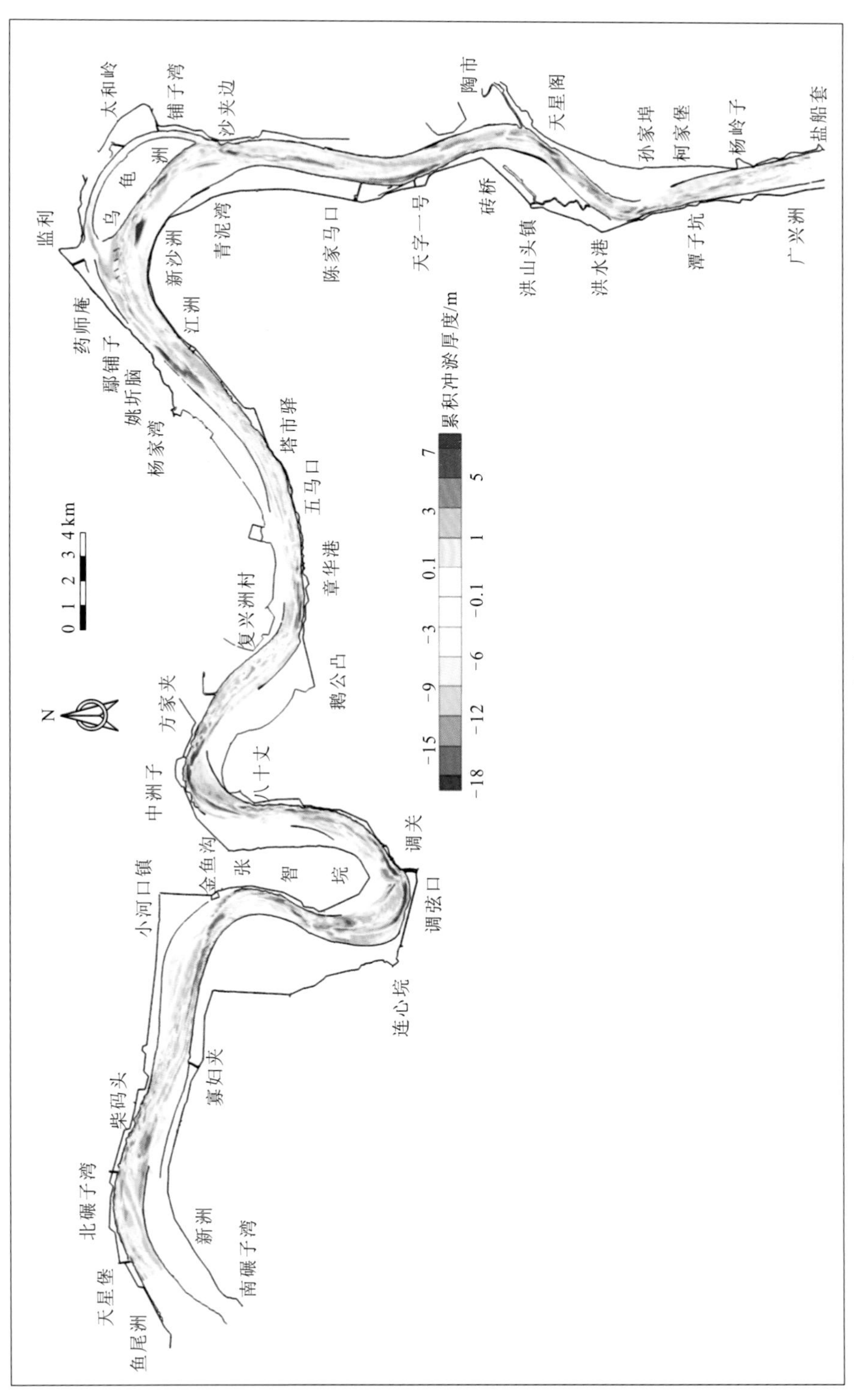

太和岭
铺子湾
沙夹边
陶市
天星阁
孙家埠
柯家堡
杨岭子
盐船套
乌
龟
洲
监利
青泥湾
陈家马口
天字一号
砖桥
洪山头镇
洪水港
潭子坑
广兴洲
新沙洲
药师庵
江洲
鄢铺子
姚圻脑
杨家湾
塔市驿
五马口
0 1 2 3 4km
章华港
复兴洲村
鹅公凸
N
方家夹
中洲子
八十丈
金鱼沟
张
智
垸
调关
调弦口
小河口镇
连心垸
寡妇夹
柴码头
北碾子湾
新洲
南碾子湾
天星堡
鱼尾洲
累积冲淤厚度/m
7
5
3
1
0.1
−0.1
−3
−6
−9
−12
−15
−18

（a）20年末

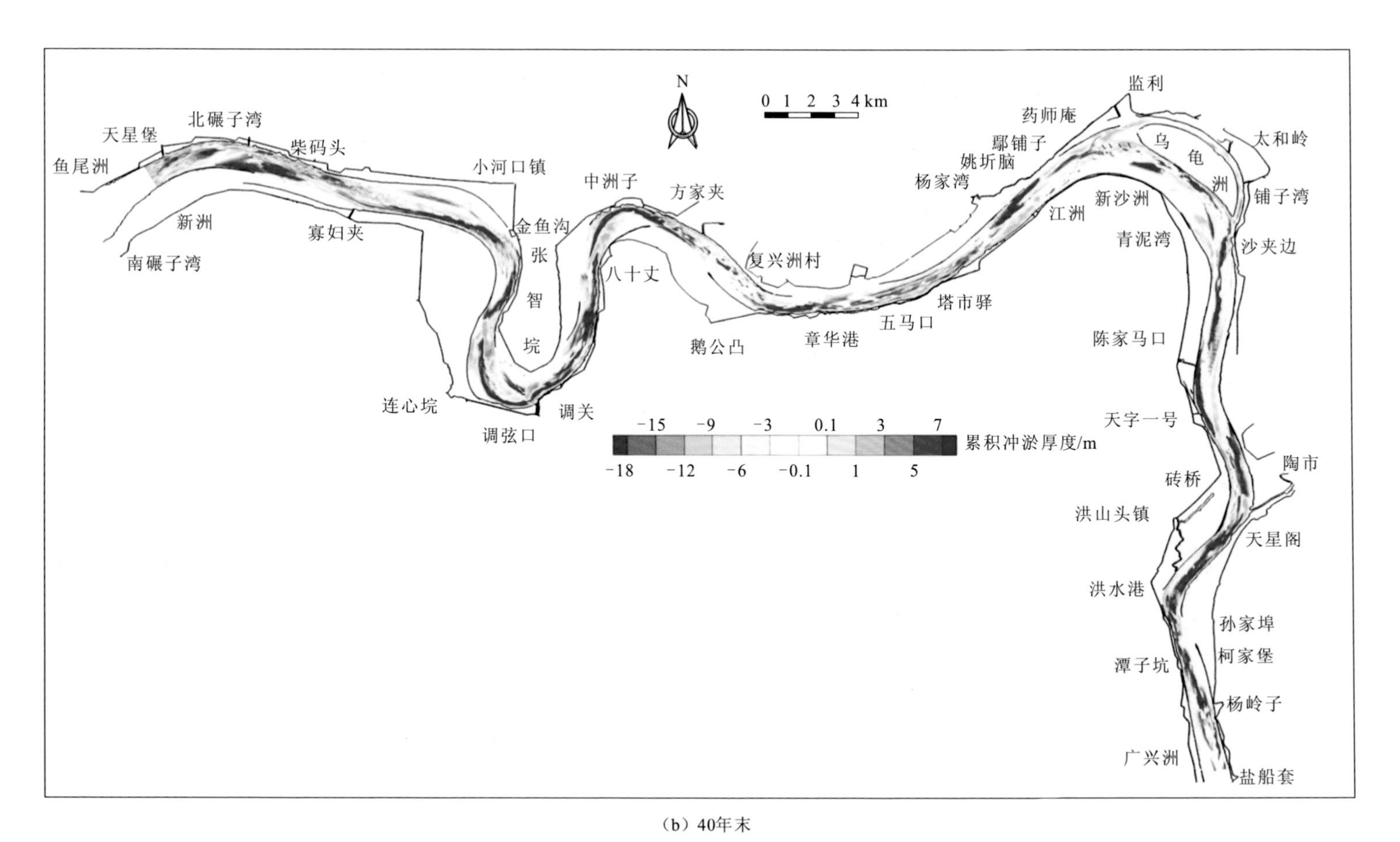

（b）40年末

图4.28　碾子湾至盐船套段累积冲淤厚度分布图

计算水沙系列为 1991～2000 年系列，考虑上游梯级水库拦沙运行。计算初始地形采用 2016 年 11 月实测 1∶10000 河道地形图，计算时限为 40 年。计算河段进、出口水沙条件由一维水沙数学模型计算结果给出。

2）计算成果分析

计算期 40 年之内，计算范围内各河段的累积冲刷量见表 4.46。由表 4.46 可知，计算期内各河段总体冲刷，其中以洞庭湖出口至螺山段累积冲刷量最大，荆江门至洞庭湖出口段次之，荆江门以上河段累积冲刷量最小。盐船套至荆江门段、荆江门至洞庭湖出口段、洞庭湖出口至螺山段三个河段 40 年末累积冲刷量分别为 2 394 万 m^3、6 095 万 m^3、7 758 万 m^3。

表 4.46　计算期内各河段累积冲刷量

河段	长度	累积冲刷量/万 m^3			
		10 年末	20 年末	30 年末	40 年末
盐船套至荆江门段（盐船套～荆 174#）	约 15 km	376	1 038	1 831	2 394
荆江门至洞庭湖出口段（荆 174#～荆 183）	约 34 km	3 046	5 055	5 664	6 095
洞庭湖出口至螺山段（荆 183～螺山）	约 30 km	3 554	6 118	7 231	7 758

20 年末、40 年末河段的累积冲淤厚度分布如图 4.29（a）、（b）所示。

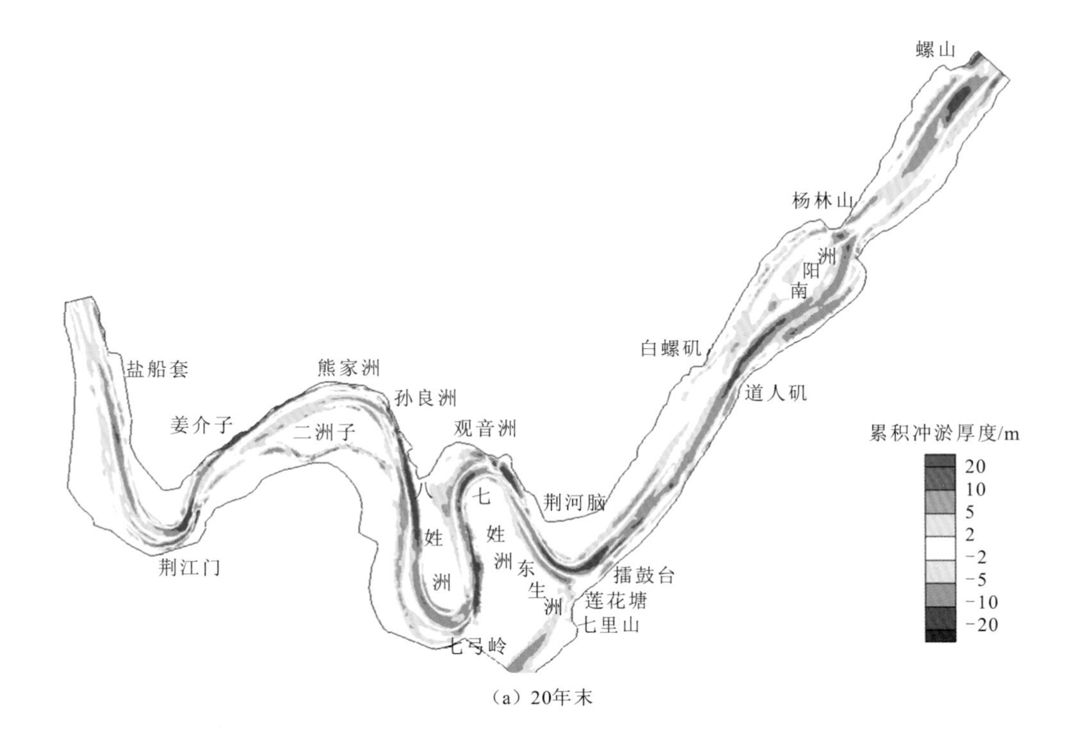

（a）20年末

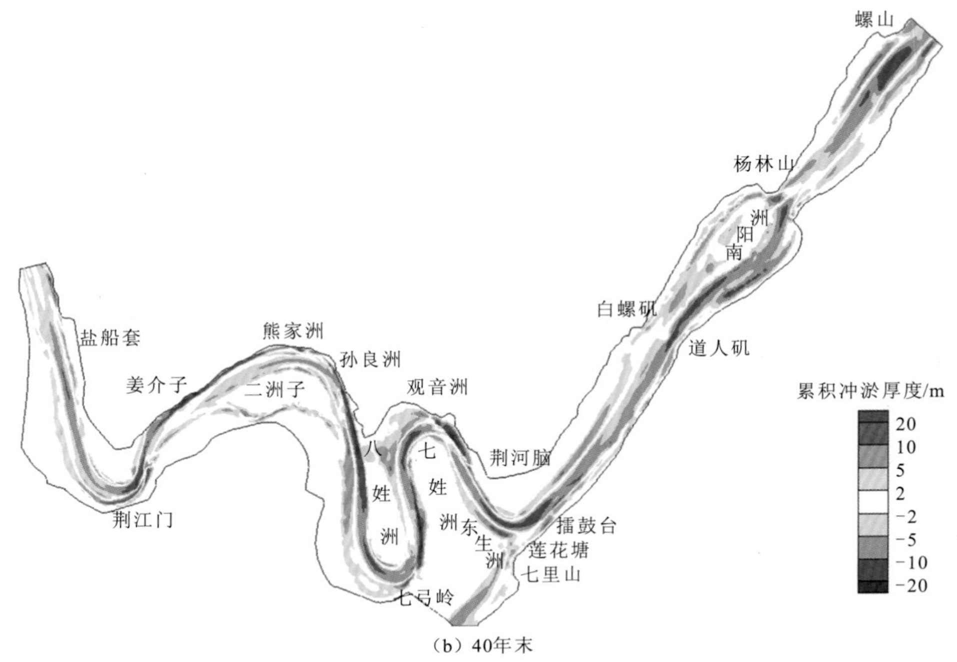

（b）40年末

图 4.29　盐船套至螺山段累积冲淤厚度分布

由图 4.29 可知：计算期内，各河段冲淤分布格局基本不变；冲淤变化主要发生在河槽及洲滩边缘，高滩变化较小，40 年累积冲淤厚度为−18～12 m；荆江门、熊家洲、七弓岭、观音洲弯道弯顶处均发生中间河槽冲刷、两侧边滩（或心滩）淤积，且以凹岸侧边滩（或心滩）淤积为主；荆江门、熊家洲、七弓岭、观音洲弯道弯顶附近，40 年河槽累积最大冲刷厚度分别为−18.1 m、−21.8 m、−23.8 m、−28.4 m，40 年边滩累积最大淤积厚度分别为 14.7 m、10.7 m、14.6 m、7.2 m。二洲子南侧的支汊冲刷发展，40 年累积最大冲刷厚度为 11.3 m；八姓洲西侧滩缘上段冲刷、下段淤积，冲淤厚度为−8.3～7.6 m；八姓洲东侧滩缘上段淤积、下段略有淤积，冲淤厚度为 0～11.5 m；八姓洲狭颈处西侧（上游侧）冲刷 3～4 m，东侧（下游侧）淤积 4～8 m；七姓洲西侧滩缘靠近头部有所淤积，其他部分冲刷，冲淤厚度为−14.2～5.6 m，而东侧滩缘普遍淤积，淤积厚度最大为 6.7 m；江湖汇流段，中间河槽冲刷，两侧边滩淤积，包括荆河脑边滩、东生洲、擂鼓台外侧边滩均发生淤积，最大冲淤厚度为−14.2～13.8 m；擂鼓台以下至螺山段，南阳洲左汊淤积较多，深槽淤积 4～7 m，南阳洲滩面以少量淤积为主，局部有显著淤积，南阳洲右汊则大幅冲刷，深槽冲刷厚度为 5～12 m。

以上分析表明，计算期 40 年内，熊家洲至城陵矶段的冲淤表现出以下特点：总体河势格局基本维持现状，且有向单一主槽发展的态势，但二洲子右汊同时冲刷发展；河段冲淤主要发生在河槽及两侧低边滩上，且以河槽冲深展宽、边滩淤积为主要特点；熊家洲、七弓岭、观音洲各弯道弯顶附近有主流向凸岸边滩靠近，凸岸边滩前缘变陡的态势，同时对岸侧边滩淤积发展；不排除稀遇极端洪水导致本河段河势在短时间发生大的变化的可能性，如八姓洲狭颈裁弯。

4.2.4　主要控制站水位流量关系变化趋势

1. 新水沙条件下主要控制站水位流量关系变化趋势

三峡及上游水库群蓄水运用后，由于长江中下游各河段河床冲刷在时间和空间上均有较大的差异，各站的水位流量关系随着水库运用时期的不同而出现相应的变化，沿程各站同流量下的水位呈下降趋势。

分别在现状地形（2016 年 11 月）、冲淤预测 40 年末（2056 年）的地形上计算各控制站的水位流量关系。表 4.47 为干流各站水位变化表。

表 4.47　未来 40 年末干流各站水位变化表

流量/（m^3/s）	枝城站水位/m	沙市站水位/m	螺山站水位/m	汉口站水位/m
7 000	−1.13	−3.11	—	—
10 000	−1.11	−2.73	−2.85	−2.71
20 000	−0.99	−2.06	−2.28	−1.98
30 000	−0.75	−1.56	−1.71	−1.46

注：负值表示水位下降。

枝城站位于宜昌至太平口段内，上距宜昌站 58 km，下距沙市站 180 km。三峡水库运用后，由于宜昌至枝城段为卵石夹沙，且卵石层顶板较高，表层卵砾石粒径较粗，水库运用后河床粗化，很快形成抗冲保护层，限制该河段冲刷发展，但因为荆江河段冲刷强烈，中枯水位下降较多，所以枝城站水位也有一定程度的降低。未来 40 年末，流量为 7000 m^3/s、20000 m^3/s 时，枝城站水位下降 1.13 m、0.99 m。

沙市站位于太平口至藕池口段内，距宜昌站约 148 km。由于该河段河床组成为中细沙，卵石、砾石含量不多，冲刷量相对于上游段较多，沙市站水位下降较多。同时，受下游水位下降影响，沙市站水位继续下降。未来 40 年末，流量为 7000 m^3/s、20 000 m^3/s 时，该站水位分别下降 3.11 m、2.06 m。

螺山站位于城陵矶至武汉段的上首，上首有洞庭湖入汇。螺山站距宜昌站约 428 km。未来 40 年末，城陵矶至武汉段冲刷较多，螺山站水位下降较多，当流量为 10 000 m^3/s、20000 m^3/s 时，螺山站水位分别降低 2.85 m、2.28 m。

汉口站位于城陵矶至武汉段的下首，该站上游约 3 km 处有汉江入汇，汉口站距宜昌站约 628 km。未来 40 年末，城陵矶至武汉段冲刷较多，武汉以下河段也有一定程度的冲刷，使汉口站水位有所下降，当流量为 10000 m^3/s 时，汉口站水位降低约 2.71 m，当流量为 30000 m^3/s 时，该站水位降低约 1.46 m。

上述结果表明，水位下降除受本河段冲刷影响以外，还受下游河段冲刷的影响。未来 40 年末，荆江河道和城汉河段冲刷量较大，故沙市站、螺山站、汉口站水位流量关系变化较大。

2. 水位预测成果合理性分析

图 4.30 给出了三峡水库蓄水后坝下游各河段累积冲淤量与枯水位的关系图。可以看出，两者表现出较好的相关性，随着河道累积冲刷量的增加，枯水位呈下降趋势。宜昌至枝城段 2003～2018 年枯水河槽累积冲刷 1.54 亿 m^3，宜昌站 7000 m^3/s 流量下水位累积下降 0.82 m；上荆江河段 2003～2018 年枯水河槽累积冲刷 6.38 亿 m^3，枝城站 7000 m^3/s 流量下水位累积下降 0.61 m；下荆江河段 2003～2018 年枯水河槽累积冲刷 3.86 亿 m^3，沙市站 7000 m^3/s 流量下水位累积下降 2.43 m；城陵矶至汉口段 2003～2018 年枯水河槽累积冲刷 4.39 亿 m^3，螺山站 10000 m^3/s 流量下水位累积下降 1.64 m；汉口至湖口段 2003～2018 年枯水河槽累积冲刷 5.83 亿 m^3，汉口站 10000 m^3/s 流量下水位累积下降 1.35 m。

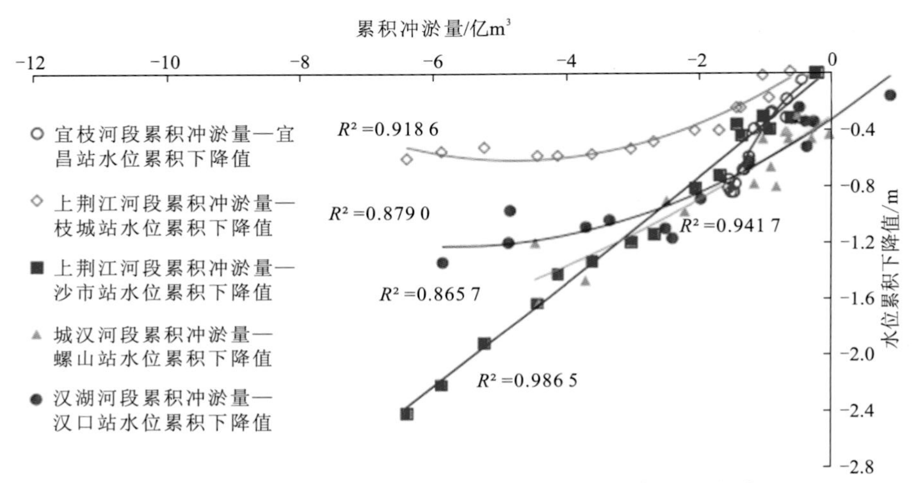

图 4.30　坝下游各河段累积冲淤量与枯水位变化的关系

表 4.48 列出了主要控制站 2003～2018 年实测枯水位变化与河段冲淤量之间的关系；表 4.49 列出了未来 40 年预测的枯水位变化与河段冲淤量之间的关系。

表 4.48　2003～2018 年冲淤量与枯水位变化（实测值）

河槽冲淤（枯水河槽）		枯水位变化				水位变化值
河段名称	冲淤量/亿 m^3	水文站	流量级/（m^3/s）	水位累积变化值/m	水位年均变化值/m	/冲淤量
上荆江河段	−6.38	枝城站	7 000	−0.61	0.041	0.096
			10 000	−0.8	0.053	0.125
下荆江河段	−3.86	沙市站	7 000	−2.43	0.162	0.630
			10 000	−2.21	0.147	0.573
城汉河段	−4.39	螺山站	10 000	−1.64	0.109	0.374
			18 000	−1.29	0.086	0.294
汉口至湖口段	−5.83	汉口站	10 000	−1.35	0.09	0.232
			20 000	−1.23	0.082	0.211

表 4.49　未来 40 年冲淤量与枯水位变化（预测值）

河槽冲淤		枯水位变化				水位变化值/冲淤量
河段名称	冲淤量/亿 m^3	水文站	流量级/（m^3/s）	水位累积变化值/m	水位年均变化值/m	
上荆江河段	−17.07	枝城站	7 000	−1.13	−0.028	0.066
			10 000	−1.11	−0.028	0.065
下荆江河段	−10.89	沙市站	7 000	−3.11	−0.078	0.286
			10 000	−2.73	−0.068	0.251
城汉河段	−13.50	螺山站	10 000	−2.85	−0.071	0.211
			20 000	−2.28	−0.057	0.169
汉口至湖口段	−0.96	汉口站	10 000	−2.71	−0.068	2.823
			20 000	−1.98	−0.050	2.063

图 4.31 为主要控制站水位年均变化值的实测值与预测值对比。未来 40 年主要控制站的枯水位仍会有不同程度的降低，其水位年均下降值相对于实测值有所减小，以螺山站为例，在 10 000 m^3/s 流量级下水位年均下降值由现状的 0.109 m 减小为未来的 0.071 m。

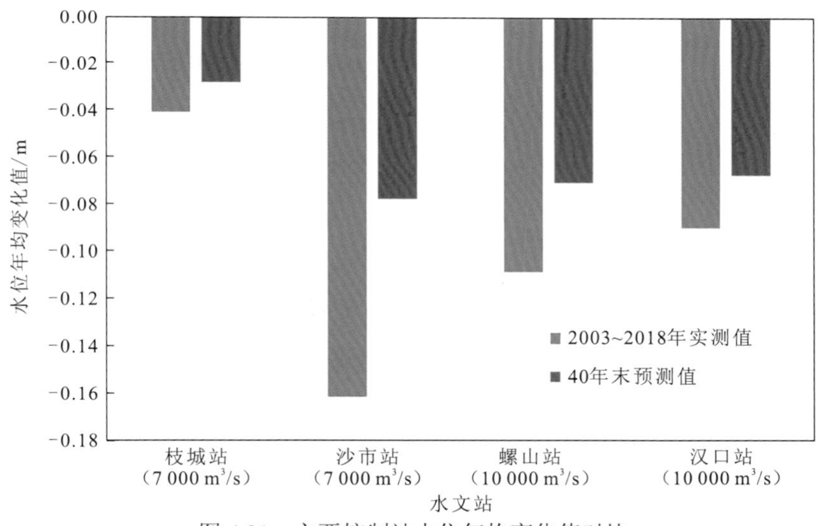

图 4.31　主要控制站水位年均变化值对比

图 4.32 为主要控制站水位变化值与冲淤量比值的对比，由于水位变化值与冲淤量之间相关关系较好，两者的比值变化可以反映出水位的变化趋势。由图 4.32 可知，现状与 40 年后的比值总体比较吻合。

总体看来，未来 40 年沿江主要控制站的枯水位仍有不同程度的降低，但水位下降速率有所减缓，符合河道冲刷与水位变化之间的一般性规律，成果总体合理可信。

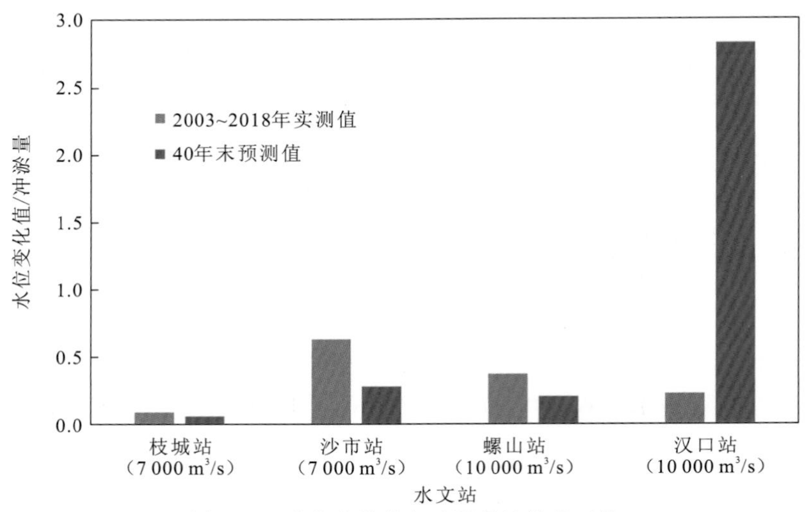

图 4.32　水位变化值与冲淤量比值的对比

4.2.5　槽蓄关系变化趋势预测

三峡水库等控制性水库运用后，宜昌至大通段将发生不同程度的冲刷，各河段的槽蓄曲线将产生一定的变化。一方面，当河道发生冲刷时，河槽容积增加，使得相同水位下河道的槽蓄量增加，而且冲刷位置的不同也会影响槽蓄量增加的幅度；另一方面，部分河段同流量下的水位下降，也会导致槽蓄量增加值减小，因此槽蓄量的变化值并不完全等同于河道的冲刷量。

根据长江干流宜昌至大通段水文（位）站的布设情况、河道基本特征及防洪演算工作的需要，将干流河段划分为 5 个计算河段，即宜昌至沙市段、沙市至城陵矶段、城陵矶至汉口段、汉口至湖口段、湖口至大通段。

根据现有条件，分别在地形（2016 年 11 月）、冲淤预测的 40 年末（2056 年）的地形上，采用典型洪水过程进行槽蓄量计算。由于近些年没有大水年，故选取 1981 年、1983 年、1989 年、1991 年、1993 年、1996 年、1998 年 7 年的洪水过程作为代表。

总体来看，不同河段在不同水位情况下的槽蓄量增量的变化规律不完全相同，但其槽蓄量的增加幅度均随着水位的抬高而逐渐减少。

1. 宜昌至沙市段

在本河段建立以莲花塘站水位为参数的沙市总出流与河段槽蓄量的关系。宜昌至沙市段指从宜昌站基本水尺断面至沙市（二郎矶）站基本水尺断面。

沙市总出流：沙市总出流由沙市（二郎矶）站、松滋河西支新江口站、松滋河东支沙道观站、虎渡河弥陀寺（二）站 4 个水文站的同日日平均流量叠加得到。

将典型年汛期各日沙市总出流与河段同日槽蓄量点绘在相关图上，配上同日莲花塘站实测日平均水位，以此水位为参数，可拟定出以莲花塘站水位为参数的沙市总出流与河段槽蓄量的相关曲线簇。

三峡水库等控制性水库联合运用初期，该河段发生强烈冲刷，尤其是枝城至沙市段。据实测资料，2002 年 10 月～2016 年 11 月，宜昌至枝城段、枝江河段和沙市河段的平滩河槽累积冲刷量为 5.75 亿 m^3；据数学模型预测，未来 40 年（2017～2056 年），该河段仍将继续冲刷，累积冲刷约 13 亿 m^3。与此同时，该河段水位槽蓄关系曲线有所变化，不同莲花塘站水位下，河段槽蓄量增加 7.1 亿～11.5 亿 m^3。

当莲花塘站水位为 32 m（冻结吴淞，下同）、沙市总出流（沙市流量+松滋河分流量+虎渡河分流量）为 36000 m^3/s 时，河段内槽蓄量相对增加 9.02 亿 m^3；当莲花塘站水位为 33 m、沙市总出流为 54000 m^3/s 时，河段内槽蓄量相对增加 8.79 亿 m^3，详见表 4.50 和图 4.33。

表 4.50　未来 40 年末宜昌至沙市段槽蓄量相对变化

莲花塘站水位（冻结吴淞）/m	沙市总出流/（m^3/s）	槽蓄量增量/亿 m^3	沙市总出流/（m^3/s）	槽蓄量增量/亿 m^3
28	40 000	8.54	20 000	8.96
29	42 000	8.64	22 000	8.98
30	46 000	8.25	26 000	9.01
32	50 000	8.07	36 000	9.02
33	54 000	8.79	38 000	9.73

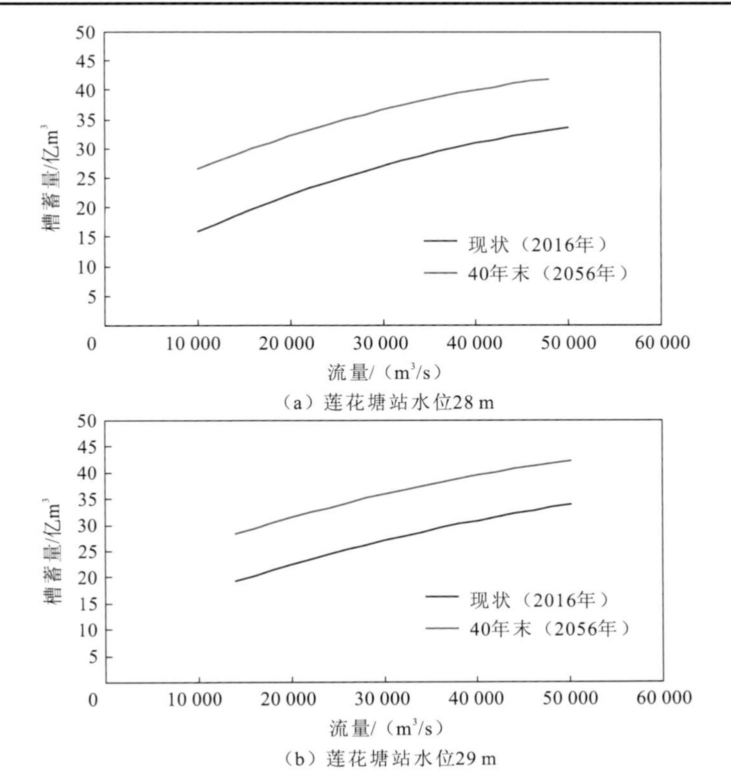

（a）莲花塘站水位28 m

（b）莲花塘站水位29 m

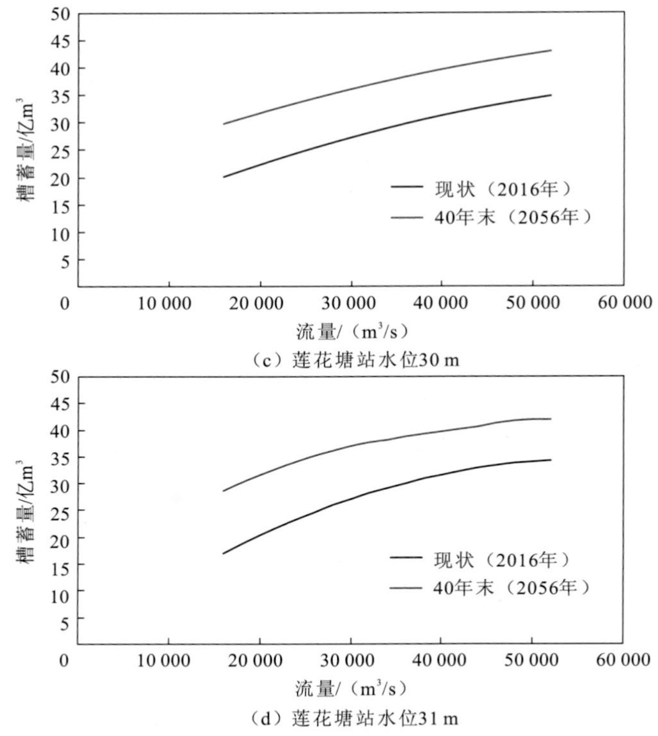

（c）莲花塘站水位30 m

（d）莲花塘站水位31 m

图 4.33　未来 40 年末宜昌至沙市段槽蓄量变化图

2. 沙市至城陵矶段

沙市至城陵矶段指以沙市（二郎矶）站基本水尺断面至洞庭湖出口城陵矶。沙市至城陵矶段槽蓄曲线（含洞庭湖）由干流槽蓄量与洞庭湖湖区槽蓄量组成。以螺山站水位与同日干流槽蓄量和湖区槽蓄量相加组成的河段总槽蓄量，拟定出该河段（包括洞庭湖）的槽蓄曲线，成果见图 4.34。

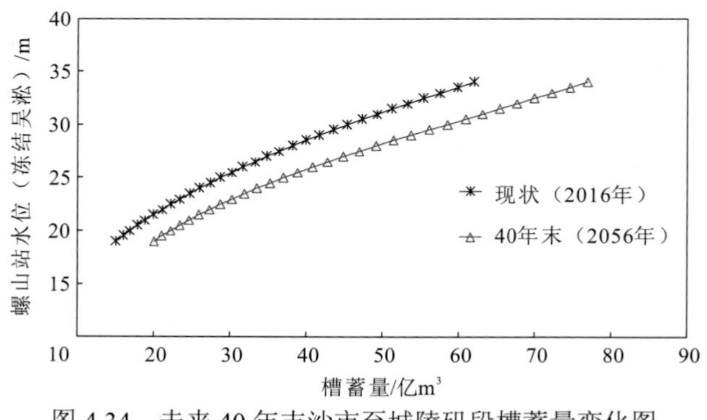

图 4.34　未来 40 年末沙市至城陵矶段槽蓄量变化图

三峡工程蓄水运用以来，2002 年 10 月～2016 年 10 月，荆江河段（枝城至城陵矶段）平滩河槽累积冲刷泥沙 9.38 亿 m^3，主要集中在枯水河槽。当螺山站水位为 32.0 m 时，较蓄水前槽蓄量增大19.0%。

未来40年（2017～2056年），沙市至城陵矶段的冲刷强度很大，累积冲刷量为15.64亿m^3，该河段水位槽蓄量关系曲线的变化也较大。总体来看，随着螺山站水位的抬高，河道内冲刷量逐渐增加，槽蓄量变化值也逐渐增加，但槽蓄量的增加幅度整体减小。不同螺山站水位下，河段槽蓄量增加4.93亿～14.93亿m^3。当螺山站水位为20.0 m时，较现状槽蓄量增大31.2%；当螺山站水位为32.0 m时，较现状槽蓄量增大26.9%。

3. 城陵矶至汉口段

在本河段建立汉口站水位与河段槽蓄量的关系，城陵矶至汉口段指从螺山站基本水尺断面至汉口（武汉关）站基本水尺断面的209 km河段。

点绘汉口（武汉关）站水位与河段同日河槽槽蓄量的关系图，根据点据分布情况建立河段槽蓄量相关线。本河段槽蓄量受水位涨落的影响较小，点据密集，相关关系较好。

三峡工程蓄水运用以来，城陵矶至汉口段河床有冲有淤，总体表现为冲刷，2001年10月～2016年10月平滩河槽累积冲刷4.68亿m^3。当汉口站水位为27.0 m时，较蓄水前槽蓄量增大6.47%，槽蓄量增幅主要发生在河道深泓部位。

三峡水库与上游控制性水库联合运用后将继续冲刷，强烈冲刷下移，故城陵矶至汉口段水位槽蓄量关系曲线变化较大，不同武汉关站水位下，河段内槽蓄量相对增加4.04亿～4.90亿m^3。

三峡水库等控制性水库运用后将继续冲刷，未来40年（2017～2056年）该河段冲刷12.13亿m^3，故城陵矶至汉口段水位槽蓄量关系曲线变化较大。总体来看，在中枯水位时，随着汉口站水位的抬高，河道内冲刷量增加较多，槽蓄量变化值有所增加，之后，随着汉口站水位的升高，槽蓄量变化值逐渐减少，这也说明槽蓄量大幅增加主要发生在冲刷量较大的枯水河槽和平滩河槽，其变化规律与河道冲淤规律基本一致。同时，槽蓄量的增加幅度随着汉口站水位的抬高逐渐减小。40年末，不同汉口站水位下，河段内槽蓄量相对增加9.52亿～11.10亿m^3。当汉口站水位为15.0 m时，较现状槽蓄量增大33.8%；当汉口站水位为27.0 m时，较现状槽蓄量增大13.4%，见图4.35。

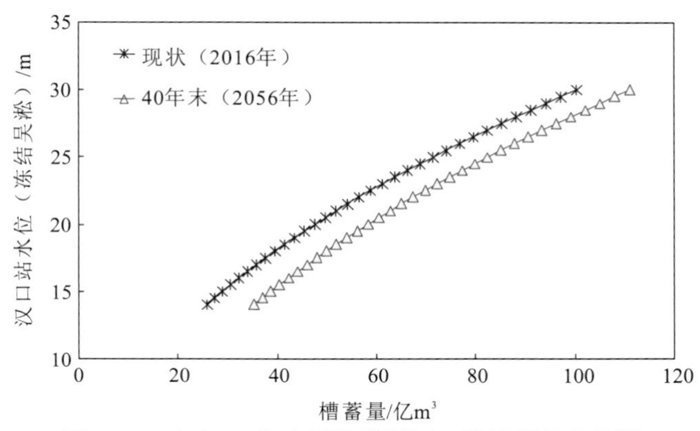

图4.35 未来40年末城陵矶至汉口段槽蓄量变化图

4. 汉口至湖口段

在本河段建立湖口（八里江）站水位与河段槽蓄量的关系，汉口至湖口段指从汉口（武汉关）站基本水尺断面至湖口（八里江）站的河段。

三峡工程蓄水运用至 2016 年，随着汉口至湖口段河床的持续冲刷，三峡水库蓄水前后在同一水位下相应河段的槽蓄量发生变化。当湖口（八里江）站水位为 19.0 m 时，槽蓄量较蓄水前增大 6.77%。

未来 40 年（2017～2056 年），由于汉口以上河段发生强烈冲刷，大量泥沙输移至该河段，河段发生淤积，20 年之后随着冲刷下移，前期淤积量逐渐减少，并向冲刷发展。该河段的冲淤变化对水位槽蓄量关系曲线也有一定的影响。

在不同湖口（八里江）站水位下，河段内槽蓄量相对增加 2.65 亿～5.95 亿 m^3。当湖口（八里江）站水位为 15.0 m 时，较现状槽蓄量增大 5.6%；当湖口（八里江）站水位为 20.0 m 时，较现状槽蓄量增大 4.7%。

5. 湖口至大通段

三峡水库蓄水后的 2003～2016 年，大通站实测水位流量关系无趋势性变化，同一水位下，蓄水前后湖口至大通段槽蓄量曲线无变化。未来 40 年（2017～2056 年），湖口至大通段累积冲刷量为 4.82 亿 m^3，但由于大通站水位主要由其下游的河口水位来控制，未来其水位流量关系变化不大，故在相同水位下，该河段的槽蓄量增加值较小，为 0.73 亿～2.85 亿 m^3，增加幅度在 5%以内。

第5章

上游水库群运行后金沙江下游梯级与三峡水库联合减淤调度方案

本章对金沙江下游梯级与三峡水库库区淤积特性及其在消落期、汛期、蓄水期的减淤调度开展研究。在充分认识金沙江下游梯级及三峡水库库区水沙变化和冲淤特性的基础上，本章建立金沙江下游梯级（乌东德、白鹤滩、溪洛渡、向家坝水库）和三峡水库联合减淤调度一维水沙数学模型，并分别研究各水库在消落期、汛期、蓄水期的减淤调度方案和减淤效果，最终提出溪洛渡、向家坝、三峡水库的联合减淤调度方案，并进行联合减淤调度的效果分析。

5.1 金沙江下游梯级、三峡水库入库水沙变化及水库淤积特性

5.1.1 金沙江下游梯级水库入库水沙变化及水库淤积特性

金沙江下游水沙异源、不平衡现象十分突出。屏山站径流主要来自攀枝花以上地区和雅砻江，分别占向家坝站水量的 39.9%和 41.4%；沙量则主要来自攀枝花至向家坝段，攀枝花以上地区、雅砻江及攀枝花至向家坝段（不含雅砻江）的来沙量分别占向家坝站沙量的 21.5%、15.7%和 62.8%；对于白鹤滩至向家坝段，白鹤滩来沙、主要主流来沙、未控区间来沙分别占向家坝站来沙的 74%、2.4%、23.6%。

上游水库群运行后，金沙江来水来沙都出现一定的减少，2013～2019 年向家坝站来水、来沙较 2003～2012 年分别偏少 2%、99%。受上游水沙变化影响，2013～2019 年三峡水库入库控制站（朱沱站+北碚站+武隆站）来水、来沙分别较 2003～2012 年均值偏多 4%、偏少 65%。

乌东德水库 2015～2019 年平均入库沙量为 1 161 万 t，坝下游乌东德站输沙量为 3 178 万 t，库区其他支流、未控区间等的年均来沙量约为 2 017 万 t。在不考虑未控区间来沙的情况下，2020 年乌东德水库入库悬移质泥沙 1 915.5 万 t，乌东德站悬移质泥沙输沙量为 411 万 t，排沙比约为 27.0%。

在不考虑未控区间来沙的情况下：2013～2019 年溪洛渡水库年均入库沙量 7 733 万 t，出库沙量 252 万 t，年均淤积 7 481 万 t，年均排沙比为 3.3%；2013～2019 年向家坝水库年均入库沙量 357 万 t，出库沙量 155 万 t，年均仅淤积 202 万 t，年均排沙比为 43.4%，两水库的联合排沙比为 1.98%。对溪洛渡水库排沙比小的问题进行研究发现：溪洛渡水库排沙比与来流条件呈一定的正相关关系，场次洪水流量越大，排沙比越大；入出库水沙峰现时间协调性越高，溪洛渡水库的排沙比越大；非汛期水库入库沙量越多，溪洛渡水库排沙比越小。溪洛渡水库库区河道存在 2 道天然的潜坎，对库区底部泥沙输移形成明显的阻隔效应，特别是异重流。

乌东德水库于 2020 年开始蓄水运行，在不考虑未控区间来沙的情况下，2020 年库区淤积泥沙 1 108.5 万 t。从模型计算结果可以看出，水库运行 10 年末淤积量为 3.056 亿 m^3，远小于三峡水库和溪洛渡水库蓄水初期的淤积量，且淤积绝大部分分布在常年回水区内，如表 5.1 所示。

表 5.1　乌东德水库入出库主要控制站水沙情况统计表

时段	入/出库主要控制站	径流量/亿 m³		输沙量/万 t	
		入库	出库	入库	出库
2012 年	攀枝花站+桐子林站+小黄瓜园站/乌东德站	1 277	1 286	5 769.4	—
2013 年		1 000	1 006	1 310.1	—
2014 年		1 153	1 150	1 732.7	—
2015 年		1 033	1 023	1 117.3	4 310
2016 年		1 180	1 158	1 875.0	3 980
2017 年	攀枝花站+桐子林站+小黄瓜园站+可河站/乌东德站	1 178	1 174	1 196.4	3 240
2018 年		1 347	1 386	1 110.5	2 740
2019 年		1 103	1 117	506.6	1 620
2020 年		1 346	1 297	1 519.5	411
2015～2020 年	—	1 198	1 193	1 221.0	2 717
可研阶段	三堆子站和华弹站推算径流，攀枝花站、小得石站、湾滩站及区间等综合推算输沙量	1 210		12 320	

注：2020 年入库沙量未考虑未控区间来沙。

溪洛渡水库 2013 年 6 月～2019 年 11 月库区共淤积泥沙 5.174 亿 m³，其中 96%的泥沙淤积在常年回水区内，如表 5.2 所示。

表 5.2　溪洛渡水库入出库水沙情况统计表

时段	入/出库控制站	径流量/亿 m³		输沙量/万 t		排沙比/%
		入库	出库	入库	出库	
2008 年	华弹站+宁南站+美姑站/溪洛渡站	1 416	1 589.0	14 146	16 500	工程建设期
2009 年		1 312	1 397.0	12 823	12 800	
2010 年		1 234	1 319.0	10 958	12 700	
2011 年		965	1 037.0	4 613	6 030	
2012 年		1 353	1 510.0	13 020	17 600	
2013 年		1 077	695.2.0	5 895	270	4.6
2014 年		1 223	1 356.0	7 278	639	8.8
2015 年	白鹤滩站+美姑站/溪洛渡站	1 110	1 288.0	8 933	179	2.0
2016 年		1 311	1 407.0	10 003	125	1.2

续表

时段	入/出库控制站	径流量/亿 m^3		输沙量/万 t		排沙比/%
		入库	出库	入库	出库	
2017 年	白鹤滩站/溪洛渡站	1 315	1 489.0	9 440	167	1.8
2018 年	白鹤滩站+大沙店站/溪洛渡站	1 504	1 635.0	8 225	273	3.3
2019 年		1 225	1 281.0	4 360	108	2.5
2008～2019 年	—	1 254	1 334.0	9 141	5 616	—
2013～2019 年	—	1 252	1 307.0	7 733	252	3.3
可研阶段	屏山站	1 440		24 700		—

注：2013 年水库蓄水，该年 9～12 月溪洛渡站无泥沙观测资料。

向家坝水库 2012 年 11 月～2019 年 5 月淤积量为 2 755 万 m^3，淤积全都集中在常年回水区，变动回水区冲刷 354 万 m^3，如表 5.3 所示。

表 5.3　向家坝水库入出库水沙情况统计表

时段	入/出库控制站	径流量/亿 m^3		输沙量/万 t		排沙比/%
		入库	出库	入库	出库	
2008 年	屏山站/向家坝站	1 560	—	20 400.0	—	工程建设期
2009 年		1 393	1 404	13 900.0	15 500.0	
2010 年		1 326	1 353	13 600.0	13 400.0	
2011 年		1 010	1 028	5 400.0	5 510.0	
2012 年	溪洛渡站+欧家村站+龙山村站/向家坝站	1 517	1 492	17 627.0	15 100.0	—
2013 年		703	1 106	301.0	203.0	67.4
2014 年		1 362	1 340	673.0	221.0	32.8
2015 年		1 294	1 290	202.0	60.4	29.9
2016 年		1 418	1 408	262.6	217.0	82.6
2017 年		1 496	1 447	269.0	148.0	55.0
2018 年		1 645	1 638	580.5	166.0	28.6
2019 年		1 287	1 344	210.4	72.3	34.4
2008～2019 年	—	1 334	1 350	6 119.0	4 600.0	—
2013～2019 年	—	1 315	1 368	357.0	155.0	43.4
可研阶段	屏山站	1 440		24 700		—

注：2008 年工程截流，向家坝站泥沙停测，2009 年恢复泥沙观测，2013 年 9～12 月缺少溪洛渡站泥沙观测资料。

5.1.2　三峡水库入库水沙变化及水库淤积特性

自 2013 年上游溪洛渡、向家坝水库先后蓄水运行以来，三峡水库入出库水沙条件发生显著改变。从水量变化来看，上游水库群蓄水运行后，由于水库群汛期的拦洪削峰作用和枯水期、消落期的补水作用，1～6 月和 10～12 月三峡水库入库水量明显增多，而汛期 7～9 月三峡水库水量明显减少。全年入库水量基本持平，2013 年以后来水较 2013 年以前偏多 4%。从沙量变化来看，上游水库群蓄水运行后，水库拦沙效应显著，2013 年以后三峡水库入库沙量显著减少，尤其是 8～12 月，入库沙量减少 70%以上，全年入库沙量减少 65%，如表 5.4 所示。

表 5.4　2013 年前后三峡水库入库（朱沱站+北碚站+武隆站）水沙变化

	项目	1 月	2 月	3 月	4 月	5 月	6 月	7 月	8 月	9 月	10 月	11 月	12 月	全年
径流量	1991～2002 年/亿 m^3	107.3	90.6	106.9	147.8	243.6	442.6	718.6	665.6	505.9	367.6	205.4	135.1	3 737.01
	2003～2012 年/亿 m^3	119.2	95.1	119.0	144.6	237.7	366.1	677.5	589.6	548.8	360.1	210.1	137.0	3 604.76
	2013～2019 年/亿 m^3	148.1	124.2	154.4	195.5	262.2	386.5	660.1	543.6	510.4	392.2	218.1	159.6	3 574.90
	变化率/%	24	31	30	35	10	6	−3	−8	−7	9	4	16	4
输沙量	1991～2002 年/万 t	41.0	30.0	36.4	194.0	722.0	4 470.0	11 800.0	9 980.0	5 520.0	1 820.0	421.0	92.5	35 126.90
	2003～2012 年/万 t	44.2	25.6	42.5	91.5	413.0	1 900.0	7 360.0	4 880.0	4 090.0	1 050.0	321.0	63.5	20 281.30
	2013～2019 年/万 t	16.3	11.0	20.3	48.3	146.0	717.0	3 870.0	1 370.0	770.0	163.0	33.5	15.7	7 181.11
	变化率/%	−63	−57	−52	−47	−65	−62	−47	−72	−81	−84	−90	−75	−65

注：变化率为 2013～2019 年均值与 2003～2012 年均值的对比。

从三峡水库排沙情况来看，2013 年上游水库群建成运行后，三峡水库排沙比有所增大，多年年均排沙比达到 21.5%，大于初期蓄水期的 18.8%和试验性蓄水初期（2008～2012 年）的 16.1%，但总排沙量是较上游水库群运行之前偏小的，见表 5.5。

表 5.5　三峡水库入出库水沙量与水库淤积量

时段	年均入库		年均出库		水库年均淤积量/亿 t	排沙比/%
	水量/亿 m^3	沙量/亿 t	水量/亿 m^3	沙量/亿 t		
2003 年 6 月～2006 年 8 月	4 426	2.335	4 699	0.863	1.472	37.0
2006 年 9 月～2008 年 9 月	3 810	2.218	4 089	0.416	1.802	18.8
2008 年 10 月～2012 年 12 月	3 809	1.892	4 179	0.305	1.587	16.1
2013 年 1 月～2019 年 12 月	3 754	0.717	4 246	0.154	0.563	21.5

注：表中数据采用输沙量法计算。

受上游水库群蓄水运用及河道采砂、库尾减淤调度等多因素影响，三峡水库的库区淤积特性发生了改变，主要表现为：在变动回水区，冲刷量较上游水库群蓄水之前有显著增加，2012 年 11 月至 2019 年 10 月年平均冲刷量达到 1 338.0 万 m^3，而上游水库群蓄水前年均淤积 105.0 万 m^3。在常年回水区，年均淤积量显著减小，上游水库群蓄水运用后同期三峡库区常年回水区内年均淤积量为 4 972.0 万 m^3，减幅达到 63%。常年回水区内的淤积量减少主要集中在丰都以下至大坝段，如表 5.6 所示。

表 5.6　三峡工程不同运用时期库区干流各河段年均冲淤量统计表

项目	变动回水区				常年回水区				合计
	江津至大渡口段	大渡口至铜锣峡段	铜锣峡至涪陵段	小计	涪陵至丰都段	丰都至奉节段	奉节至大坝段	小计	
长度/km	26.5	35.5	111.4	173.4	55.1	260.3	171.1	486.5	659.9
2003 年 3 月～2006 年 10 月年均冲淤量/万 m^3	—	—	−42.0	−42.0	49.0	6 746.0	6 839.0	13 634.0	13 592.0
2006 年 11 月～2008 年 10 月年均冲淤量/万 m^3	—	—	533.0	533.0	−14.0	6 471.0	5 522.0	11 979.0	12 512.0
2008 年 11 月～2012 年 10 月年均冲淤量/万 m^3	−173.0	−54.0	267.0	40.0	1 156.0	9 783.0	3 112.0	14 051.0	14 091.0
2003 年 3 月～2012 年 10 月年均冲淤量/万 m^3	−69.0	−22.0	196.0	105.0	479.0	7 906.0	5 084.0	13 469.0	13 574.0
2012 年 11 月～2019 年 10 月年均冲淤量/万 m^3	−508.0	−252.0	−578.0	−1 338.0	−94.0	3 555.0	1 511.0	4 972.0	3 634.0

注：表中数据采用断面地形法计算。

5.2　金沙江下游梯级及三峡水库消落期联合减淤调度方案

5.2.1　库尾河段床沙特性及消落期走沙条件

表 5.7 给出了金沙江下游梯级及三峡水库库尾河段的床沙资料情况。其中，乌东德库区仅有蓄水前的坑测资料，向家坝库区 2019 年仅有常年回水区的实测床沙资料，变动回水区内主要使用 2008 年坑测资料，其他河段都有多年的实测床沙资料。

表 5.7　金沙江下游梯级及三峡水库库尾河段床沙资料情况

序号	河段		资料序列
1	金沙江下游梯级	乌东德库区	2014 年 11 月坑测资料
2		溪洛渡库区	2008 年 4 月坑测资料，2015～2019 年有汛后测次资料
3		向家坝库区	2008 年 2 月坑测资料，2019 年仅有常年回水区资料
4	向家坝坝下游	向家坝至宜宾段	2008～2019 年（缺 2010 年、2014 年资料）
5		宜宾至朱沱段	2012～2019 年（缺 2016 年资料，2015 年以后有汛前、汛后两个测次）
6		朱沱至江津段	2010～2019 年（缺 2011 年、2016 年资料，2010 年以后有汛前、汛后两个测次）
7	三峡水库库尾		2010～2019 年（缺 2011 年、2016 年资料，2010 年以后有汛前、汛后两个测次）

1. 床沙年际变化特性

从乌东德水库床沙的沿程变化来看，对于沙质河床，床沙自上游往下游总体上呈现逐渐变细的规律，变动回水区内沙质河床的平均中值粒径 D_{50} 为 0.197 mm，且 90%以上集中在 0.062～1 mm，常年回水区内沙质河床的平均中值粒径 D_{50} 为 0.177 mm，卵石河床的粒径沿程基本稳定。

2013 年溪洛渡水库蓄水后，库区采集的床沙样本主要是淤积物，以细沙为主，从溪洛渡库区年内冲淤变化来看，变动回水区和常年回水区的床沙粒径均在 0.3 mm 以下，越往下游越细。

向家坝库区蓄水以来，冲淤规律表现为变动回水区冲刷（主要受人为采砂影响），常年回水区淤积。从沿程床沙中值粒径的变化来看，向家坝库区变动回水区沙质河段占比在 85%以上，平均中值粒径 D_{50} 为 0.1～0.3 mm，常年回水区床沙的平均中值粒径 D_{50} 在 0.02 mm 以下。向家坝坝下游河段（上起向家坝坝址，下至江津，全长约 325.8 km）内兼有卵石河段和沙质河段，河床以卵石河段为主（占 85%以上），沿程床沙的中值粒径 D_{50} 为 80～115 mm，越往下游床沙粒径越细。

三峡水库库尾河段（主要指三峡水库变动回水区）沿程床沙粒径逐渐变细，由卵石河床向沙质河床过渡。其中，铜锣峡以上河段以卵石河床为主（占 80%以上），铜锣峡至长寿段为砂卵混合河床，长寿以下河段以细沙为主，在涪陵以下河段，河床上粒径小于 0.1 mm 的细沙占比达 70%以上。

从年际变化来看：自 2013 年以来，溪洛渡库区、向家坝坝下游至江津段床沙粒径基本保持稳定；三峡水库库尾卵石河床粒径基本保持稳定，沙质河床床沙粒径年际以波动变化为主，在来沙较大的年份河床组成偏粗。

2. 床沙年内变化特征

从实测资料序列来看，向家坝坝下游宜宾至三峡水库库尾段自 2015 年起（2016 年除外）年内有汛前、汛后两个测次。其中，汛前测次一般在每年的 4 月底开展，汛后测次在每年的 10 月中下旬开展。以年内实测床沙资料为基础，开展金沙江下游梯级及三峡水库库尾河段年内不同时期床沙特性的研究。

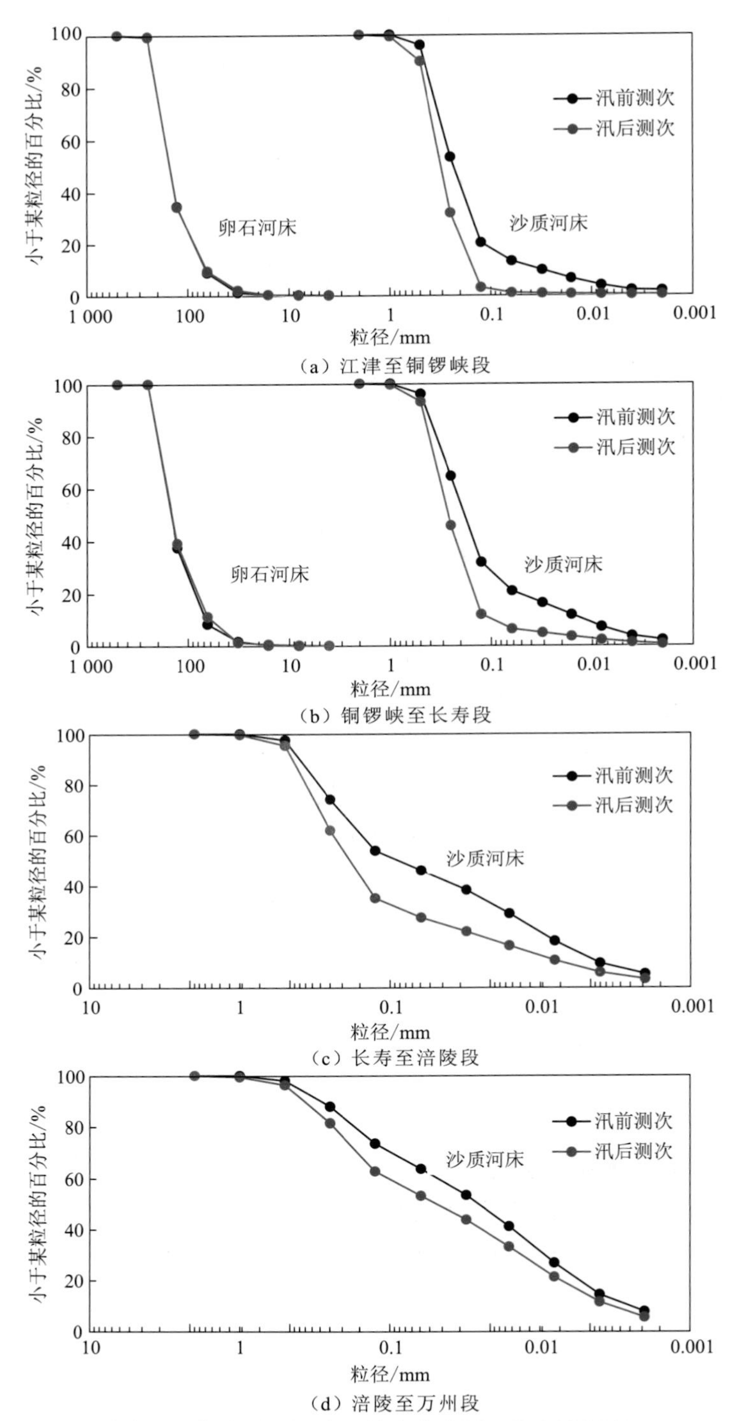

（a）江津至铜锣峡段

（b）铜锣峡至长寿段

（c）长寿至涪陵段

（d）涪陵至万州段

图 5.1　年内不同测次三峡水库库尾河段床沙级配

从年内不同时期（汛前测次和汛后测次）床沙的变化来看，向家坝坝下游宜宾至三峡水库库尾段床沙粒径年内并无明显变化规律，如图 5.1 所示。对于卵石河段，床沙粒径年内基本稳定，汛前测次和汛后测次无明显差异。对于沙质河段，对比汛前测次和汛后测次发现，一般汛后测次表现为较粗，但从寸滩站年内连续月份的观测资料来看，汛前测次并未比汛后测次的床沙粒径要细，年内无明显规律。

3. 消落期床沙起动条件

在水库消落过程中，随着水位下降，主流归槽，河道内水流动力增强，水流挟带泥沙的能力变大，因而消落期是库区河道走沙的关键时期。结合复杂边界条件（宽级配河床）下非均匀沙起动的基本理论，基于最新的床沙分析成果，采用理论分析和数学模型计算的方法，对金沙江下游梯级及三峡水库库尾河段床沙起动条件进行了研究，提出了各水库库尾河段床沙的起动条件。

乌东德水库库尾床沙起动条件：将粒径小于 0.1 mm 的床沙的起动条件作为乌东德水库库尾床沙的起动条件，即当坝前水位消落至 958 m、三堆子站（雅砻江河口以下金沙江干流控制站）流量大于 3 700 m^3/s 时，库尾河段开始走沙。

溪洛渡水库库尾床沙起动条件：将粒径小于 0.1 mm 的床沙的起动条件作为溪洛渡水库库尾床沙的起动条件，即当坝前水位低于 565 m、入库流量大于 2 700 m^3/s 时，库尾河段开始走沙。随着水位逐渐降低，流量逐渐增大，走沙能力逐渐增强。

向家坝水库库尾床沙起动条件：将粒径小于 0.1 mm 的床沙的起动条件作为向家坝水库库尾床沙的起动条件，即当坝前水位降至 375.6 m、入库流量大于 3 000 m^3/s 时，库尾河段开始走沙。随着水位逐渐降低，流量逐渐增大，走沙能力逐渐增强。

向家坝坝下游河段床沙起动条件：向家坝坝下游河段属于天然河道，水位流量关系较好。将各分段流量作为河段床沙起动的控制条件：对于粒径小于 1 mm 的床沙，向家坝至宜宾段、宜宾至朱沱段、朱沱至江津段床沙在流量分别为 3 700 m^3/s、4 600 m^3/s、5 000 m^3/s 时开始起动；在卵石河段，越往下游卵石起动所需的流量越大，对于粒径为 4 mm 的卵石颗粒，向家坝至宜宾段、宜宾至朱沱段、朱沱至江津段床沙在流量分别为 8 600 m^3/s、9 500 m^3/s、10 700 m^3/s 时开始起动。仅向家坝至宜宾段在流量大于 13 000 m^3/s 时能起动粒径为 32 mm 以上的卵石。

重庆主城区河段床沙起动条件：当三峡水库坝前水位降至 153 m 左右、流量大于 11 500 m^3/s 时，河段内半数以上的卵石颗粒即可起动；当三峡水库坝前水位降至 167 m、寸滩站流量大于 4 000 m^3/s 时，河段内粒径大于 0.25 mm 的悬移质床沙开始起动。随着水位逐渐降低，流量逐渐增大，走沙能力逐渐增强。

铜锣峡至涪陵段床沙起动条件：综合考虑，将粒径小于 0.1 mm 的泥沙的起动条件作为本河段泥沙起动的基本条件。对于粒径小于 0.1 mm 的泥沙，当三峡水库坝前水位为 162.3 m、流量大于 6 000 m^3/s 时，开始起动。随着水位逐渐降低，流量逐渐增大，走沙能力逐渐增强。

5.2.2　消落期联合减淤调度研究及效果分析

消落期减淤调度即在汛期来临之前，在坝前水位消落至防洪限制水位的时间段内，合理控制水位消落速率，尤其是在消落水位的后期阶段，利用水库水位降低、库尾水流流速增大等时机，在一段时间内集中加大水位消落速率，加大库尾河段流速，实现汛前库尾河段的减淤。

本次减淤调度是在现有调度规程的基础上展开研究。对于乌东德水库，每年的1月1日开始消落，至6月30日水位消落至945 m。对于溪洛渡水库，一般情况下，水库从12月下旬开始供水，水库水位根据发电需要从正常蓄水位600 m逐步消落，6月底消落至防洪限制水位560 m，这期间最小下泄流量不小于1 200 m^3/s。对于向家坝水库，一般情况下，水库从1月初开始供水，水库水位从正常蓄水位380 m逐步消落，6月底消落至防洪限制水位370 m，这期间最小下泄流量不小于1 200 m^3/s。对于三峡水库，一般情况下，水位从1月初开始消落，至4月末枯水位不低于155.0 m，5月25日水位不高于155.0 m，三峡水库水位日下降幅度一般按0.6 m控制，5月25日以后到消落至防洪限制水位库水位日下降幅度按不超过1.0 m控制，6月10日消落至防洪限制水位145.0 m。在蓄满年份，1～2月水库下泄流量按6 000 m^3/s控制，3～5月的最小下泄流量应满足葛洲坝水库下游庙嘴站水位不低于39 m的要求。

从金沙江下游梯级与三峡水库2013年以来消落期的来沙情况看，溪洛渡库区消落期来沙较多，达到2 021万t左右（含估算的未控区间来沙），乌东德、向家坝、三峡水库消落期内来沙较少，分别约为900万t、135万t、1263万t（含估算的未控区间来沙）。

采用数学模型计算的方法，对典型年消落期的不同调度方案进行计算，并提出金沙江下游梯级与三峡水库消落期联合减淤的调度方案，计算方案汇总见表5.8。本书研究乌东德水库处于蓄水的第一年时，尚无实际的水位消落过程，对于消落期乌东德库区水沙条件及坝前水位的消落过程无实测资料，因此暂未进行乌东德水库消落期减淤调度研究。由于向家坝水库消落期水位落差仅10 m，调度空间及减淤效果有限，故本次主要研究其联合三峡水库的减淤调度方案。

表5.8　消落期水库群联合减淤调度研究计算方案汇总表

序号	水库	研究工况	典型年	调度思路	方案	备注
1	溪洛渡水库	来流条件满足时，坝前水位不满足起调条件	2019年	加快坝前水位消落速率	不同坝前水位消落速率（0.2 m/d、0.4 m/d）	向家坝水库水量偏少时，可利用溪洛渡水库联合加泄水量
2	三峡水库	消落期三峡库区的水力条件不满足起调条件	2014年	溪洛渡、向家坝水库适时增泄水量	分为现状下泄方案和加泄方案（向家坝水库提前3天分别加泄500 m^3/s、1 000 m^3/s），坝前水位均按0.6 m/d消落	
3		消落期三峡库区的水力条件满足起调条件	2013年、2018年	上游进一步加泄，加快坝前水位消落速率	向家坝水库加泄200 m^3/s、400 m^3/s、600 m^3/s，坝前水位均按0.6 m/d消落	

溪洛渡水库库尾河段消落期减淤调度主要根据走沙条件的研究结果开展，即当库水位低于 565 m，流量大于 2 700 m^3/s 时，变动回水区泥沙开始起动。以溪洛渡水库 2019 年消落期为研究对象，调度方案为在流量满足泥沙起动条件时加快坝前水位消落，消落速率分别加快 0.2 m/d 和 0.4 m/d。减淤调度结果表明，坝前水位消落越快，减淤效果越好，减淤效果主要体现在淤积部位发生调整，尤其是常年回水区末段的淤积物被搬运至常年回水区中下段，而总体淤积量未发生大的变化。在坝前水位加快消落（0.4 m/d）的减淤调度方案下，常年回水区末段较调度前多冲刷 37.72 万 m^3，占常年回水区末段总淤积量的 46%。

对于三峡水库库尾河段消落期减淤调度，多家单位和研究机构已开展过相应研究。根据最新的河床淤积情况和淤积物组成情况，通过床沙起动公式计算得到的本次三峡水库库尾河段泥沙的走沙条件为，对于粒径小于 0.1 mm 的泥沙，当三峡水库坝前水位为 162.3 m、流量大于 6 000 m^3/s 时，开始起动。随着水位逐渐降低，流量逐渐增大，走沙能力逐渐增强。总体来看，本次研究成果与以往研究成果基本一致。在已有研究成果的基础上，本次关于水库群联合调度下三峡水库库尾河段的减淤调度研究分为两个方面：一是当水流条件不理想时，通过上游水库群增泄水量来满足三峡水库库尾河段消落期减淤调度的条件；二是研究在满足条件的情况下，上游进一步增泄对三峡水库库尾走沙能力的提升幅度。

当水位消落至 162 m 以下，而流量较小时，减淤调度结果表明，上游水库增加 1 000 m^3/s 的流量，增泄 8 天，可以在一定程度上起到库尾减淤的效果，主要是变动回水区的淤积物被搬运至常年回水区内，变动回水区较调度前多冲刷 3.51 万 m^3，总体来看，调整的冲淤量较小，减淤效果并不理想。

对于消落期内满足坝前水位消落至 162 m 时，流量达到 7 000 m^3/s 的起动条件的年份，以 2013 年、2018 年消落期为研究对象，研究上游水库进一步加泄对库尾减淤的影响。向家坝水库分别加泄 200 m^3/s、400 m^3/s、600 m^3/s，加泄时间提前 3 天，加泄维持 10 天，三峡水库坝前水位按 0.6 m/d 进行消落。减淤调度结果表明，对于满足床沙走沙条件的年份，上游水库加泄能进一步增强三峡水库库尾河段的走沙能力，尤其是变动回水区下段，冲刷量显著增大，以 2018 年为例，在加泄 600 m^3/s 的方案下，变动回水区下段较调度前多冲刷 3.45 万 m^3，占变动回水区下段总淤积量的 23%，多冲刷的泥沙被淤积在常年回水区内。库区总淤积量较调度前减少 1.05 万 m^3，占总淤积量的 5%。

消落期对溪洛渡水库及三峡水库进行减淤调度能取得较好的减淤效果，主要表现为变动回水区淤积泥沙被冲刷至常年回水区内，起到优化库区淤积分布的效果。其中，若原本不满足库尾泥沙起动条件，而利用水库群加泄的手段使流量满足泥沙起动条件，变动回水区内虽有一定的改善，但减淤效果并不理想。通过减淤调度方案计算及效果综合分析对比，提出金沙江下游梯级与三峡水库消落期联合减淤调度方案。

5.3 金沙江下游梯级及三峡水库汛期联合减淤调度方案

5.3.1 三峡水库汛期场次洪水泥沙输移特性

1. 场次洪水水沙主要来源

寸滩站是反映三峡库区入库水沙条件的重要水文站，其洪峰、沙峰的峰值大小、形态特征等对于延长梯级水库使用寿命、充分发挥梯级水库群综合效益至关重要。1980～2019 年，寸滩站洪峰流量在 30000 m^3/s 以上的洪水共计 152 场次。其中，1980～1990 年寸滩站洪峰流量大，出现频次多，共计 60 场次洪水，而 20 世纪 90 年代以来，洪水场次有所减少，特别是溪洛渡、向家坝水库陆续建成投运后，受水库蓄水、拦沙等因素影响，2013～2019 年，寸滩站洪水场次仅有 14 场，减幅近 77%。

从长江上游干支流为径流和泥沙主要来源区的年均洪水场次来看(表 5.9～表 5.10)，1980～1990 年寸滩站平均每年发生洪水 5.5 场次，其中 2.5 场次洪水径流来自嘉陵江，2.4 场次来自金沙江，两者占比基本相当，2.3 场次洪水泥沙来自金沙江，2.7 场次来自嘉陵江，两者占比基本相当，场次洪水中径流、泥沙的主要来源区基本一致。1991～2002 年，寸滩站年均 3.4 场次洪水中有 3.1 场次径流及泥沙主要来自金沙江，仅有近 0.3 场次的径流、泥沙主要来自嘉陵江或岷江。三峡水库蓄水后的 2003～2012 年，寸滩站平均每年发生洪水 3.7 场次，以金沙江、嘉陵江为径流主要来源区的洪水场次分别为 2.0 场次、1.7 场次，以两者为泥沙主要来源区的洪水场次分别为 2.7 场次、1.0 场次。向家坝、溪洛渡水库陆续投运后，2013～2019 年寸滩站年均洪水场次仅为 2.0 场次：从径流的主要来源来看，1.3 场次来自嘉陵江，0.6 场次来自金沙江，0.1 场次来自岷江；从泥沙的主要来源来看，1.3 场次来自嘉陵江，其余 0.7 场次分别来自沱江、岷江、横江，金沙江已不是寸滩站场次洪水中泥沙的主要来源区。

表 5.9 不同时段寸滩站洪水径流主要来源区年均场次

时段	金沙江	横江	岷江	沱江	嘉陵江
1980～1990 年	2.4	0	0.6	0	2.5
1991～2002 年	3.1	0	0.2	0	0.1
2003～2012 年	2.0	0	0	0	1.7
2013～2019 年	0.6	0	0.1	0	1.3

表 5.10 不同时段寸滩站洪水泥沙主要来源区年均场次

时段	金沙江	横江	岷江	沱江	嘉陵江
1980～1990 年	2.3	0	0.5	0	2.7
1991～2002 年	3.1	0	0	0	0.3
2003～2012 年	2.7	0	0	0	1
2013～2019 年	0	0.1	0.5	0.1	1.3

2. 汛期三峡水库入库流量、含沙量频率变化

考虑到乌江武隆站来沙较少，因此将寸滩站+武隆站作为三峡水库的入库流量代表站，将寸滩站作为入库含沙量代表站，对 6～9 月日均流量和含沙量进行排频，排频后累积频率曲线结果见图 5.2、图 5.3。由图 5.2、图 5.3 可知，与 2003～2012 年 6～9 月相比，2013～2018 年汛期入库流量大于 25 000 m^3/s 的洪水出现概率明显减小，由年均 24 天下降至年均 16 天，汛期入库流量大于 30 000 m^3/s 的洪水出现概率由年均 12 天下降至年均 7 天。2013～2018 年寸滩站汛期的含沙量较 2003～2012 年大幅减少，汛期含沙量大于 0.5 kg/m^3 的天数也由年均 76 天下降至年均 12 天。

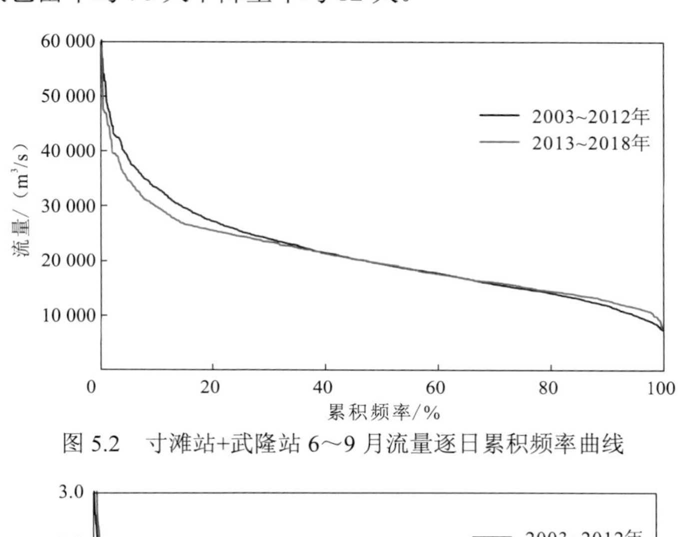

图 5.2　寸滩站+武隆站 6～9 月流量逐日累积频率曲线

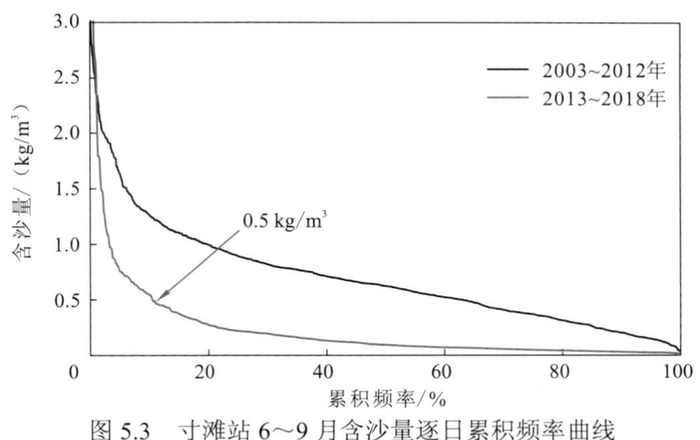

图 5.3　寸滩站 6～9 月含沙量逐日累积频率曲线

3. 长江上游库区水力传播特性研究

采用一维水沙数学模型计算乌东德库区、溪洛渡库区、向家坝库区在不同流量和水位情况下的水力要素，并分段统计流速、水深和重力波速。

对于乌东德水库而言：当入库流量为 10 000 m^3/s 时，库区沙峰传播时间为 5 天左右；当入库流量为 15 000 m^3/s 时，库区沙峰传播时间为 4 天左右；当入库流量为 20 000 m^3/s

时，库区沙峰传播时间为 3 天左右。

对于溪洛渡水库而言：当入库流量小于 10 000 m^3/s 时，库区沙峰传播时间大于 9 天；当入库流量为 10 000～22 000 m^3/s 时，库区沙峰传播时间为 3～9 天；当入库流量为 22 000～30 000 m^3/s 时，库区沙峰传播时间为 2～3 天；当入库流量大于 30 000 m^3/s 时，库区沙峰传播时间基本为 2 天。

对于向家坝水库而言：当入库流量小于 10 000 m^3/s 时，库区沙峰传播时间大于 5 天；当入库流量为 10000～22000 m^3/s 时，库区沙峰传播时间为 2～5 天；当入库流量为 22 000～30000 m^3/s 时，库区沙峰传播时间基本为 1.5～2 天；当入库流量大于 30000 m^3/s 时，库区沙峰传播时间基本为 1.5 天。

向家坝至朱沱段为天然河道：在 10 000 m^3/s 流量条件下，沙峰传播至朱沱需要 48 h；在 30000 m^3/s 流量条件下，沙峰传播至朱沱需要 25 h。朱沱至寸滩段沙峰传播时间随坝前水位的抬高而增加，随流量的增大而减小，不同水位、流量组合下沙峰传播时间在 18～56 h。沙峰传播时间为洪峰传播时间的 2～3 倍。

采用概化模型对洪峰传播进行模拟，计算得到寸滩到坝址的洪峰传播时间。对于三峡库区而言，洪峰传播时间与坝前水位的关系十分明显，坝前水位越高，洪峰传播时间越短。当坝前水位按汛期 145 m 运行时，寸滩站到大坝沙峰传播时间平均为 7.6 天；当洪峰流量小于 30000 m^3/s 时，库区沙峰传播时间基本大于 7 天；当洪峰流量大于 50 000 m^3/s 时，库区沙峰传播时间基本小于 5 天。

5.3.2　汛期联合减淤调度研究及效果分析

汛期是水库来沙最主要的时段。汛期长江上游干支流暴雨洪水频发，几场暴雨洪水的产输沙量即占全年入库沙量的绝大部分，针对沙峰高度集中的特点，汛期沙峰排沙调度就是将场次洪水沙峰过程的泥沙尽可能地排出库外。同时，长江上游水沙来源复杂，水沙多源、异源现象尤为突出，不同来水来沙组成对汛期水库淤积也有重要的影响。研究在新水沙条件下，如何科学、合理调控汛期水沙过程，对汛期水库群减淤具有重要意义。

采用数学模型计算的方法，对典型年汛期各水库不同调度方案进行计算，并提出金沙江下游梯级与三峡水库汛期联合减淤调度方案。计算方案汇总见表 5.11。

表 5.11　汛期水库群联合减淤调度计算方案汇总表

序号	水库	研究工况	典型年	调度思路	方案	备注
1	乌东德水库	大沙年份	2016 年、2018 年	不同坝前运行水位	坝前水位分别按 950 m、952 m、954 m 控制	
2	溪洛渡水库	典型沙峰过程	2017 年	增大下泄，降低水位	分为现状下泄方案和加泄方案	

续表

序号	水库	研究工况	典型年	调度思路	方案	备注
3	三峡水库	“大水大沙”型沙峰过程	2013 年、2018 年	溪洛渡、向家坝水库适时增泄水量	分为现状下泄方案和加泄方案	向家坝水库水量偏少时，可利用溪洛渡水库联合加泄水量
4		“小水大沙”型沙峰过程	2016 年、2019 年	溪洛渡、向家坝水库适时增泄水量	分为现状下泄方案和加泄方案	
5		不同异步情况	2016 年	溪洛渡、向家坝水库适时增泄水量	以 2016 年方案为基础，将洪峰和沙峰错峰 1 天、2 天，研究对水库淤积的影响	

在项目研究期内关于乌东德水库汛期减淤调度的研究尚为空白，无相关研究成果。考虑到乌东德水库刚刚蓄水运行，水库正处于蓄水进程中，本次关于乌东德水库的汛期减淤调度主要是在研究库区内洪峰、沙峰传播特性的基础上，研究不同坝前水位调度对库区淤积量及淤积分布的影响。乌东德水库汛期不同坝前运行水位对库区淤积的影响主要表现为，坝前水位越高，变动回水区内淤积的泥沙越多，常年回水区内淤积的泥沙越少，但冲淤量变化差异很小，总体来看，仅调节汛期坝前运行水位对乌东德水库减淤的作用非常有限。

从影响溪洛渡库区汛期排沙的因素来看，溪洛渡库区汛期排沙主要与上游来水来沙过程、水库运行方式、河床边界条件等因素有关。在项目研究期内，溪洛渡库区上游白鹤滩水库尚未建成，最上游乌东德水库距离溪洛渡库区较远，水沙调节能力有限，因此溪洛渡库区上游水沙过程无法进行调节。减淤调度研究只能从单水库调度的角度入手，具体来说，就是研究溪洛渡水库汛期不同坝前水位、下泄流量对库区排沙的影响。选取 2017 年 7 月白鹤滩站沙峰过程为溪洛渡库区典型入库水沙过程，研究溪洛渡水库减淤调度方案。方案一为现状水量下泄过程；方案二在拉沙期按 10 500 m^3/s 流量下泄，排沙期利用剩余水量排沙；方案三在拉沙期按 9 500 m^3/s 流量下泄，排沙期按最大下泄流量 12 000 m^3/s 下泄，如图 5.4 所示。

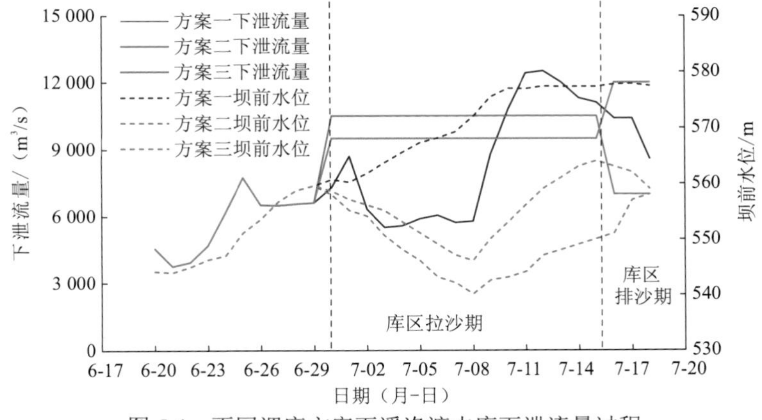

图 5.4　不同调度方案下溪洛渡水库下泄流量过程

计算结果表明，对于溪洛渡水库 2017 年 7 月上旬的沙峰过程，通过增大下泄、降低水位的方式进行汛期减淤调度，在沙峰过程拉沙期及排沙期加大下泄流量，能使变动回水区及常年回水区末段的河床淤积量减少，泥沙更多地淤积在常年回水区中下段。方案对比表明，方案二（即在拉沙期按 10 500 m^3/s 流量下泄，排沙期利用剩余水量排沙）的减淤调度效果最好，排沙比从实际方案下的 0.67%增大为 1.97%，多排沙 56.49 万 t。

三峡水库汛期联合减淤调度研究的主要难点是三峡库区水沙异源现象突出，水沙协调性差，选取的水沙过程要具有代表性。上游水库群蓄水运用以来，三峡水库汛期入库水沙条件发生显著变化，其中最主要的就是汛期金沙江来沙受水库群拦截大幅减少，三峡水库入库沙峰主要由区间支流产沙造成，金沙江来沙占比极小。因此，在上游水库群运行后进行汛期联合减淤调度应主要选取 2013 年之后典型年的水沙过程。从历年水沙过程来看，2013 年和 2018 年汛期有较大的沙峰过程，以往就以 2013 年、2018 年为典型年进行过详细的联合调度方案研究，本次直接引用以往研究成果，新增 2016 年、2019 年汛期场次洪水过程。2016 年、2019 年汛期场次洪水的来水主要为金沙江和岷江，来沙主要是横江和岷江，水沙入库距离长，加上水沙异源，水沙协调性差，水小而沙多，故沙峰到达坝前时已经较小。这种水沙过程在 2013 年之后也较为普遍，十分具有代表性，对研究汛期减淤调度具有重要意义。

对于三峡水库“大水大沙”型沙峰过程（洪峰流量在 40 000 m^3/s 左右，最大含沙量在 4 kg/m^3 左右），场次洪水排沙比已经较大，继续使用“上游水库加泄、坝前配合加泄”的减淤调度思路，让向家坝水库在坝前排沙期提前 2 天加泄 6 000～8 000 m^3/s 的水量，使三峡水库在库区拉沙期、坝前排沙期以较大流量进行控泄，可进一步增大水库排沙比。对 2013 年和 2018 年沙峰过程进行计算发现，场次洪水排沙比增大了 9 个百分点，多排沙 975 万 t。

对于三峡水库“小水大沙”型沙峰过程（洪峰流量在 20 000 m^3/s 左右，最大含沙量在 2 kg/m^3 左右），场次洪水排沙比较小，使用“上游水库加泄、坝前配合加泄”的减淤调度思路，让向家坝水库在库区拉沙期和坝前排沙期提前 2 天按 12 000 m^3/s 最大流量控泄，使三峡库区自沙峰出现之日起加大下泄，按不小于 25 000 m^3/s 的流量控泄，直至沙峰出库后 2 天。对 2016 年和 2019 年沙峰过程进行计算发现，场次洪水排沙比增加了 5～10 个百分点。

三峡水库入库水沙异源现象突出，容易造成场次洪水中洪峰、沙峰峰现时间明显的相位差，沙峰较洪峰提前或滞后。通过水沙异步特性对库区淤积的影响研究发现，当沙峰和洪峰异步程度不同时，三峡水库入库含沙量过程、库区总淤积量等都有较大的差异，其中，当沙峰、洪峰同步或异步程度较小（1 天以内）时，通过向家坝水库加泄，能排出更多的沙量，而当沙峰与洪峰异步程度较大（峰值时间差在 2 天以上）时，调度效果较差。

5.4　金沙江下游梯级及三峡水库蓄水期联合减淤调度方案

蓄水期减淤调度主要是通过改变水库蓄水进程，调节汛后水库泥沙淤积量，达到改善泥沙在库区内淤积分布的目的。一般而言，水库蓄水期淤积量较少，若遇入库泥沙较多的秋汛，导致蓄水期淤积量较多，则在次年的调度中可将泥沙冲走。蓄水期减淤调度的主要思路是研究不同起蓄水位和起蓄时间对库区淤积的影响。调度方案汇总见表 5.12。

表 5.12　蓄水期水库群联合调度方案汇总表

序号	水库	调度思路	典型年	研究工况	方案
1	溪洛渡水库	蓄水时机对淤积的影响	2019 年	不同起蓄时间、起蓄水位组合，不同蓄水节点	起蓄时间分别为 8 月 20 日、8 月 25 日、9 月 1 日，起蓄水位为 560 m
2	三峡水库		2019 年		起蓄时间分别为 9 月 10 日、9 月 15 日，起蓄水位分别为 145 m、150 m、155 m

以 2019 年实际水沙过程为例，计算溪洛渡水库不同蓄水时间和不同起蓄水位下库区泥沙的淤积情况。2019 年蓄水期溪洛渡水库来沙较多，以干流来沙为主，区间支流来沙较少。计算方案如表 5.13 所示。各方案下，均保证最小下泄流量不小于 1 200 m^3/s。

表 5.13　溪洛渡水库蓄水期不同计算方案

计算方案	起蓄时间	水位控制节点/m			
		起蓄水位	9 月 10 日	9 月 20 日	9 月 30 日
方案一	8 月 20 日	560	580	590	600
方案二	8 月 20 日	560	590	595	600
方案三	8 月 25 日	560	580	590	600
方案四	8 月 25 日	560	590	595	600
方案五	9 月 1 日	560	580	590	600

对溪洛渡库区不同蓄水方案的研究表明：不同的坝前蓄水方案对库区总淤积量的影响较小，各方案下总淤积量最大相差 5.63 万 m^3，约占总淤积量的 0.3%；不同的坝前蓄水方案对库区内冲淤分布格局有一定的影响，其中变动回水区内最大冲刷量相差 10.49 万 m^3，常年回水区上半段最大淤积量相差 18.86 万 m^3，常年回水区下半段最大淤积量相差 31.39 万 m^3，淤积差异较大的区域主要集中在常年回水区内。对比不同方案可以看出，不同蓄水速率对淤积分布的影响要大于不同起蓄时间对淤积分布的影响。提

前蓄水对溪洛渡水库蓄水期库区淤积有一定的影响，主要表现在变动回水区内冲刷减弱，常年回水区内淤积减弱，但各蓄水方案的差异较小，提前蓄水不会对溪洛渡水库蓄水期淤积造成太大的影响，计算结果如图 5.5 所示。

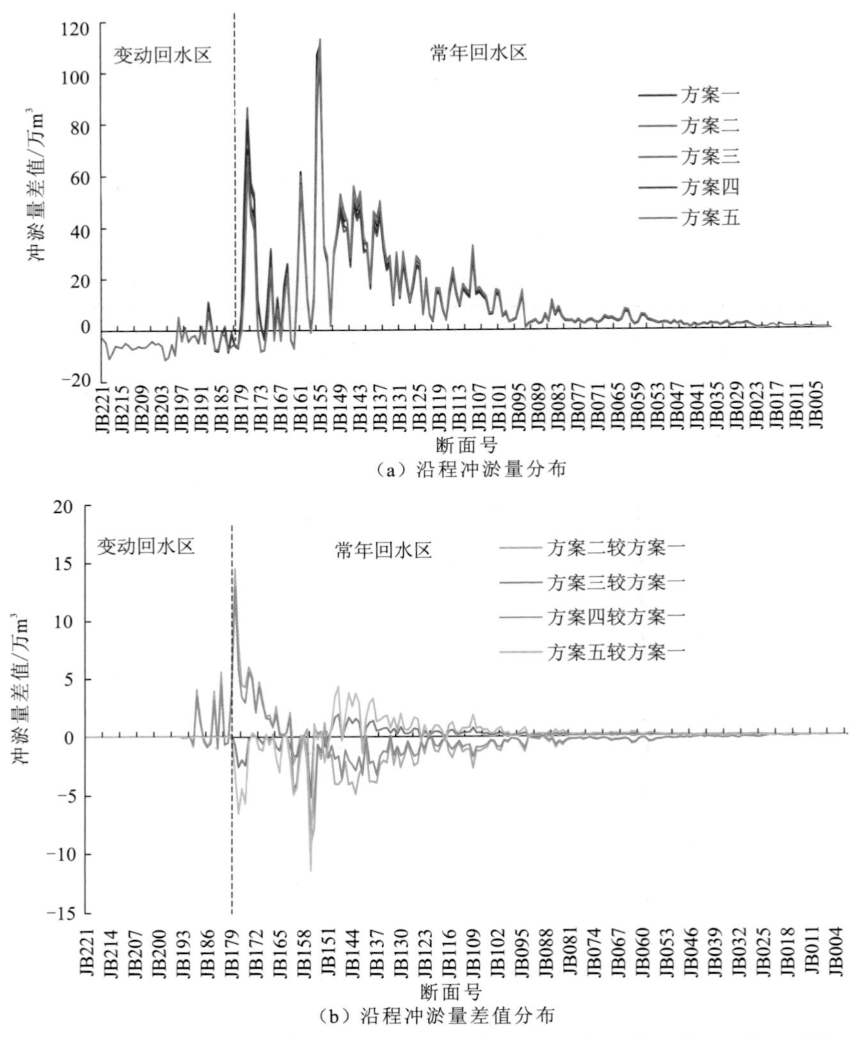

（a）沿程冲淤量分布

（b）沿程冲淤量差值分布

图 5.5　不同方案下溪洛渡水库沿程冲淤量变化（2019 年 8 月 1 日～9 月 30 日）

三峡水库初步设计阶段规定：三峡水库 10 月 1 日开始蓄水，2009 年蓄水时间提前至 9 月 15 日，2015 年又将蓄水时间提前至 9 月 10 日，蓄水时间不断提前；同时，起蓄水位也在不断抬高，初步设计阶段起蓄水位为 145 m，之后随着中小洪水调度的逐渐开展，起蓄水位逐渐抬高至 150～155 m。本小节主要分析蓄水时间提前、起蓄水位抬高对三峡水库蓄水期库区泥沙淤积的影响。以 2019 年实际过程为典型年，计算方案如表 5.14 所示。

表 5.14　三峡水库蓄水期不同蓄水方案

计算方案	起蓄时间	水位控制节点/m				
		起蓄水位	9 月 20 日	10 月 1 日	10 月 20 日	10 月 31 日
方案一	9 月 10 日	145	155	165	170	175
方案二	9 月 10 日	150	160	165	170	175
方案三	9 月 10 日	155	160	165	170	175
方案四	9 月 15 日	145	150	165	170	175
方案五	9 月 15 日	150	155	165	170	175
方案六	9 月 15 日	155	160	165	170	175

对三峡库区不同蓄水方案的研究表明（表 5.15），不同的坝前蓄水方案对库区总淤积量的影响较小，各方案下库区最大淤积量相差 38.53 万 m^3，约占库区总淤积量的 2%。从对库区内冲淤分布格局的影响来看，泥沙淤积主要集中在常年回水区内，9 月 10 日开始蓄水较 9 月 15 日开始蓄水，在相同起蓄水位下，变动回水区内冲刷加剧（或淤积减少），最大差值约为 18 万 m^3，但在常年回水区内淤积减少，最大差值约为 20 万 m^3。提前蓄水对三峡水库蓄水期库区淤积有一定的影响，主要表现在变动回水区内冲刷减弱或淤积小幅增大，常年回水区内淤积减弱，但各蓄水方案的差异较小，提前蓄水、起蓄水位较高等蓄水方案不会对三峡水库蓄水期淤积造成太大的影响。

表 5.15　不同计算方案下沿程冲淤量变化　　（单位：万 m^3）

方案	变动回水区（S400～S267）	常年回水区		总冲淤量
		S267～S210	S210～S30+1	
方案一	−28.73	321.90	1 561.83	1 854.99
方案二	−1.79	562.98	1 287.16	1 848.35
方案三	15.77	621.81	1 178.87	1 816.46
方案四	−40.15	173.15	1 705.46	1 838.46
方案五	−20.36	347.67	1 507.75	1 835.07
方案六	6.69	584.12	1 237.06	1 827.87

长江上游的洪水分期研究表明：对于溪洛渡、向家坝库区，一般情况下，在 9 月出现暴雨的概率很小，从防洪安全和蓄水兴利的角度看，在 8 月开展水库提前蓄水是可行且必要的；对于三峡水库，在 9 月中下旬，仍有出现暴雨洪水的可能性，以岷沱江、嘉陵江洪水为主。

根据多年来溪洛渡、向家坝、三峡水库联合蓄水的实践经验，以及单水库不同蓄水方案对库区淤积的影响分析，结合现行的水库调度规程，综合提出金沙江下游梯级与三峡水库蓄水期联合减淤调度方案。

5.5 金沙江下游梯级及三峡水库全时期联合减淤调度方案

金沙江下游梯级与三峡水库联合减淤调度的目标，就是要减少泥沙淤积总量，改善泥沙的淤积分布，主要包含三个方面的内容：一是减少泥沙在水库群内的淤积总量；二是调整泥沙在各水库之间的淤积格局；三是改善单水库的泥沙淤积分布。金沙江下游梯级与三峡水库联合减淤调度的研究思路，即在汛期，通过联合调度尽可能地将入库泥沙排至库外，减少水库群泥沙淤积总量，并调整各水库之间的淤积格局；对于淤积在库尾河段的泥沙，通过消落期减淤调度将泥沙冲至常年回水区内；在蓄水期适当提前蓄水时间、抬高起蓄水位，来沙不大的年份水库内泥沙淤积的差异很小，可将水库蓄水兴利作为第一考虑要素。

在年内不同时期联合减淤调度研究的基础上，从整体出发，对典型年综合提出金沙江下游梯级及三峡水库联合减淤调度方案。其总体思路为：消落期主要考虑上下游水库群集中消落，有效利用下泄水量，同时坝前水位加快消落；汛期主要考虑在沙峰入库时，通过上游水库提前加泄水量，加大下游水库排沙能力；蓄水期减淤调度主要在来沙不大的情况下保障蓄水，调度方案以现行的调度规程为准。在结合年内不同时期减淤调度研究成果的基础上，提出金沙江下游梯级及三峡水库联合减淤调度方案。

1）消落期联合减淤调度方案

（1）在 5 月上中旬，当预报的溪洛渡水库来流大于 2 700 m^3/s 且坝前水位高于 565 m 时，坝前水位提前消落至 565 m，之后坝前水位按不低于 0.4 m/d 的速率消落，持续时间不少于 10 天。若预报的入库流量小于 2 700 m^3/s 或入库流量大于 2 700 m^3/s 且坝前水位已低于 565 m，则不对溪洛渡水库进行消落期调度。

（2）在 5 月上中旬，若三峡水库库尾河段已满足泥沙起动条件（入库流量大于 7 000 m^3/s 且坝前水位低于 162 m），可考虑对上游水库群进一步加泄以增强库尾减淤，即上游水库群联合加泄 600 m^3/s 的流量，同时三峡水库坝前水位消落速率按 0.6 m/d 控制，持续时间不少于 10 天。若坝前水位低于 162 m 时来流不足 7 000 m^3/s，考虑到上游水库加泄对库尾河段减淤的提升不大，不建议对三峡水库库尾河段进行消落期调度。

2）汛期联合减淤调度方案

（1）若溪洛渡水库汛期出现较大沙峰，在综合考虑来水来沙过程、坝前水位的前提下进行沙峰调度，即在沙峰入库至沙峰到达坝前阶段加大下泄（一般下泄流量不小于 10 000 m^3/s，可视来水情况及水库水位适当调整），在沙峰出库及之后 2 天下泄流量不小于 7 000 m^3/s。

（2）若三峡水库汛期出现“大水大沙”型沙峰（洪峰流量在 40 000 m^3/s 左右，最大含沙量在 4 kg/m^3 左右），向家坝水库提前 2 天加泄 8 000 m^3/s，三峡水库在沙峰出现之日至沙峰到达坝前阶段按 50 000 m^3/s 下泄，沙峰出库及之后 2 天按 43 000 m^3/s 下泄。

（3）若三峡水库汛期出现“小水大沙”型沙峰（洪峰流量在 20 000 m^3/s 左右，最大含沙量在 2 kg/m^3 左右），向家坝水库提前沙峰出现时间 2 天按 12 000 m^3/s 控泄，直至沙峰到达三峡坝前。三峡库区自沙峰出现之日起加大下泄，按不小于 25 000 m^3/s 的流量控泄，直至沙峰出库后 2 天。

3）蓄水期联合减淤调度方案

（1）在预报未来无大洪水入库的前提下，结合现行的水库调度规程，溪洛渡、向家坝水库于 8 月中下旬可有序开始蓄水，溪洛渡水库 8 月下旬的起蓄水位一般在 560～570 m，蓄水速率先慢后快，控制 9 月 10 日蓄水位不高于 580 m，9 月底蓄至 600 m；向家坝水库 9 月初的起蓄水位为 370～375 m，9 月底蓄至 380 m。从航运、生态安全角度考虑，蓄水期间溪洛渡和向家坝水库应满足向家坝水库下游最小下泄流量为 1 200 m^3/s 的要求。

（2）在预报未来无大洪水入库的前提下，结合现行的水库调度规程，三峡水库于 9 月 10 日开始蓄水，在来水较小的年份，起蓄水位可适当上浮，控制在 150～155 m，蓄水速度先慢后快，9 月 20 日之前蓄水速率不超过 1 m/d，9 月底控制蓄水位在 162～165 m，10 月底蓄至 175 m。蓄水期间，从航运、生态安全角度考虑，9 月最小下泄流量不小于 10 000 m^3/s（若入库流量小于 10 000 m^3/s，则按不低于 8 000 m^3/s 下泄），10 月最小下泄流量不小于 8 000 m^3/s，（若入库流量小于 8 000 m^3/s，则按入库流量下泄）。

（3）若预报有大的洪水过程入库，水库调度应以防洪需求为主，即根据汛后洪水情况推迟蓄水时间，直至洪峰消退且预报再无大的洪峰过程入库。蓄水期洪水过程淤积下来的泥沙，也可在来年消落期内开展的减淤调度中冲刷带走。

对 2018～2019 年典型年进行联合减淤调度计算，对比实际调度方案和优化调度方案的冲淤结果发现：从淤积总量上看，优化调度方案下溪洛渡、向家坝、三峡水库累积减淤 598 万 m^3，减淤幅度为 2.1%，溪洛渡、向家坝、三峡淤积量占比分别为 43%、1%、56%，优化调度前后各水库淤积占比无大的调整，淤积分布格局未发生改变；从各水库淤积部位的调整来看，优化调度后溪洛渡水库和三峡水库常年回水区段淤积量分别增大了 391.75 万 m^3、286.56 万 m^3，说明水库群联合减淤调度将更多的泥沙搬运到深水区、死库容内，对保障水库防洪库容、延长水库群使用寿命有积极作用。从重点河段的减淤效果来看，优化调度方案能显著减少三峡水库库尾河段淤积总量和淤积厚度，对减小三峡水库库尾局部泥沙淤积对航运及库尾洪水的影响具有积极作用。

参考文献

包为民，万新宇，荆艳东, 2007. 多沙水库水沙联合调度模型研究[J]. 水力发电学报(6): 101-105.

蔡强国，陆兆熊，王贵平，1996. 黄土丘陵沟壑区典型小流域侵蚀产沙过程模型[J]. 地理学报(2): 108-117.

董炳江，陈显维，许全喜, 2014a. 三峡水库沙峰调度试验研究与思考[J]. 人民长江, 45(19): 1-5.

董炳江，乔伟，许全喜, 2014b. 三峡水库汛期沙峰排沙调度研究与初步实践[J]. 人民长江, 45(3): 7-11.

杜殿勖，朱厚生, 1992. 三门峡水库水沙综合调节优化调度运用的研究[J]. 水力发电学报(2): 12-24.

甘富万，李义天，邓金运，等, 2009. 水库排沙调度优化模型[J]. 水科学进展, 20(6): 863-868.

龚时旸，熊贵枢, 1979. 黄河泥沙来源与和地区分布[J]. 人民黄河(1): 7-l8 .

国家测绘地理信息局，2011. 中华人民共和国测绘行业标准 机载激光雷达数据获取技术规范：CH/T 8024—2011. 北京：测绘出版社.

韩其为, 1978. 长期使用水库的平衡形态及冲淤变形研究[J]. 人民长江(2): 18-35.

韩其为，何明民，1993. 论长期使用水库的造床过程：兼论三峡水库长期使用的有关参数[J]. 泥沙研究(3): 1-21.

贺秀斌，韦杰，许宜北，2008. 区域土壤侵蚀遥感与核素示踪联合评价技术[J]. 中国水土保持科学(3): 24-27, 37.

胡春宏，曹文洪，郭庆超，等, 2008. 泥沙研究的进展与展望[J]. 中国水利(21): 56-59.

黄清烜，梁忠民，曹炎煦，等，2013. 基于误差修正的 BP 神经网络含沙量预报模型[J]. 水力发电，39(1): 23-26, 66.

黄仁勇，王敏，张细兵，等, 2018. 溪洛渡、向家坝、三峡梯级水库汛期联合排沙调度方式初步研究[J]. 长江科学院院报, 35(8): 6-10, 26.

黄炎和，卢程隆，付勤，等, 1993. 闽东南土壤流失预报研究[J]. 水土保持学报 (4): 13-18.

晋健，马光文，吕金波，2011. 大渡河瀑布沟以下梯级电站发电及水沙联合调度方案研究[J]. 水力发电学报, 30(6): 210-214, 236.

景可, 2002. 长江上游泥沙输移比初探[J]. 泥沙研究(1): 53-59.

李国英, 2006. 基于水库群联合调度和人工扰动的黄河调水调沙[J]. 水利学报(12): 1439-1446.

林一山, 1978. 水库长期使用问题[J]. 人民长江(2): 1-8.

林承坤，尹国康，陈宝冲，等, 1984. 葛洲坝枢纽沙砾推移质特性与数量计算[J]. 水利学报(7): 1-10.

刘毅，张平, 1991. 长江上游重点产沙区地表侵蚀及河流泥沙特性[J]. 水文(3): 6-12.

刘宝元，郭索彦，李智广，等, 2013. 中国水力侵蚀抽样调查[J]. 中国水土保持(10): 26-34.

刘得俊，李润杰，王文卿，等, 2006. 基于地理信息系统的西宁市土壤侵蚀监测的实现[J]. 水土保持研究

(5):111-113, 116.

彭扬, 纪昌明, 刘方, 2013. 梯级水库水沙联合优化调度多目标决策模型及应用[J]. 水利学报, 44(11):1272-1277.

钱宁, 万兆惠, 1983. 泥沙运动力学[M]. 北京: 科学出版社.

秦毅, 石宝, 李楠, 等, 2010. 含沙量预报方法探讨[J]. 泥沙研究(1): 67-71.

石国钰, 陈显维, 叶敏, 1992. 长江上游已建水库群拦沙对三峡水库入库站沙量影响的探讨[J]. 人民长江(5): 23-28.

水利部黄河水利委员会, 2013. 黄河调水调沙理论与实践[M]. 郑州: 黄河水利出版社.

唐日长, 1964. 水库淤积调查报告[J]. 人民长江(3): 8-20.

陶春华, 杨忠伟, 贺玉彬, 等, 2012. 大渡河瀑布沟以下梯级水库水沙联合调度研究[J]. 水力发电, 38(10): 73-75, 80.

万新宇, 包为民, 荆艳东, 2008. 黄河水库调水调沙研究进展[J]. 泥沙研究(2): 77-81.

王光谦, 1999. 中国泥沙研究述评[J]. 水科学进展(3): 337-344.

王育杰, 1995. 三门峡水库汛期调水调沙的优化运用[J]. 人民黄河(12): 37-39.

韦杰, 贺秀斌, 2012. 流域侵蚀产沙人类活动影响指数研究: 以长江上游为例[J]. 地理研究, 31(12): 2259-2269.

武旭同, 李娜, 王腊春, 2016. 近 60 年来长江干流水沙特征分析[J]. 泥沙研究(5): 40-46.

谢云, 赵莹, 张玉平, 等, 2013. 美国土壤侵蚀调查的历史与现状[J]. 中国水土保持(10): 53-60.

许炯心, 2006. 人类活动和降水变化对嘉陵江流域侵蚀产沙的影响[J]. 地理科学(4): 4432-4437.

许全喜, 石国钰, 陈泽方, 2004. 长江上游近期水沙变化特点及其趋势分析[J]. 水科学进展(4): 420-426.

张红武, 江恩惠, 白咏梅, 等, 1994. 黄河高含沙洪水模型的相似律[M]. 郑州: 河南科学技术出版社.

张信宝, 柴宗新, 1996. 长江上游水土流失治理的思考: 与黄河中游的对比[J]. 水土保持科技情报(4): 7-9.

张信宝, 焦菊英, 贺秀斌, 等, 2007. 允许土壤流失量与合理土壤流失量[J]. 中国水土保持科学(2): 114-116, 121.

张有芷, 1989. 长江上游地区暴雨与输沙量的关系分析[J]. 水利水电技术(12): 1-5, 31.

郑粉莉, 杨勤科, 王占礼, 2004. 水蚀预报模型研究[J]. 水土保持研究(4): 13-24.

中华人民共和国交通运输部, 2012. 中华人民共和国行业标准 水运工程测量规范: JTS 131—2012. 北京: 人民交通出版社.

中华人民共和国水利部, 2006. 中华人民共和国水利行业标准 水库水文泥沙观测规范: SL 339—2006. 北京: 中国水利水电出版社.

中华人民共和国水利部, 2008. 中华人民共和国水利行业标准 土壤侵蚀分类分级标准: SL 190—2007. 北京: 中国水利水电出版社.

中华人民共和国水利部, 2013. 中华人民共和国水利行业标准 水利水电工程测量规范: SL 197—2013. 北京: 中国水利水电出版社.

中华人民共和国水利部, 2017. 中华人民共和国水利行业标准 水道观测规范: SL 257—2017. 北京: 中国水利水电出版社.

中华人民共和国水利部, 2020. 中华人民共和国水利行业标准 水文资料整编规范: SL 247—2020. 北京: 中国水利水电出版社.

中华人民共和国住房和城乡建设部, 国家市场监督管理总局, 2020. 中华人民共和国国家标准 工程测量标准: GB 50026—2020. 北京: 中国计划出版社.

中华人民共和国住房和城乡建设部, 中华人民共和国国家质量监督检验检疫总局, 2015. 中华人民共和国国家标准 河流悬移质泥沙测验规范: GB/T 50159—2015. 北京: 中国计划出版社.

周曼, 黄仁勇, 徐涛, 2015. 三峡水库库尾泥沙减淤调度研究与实践[J]. 水力发电学报, 34(4): 98-104.

朱梦阳, 杨勤科, 王春梅, 等, 2019. 区域土壤侵蚀遥感抽样调查方法[J]. 水土保持学报, 33(5): 64-71.

LEOPOLD L B, EMMETT W, MYRICK R M, 1966. Channel and hillslope processes in a semiarid area, New Mexico[J]. Geological survey professional paper, 352: 193-253.

MOORE I D, BURCH G J, 1986. Physical basis of the length slope factor in the universal soil loss equation[J]. Soil science society of America journal, 50(5): 1294-1298.

NEARING M A, FOSTER G R, LANE L J, et al., 1989. A process-based soil erosion model for USDA-Water Erosion Prediction Project technology[J]. Transactions of the ASAE, 32(5): 1587-1593.

RENARD K G, FOSTER G R, YODER D C, et al., 1994. RUSLE revisited: Status, questions, answers, and the future[J]. Journal of soil and water conservation, 49(3): 213-220.

SIDORCHUK A, 1999. Dynamic and static models of gully erosion[J]. CATENA, 37(3/4): 401-414.

WISCHMEIER W H, 1959. A rainfall erosion index for a universal soil-loss equation1[J]. Soil science society of America journal, 23(3): 246-249.

YANG S L, LIU Z, DAI S B, et al., 2010. Temporal variations in water resources in the Yangtze River (Changjiang) over the Industrial Period based on reconstruction of missing monthly discharges[J]. Water resources research, 46(10) : W10516. 1-W10516. 13.